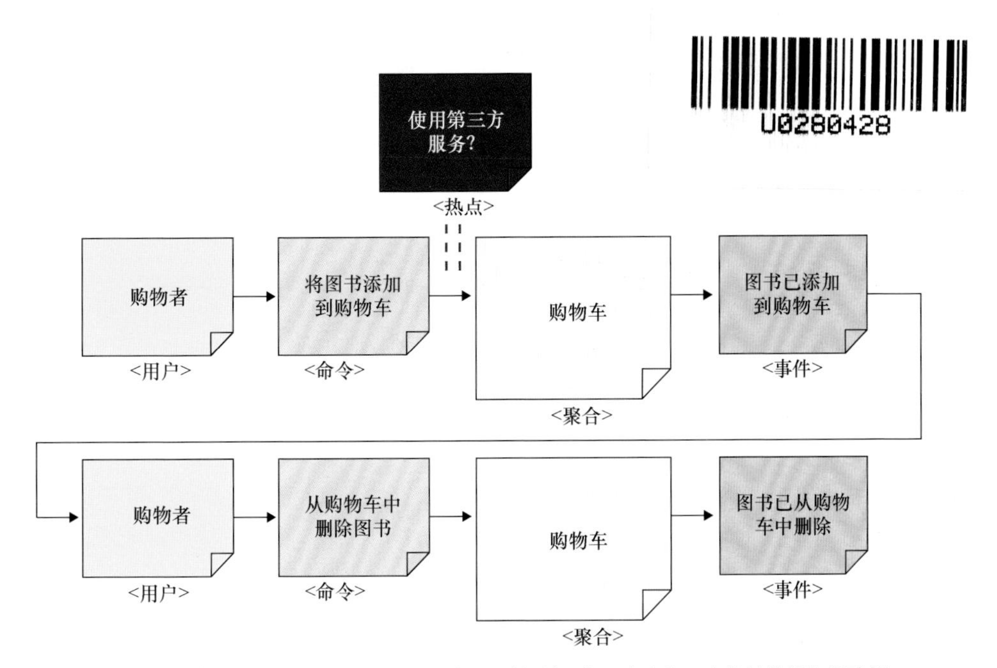

图 4.5 “JSON 书店”的下订单任务用例，扩展到包括用户、命令和聚合的其他颜色的贴纸。还有一张热点贴纸，上面有一个会议结束后需要解决的开放性问题

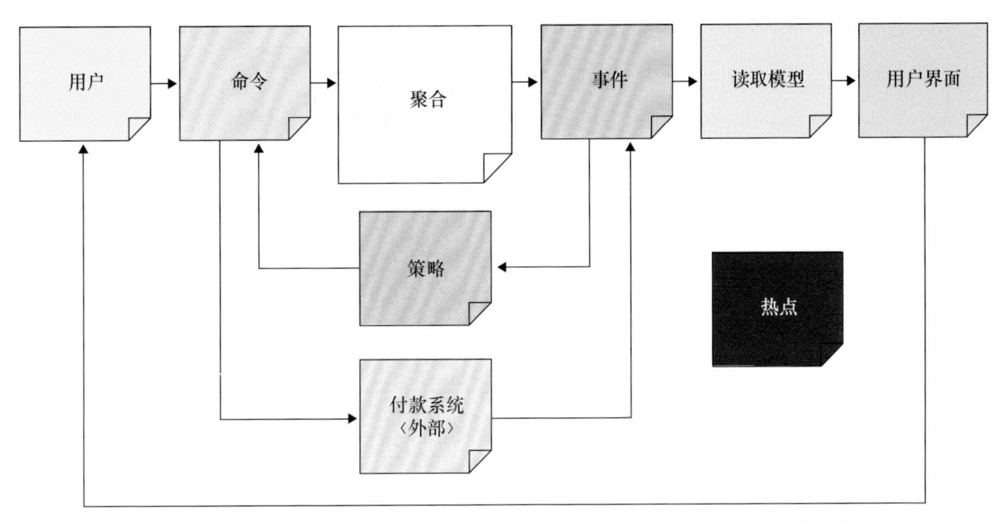

图 4.7 一个图例，显示了如何用在事件风暴会议中常见的颜色贴纸共同收集领域问题

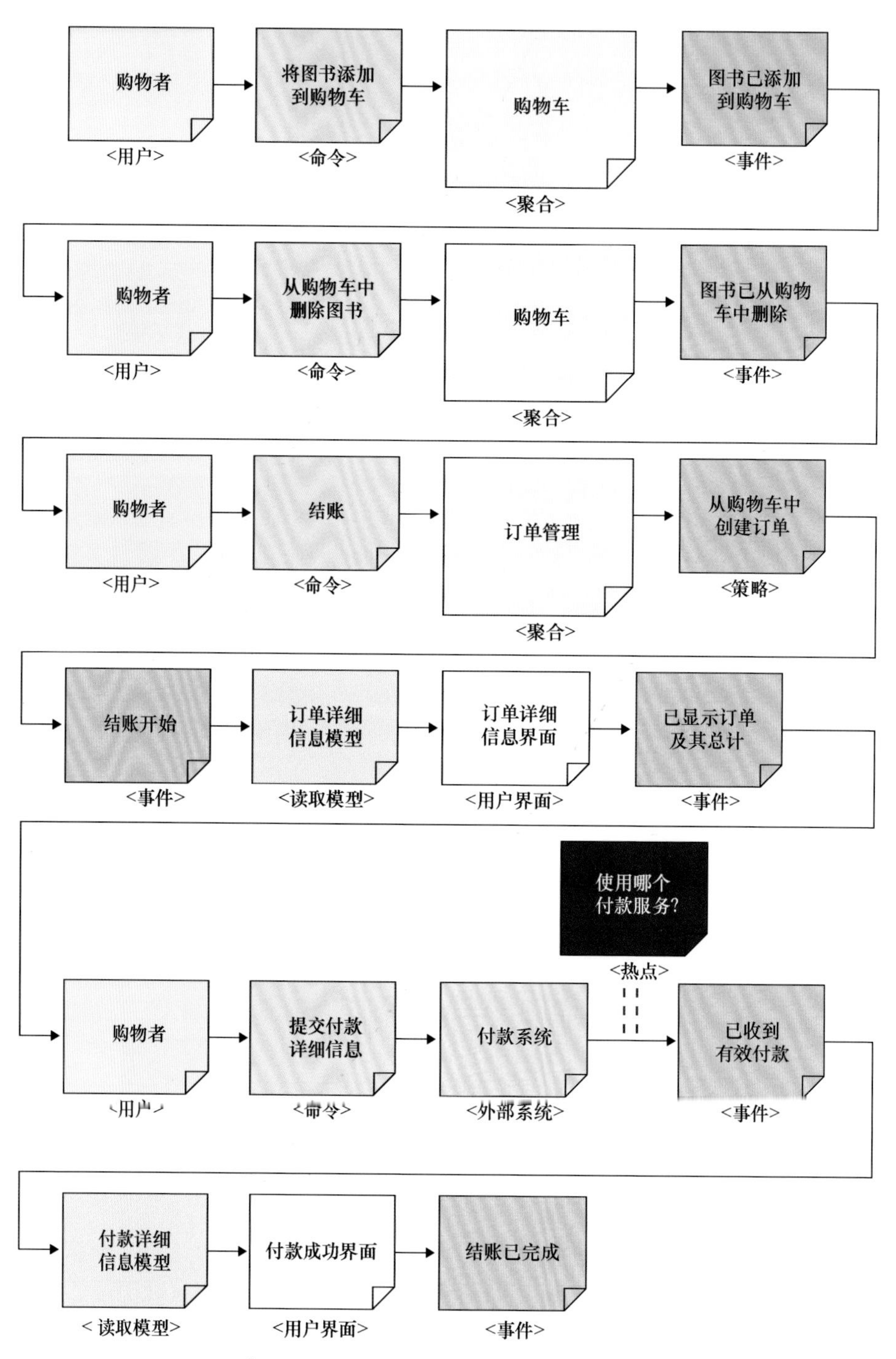

图 4.6　事件风暴画布，用于“JSON 书店”的下订单任务用例

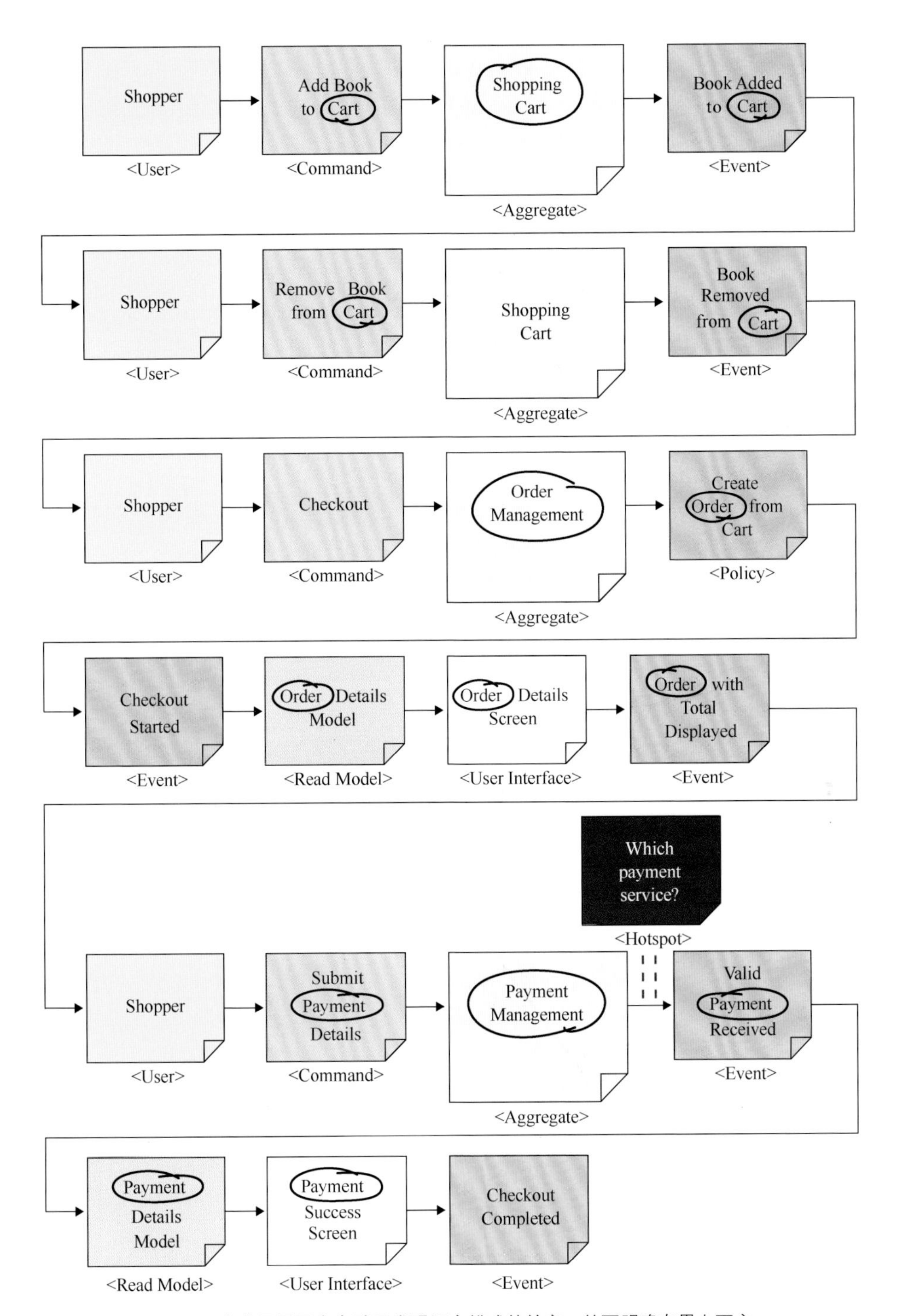

图 5.2　事件风暴画布有助于发现语言模式的转变，从而明确有界上下文

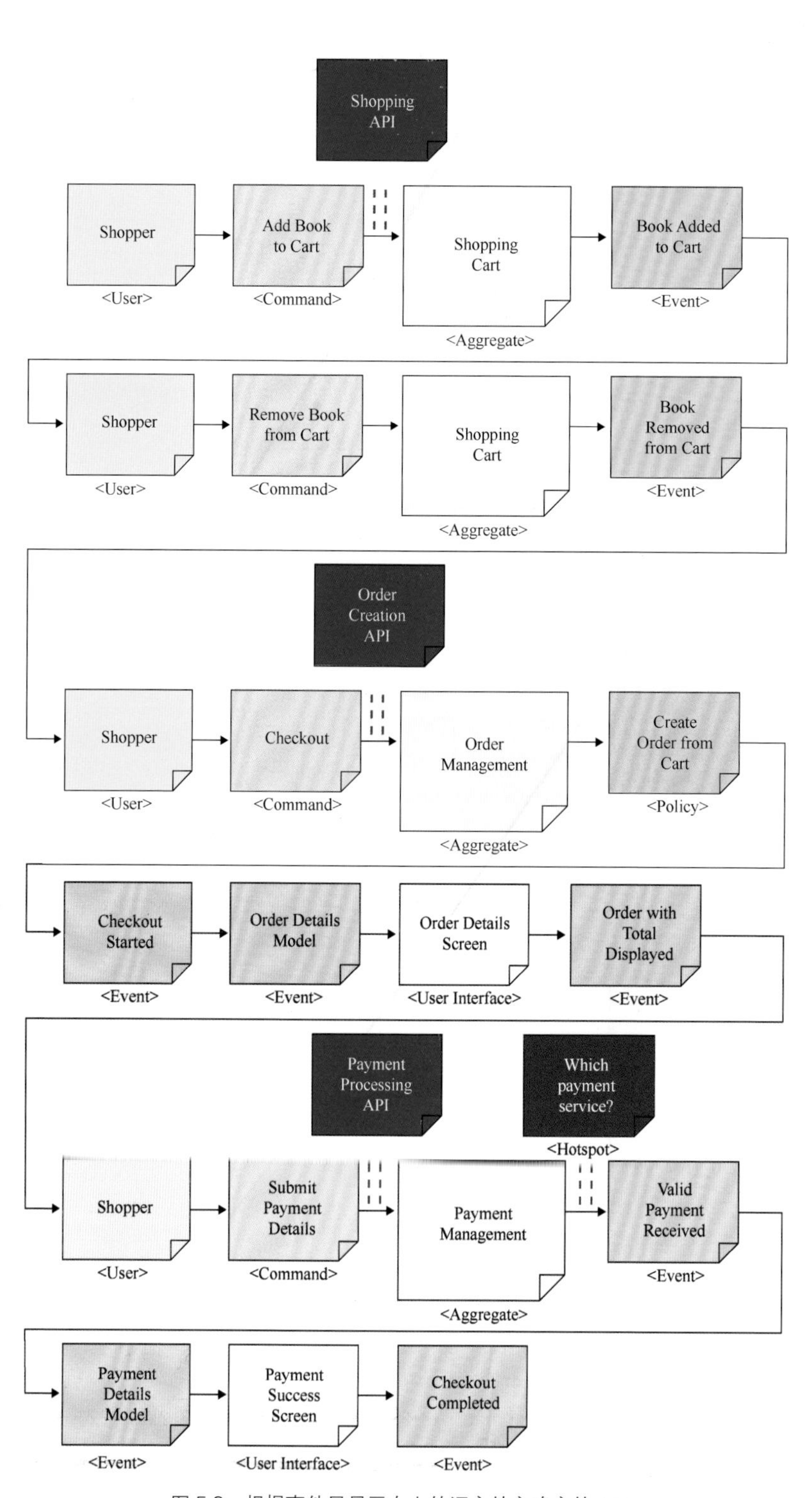

图 5.3　根据事件风暴画布上的语言转变确定的 API

Principles of Web API Design

Delivering Value with APIs and Microservices

Web API设计原则

通过API和微服务实现价值交付

[美] 詹姆斯·希金博特姆（James Higginbotham） 著

闫晓迪 译 吴志国 审校

人 民 邮 电 出 版 社

北 京

图书在版编目（CIP）数据

Web API设计原则 : 通过API和微服务实现价值交付 / (美) 詹姆斯•希金博特姆 (James Higginbotham) 著 ; 闫晓迪译. -- 北京 : 人民邮电出版社, 2023.11
ISBN 978-7-115-60576-4

Ⅰ. ①W… Ⅱ. ①詹… ②闫… Ⅲ. ①网页制作工具－程序设计 Ⅳ. ①TP393.092.2

中国版本图书馆CIP数据核字(2022)第231280号

◆ 著　　　[美] 詹姆斯•希金博特姆（James Higginbotham）
译　　　闫晓迪
审　　校　吴志国
责任编辑　吴晋瑜
责任印制　王　郁　焦志炜
◆ 人民邮电出版社出版发行　　北京市丰台区成寿寺路 11 号
邮编　100164　　电子邮件　315@ptpress.com.cn
网址　https://www.ptpress.com.cn
大厂回族自治县聚鑫印刷有限责任公司印刷
◆ 开本：800×1000　1/16　　彩插：2
印张：19.25　　2023 年 11 月第 1 版
字数：360 千字　　2023 年 11 月河北第 1 次印刷
著作权合同登记号　图字：01-2022-2554 号

定价：99.80 元

读者服务热线：(010)81055410　印装质量热线：(010)81055316
反盗版热线：(010)81055315
广告经营许可证：京东市监广登字 20170147 号

内容提要

本书从“由外而内”的角度引入 API 设计的概念，强调反映客户和产品团队的需求，将需求映射到特定的、架构组织良好的 API，为编写这些 API 选择正确的样式，并从零开始实现了一个真实的例子。本书旨在为设计新 API 或欲扩展现有 API 的人提供指导，帮助他们了解如何通过正确的设计过程来交付优秀的 API，如何与设计团队、客户和其他利益相关者就具体的结果对齐思路，如何定义候选 API，以及如何使 API 程序实现设计和管理过程的可扩展性。

本书适合所有参与规划或构建 API 的读者阅读，包括但不限于架构师、开发人员、团队领导者，以及相关技术人员或业务人员。

谨以此书献给我的妻子

得益于她的支持和鼓励，我才能取得今天的成就！

谨以此书献给我的祖父 J.W.

他坚信“计算机总有一天会蔚然成风，我的孙子应该知道如何使用它”，

为此在我 8 岁时送了我一台 Commodore 64，

是他激励我追随他的脚步成为一名作家。

谨以此书献给我的父亲

他延续了祖父对我的教诲，

我很想他！

谨以此书献给我的儿子

他喜欢“钻研”《我的世界》中的指令代码——也算是继承了我的“衣钵”？

谨以此书献给我的女儿

感谢她日复一日的鼓励，让我有动力去写出更好的文章。

推荐语

在过去几年里，我有幸与詹姆斯一起工作并向他学习。他知识渊博、经验丰富，且在实际应用方面有相当深厚的积累，深受同行赞誉。我很高兴其他人能有机会从本书中受益，了解詹姆斯就“如何开发更好的 API”的引人入胜且务实的观点。本书调查了现有的几乎全部技术，并提出了一种规范的、易遵循的方法。团队通过践行本书理念所构建的 API，可以更好地获得客户的认同，在更短的时间内提供更多的商业价值，并且进一步减少那些破坏性变更。我向广大同行强烈推荐这本书。

——Matthew Reinbold，Postman 公司 API 生态维护负责人

詹姆斯是业内杰出的 API 设计专家之一，本书的内容足以证实这一点。本书基于业务成果和数字功能的背景介绍 API 设计，旨在为正在进行数字化转型的企业提供指导。

——Matt McLarty，Salesforce 公司 API 全球战略负责人

在现代软件开发领域，我们面临的许多问题的原因和解决方案都会归结到 API 设计上。詹姆斯在这本书中给出了剖析和设计 API 的过程，为团队解决更多问题提供了一种可复制的方法。

——D. Keith Casey，Jr.，CaseySoftware, LLC API 问题解决者

按照这本清晰且易于遵循的指南，用一下午的时间，我就能把其中的流程应用到当前现实世界的示例中。有了实用的指导、技巧和清晰明了的示例，我就可以推进后续的重要步骤了。推荐所有与 API 相关的人阅读这本书。

——Joyce Stack，爱思唯尔（Elsevier）公司架构师

这本书揭示的绝不仅仅是原则！还可以让你从中了解一个流程——一种设计 API 的方法。

——Arnaud Lauret，API 开发者

这本富有洞察力的开发者手册通过结构化的过程来指导团队，这样的过程有助于促成富有成效的合作、明确有价值的能力和符合最佳实践的 API 契约。詹姆斯将多年的经验提炼成定义和优化 API 产品的实用路线图，并讲解了 API 安全、事件处理、弹性和微服务调整等入门知识。对于刚进入 API 领域的架构师，以及刚加入新团队并负责建立结构化的 API 定义流程的架构师来说，这是一本必读的著作。

——Chris Haddad，Karux LLC 首席架构师

系列编辑序

培生的“My signature”这个系列强调有机成长和完善，对此我会在下文给出详细阐述。在此之前，我会告诉你一些有关作者和我是如何产生“有机的互动”从而“走到一起”的故事。

如果你在沙漠里过上一个夏天，就会知道置身酷暑有多么难熬。亚利桑那州索诺兰沙漠的夏天就是如此。那里夏天的温度可以高达49°C。一旦温度上升到47.8°C，凤凰城天港国际机场就会暂停航运。如果你想避开这样的高温天气，就要在被困沙漠之前离开那里。我们在2019年7月初就是这样做的，当时我们“逃”到了科罗拉多州的博尔德，也就是之前居住的地方。那年夏天，本书的作者詹姆斯搬到了科罗拉多州的科罗拉多斯普林斯，所以我们有机会在那里相聚。

我先介绍一下“My signature”这个系列的策划思路，然后讲讲有关我们合作的那些细节。

“My signature”的设计和策划旨在帮助读者在软件开发成熟度方面取得进步，并在以业务为中心的实践中取得更大的成功。这一系列的图书强调使用各种方法进行有机的优化，包括反应式、对象式以及函数式架构和编程，领域建模，适当大小的服务，模式以及API，并探索了相关基础技术的最佳应用。

从现在开始，我将重点阐释两个词：有机和优化。

第一个词，有机（organic）。最近，我的一位朋友兼同事用这个词来描述软件架构，当时，这个词让我眼前一亮。我听说并使用过与软件开发有关的词有机，但是当时并没有加以推敲，直到我亲自把有机和架构（architecture）这两个词放在一起使用——有机的架构。

不妨想想有机这个词，抑或有机体（organism）这个词。大多数情况下，这两个词都是在提及生物时才会用到，但也被用来描述那些具有类似于生命形式的某些特征的无生命事物。“organic”一词起源于希腊语，它的词源是指“身体的功能器官”。如果你认识 organ 这个词根，就会知道它有更多的含义。实际上，“organic”一词也是如此：身体器官、机构、宣传工具、乐器（管风琴）……

我们很容易想到很多有机物体——生物体，从非常大的生物体到微观的单细胞生命形式。不过，对于有机体（organism）的第二种用法，可能不太容易找到例子。示例之一就是组织（organization），其中包括 organic 和 organism 的前缀。在有机体这种用法中，我描述的是一种具有双向依赖性的结构。组织是有机体，因为它包含组织的各个部分。有机体缺了各个部分，就无法生存；没有有机体，各个部分也无法生存。

从这个角度来看，我们可以将这种思想沿用于非生物体，因为它们表现出了生物体的特征。拿原子来说，每个原子本身都是一个独立的系统，所有生物都是由原子组成的。然而，原子是无机的，不会繁殖。即便如此，从某种意义上说，也不难想到原子是“活”的东西——它们一直在无休止地移动、运作。原子甚至可以与其他原子结合。一旦发生这种情况，每个原子不再是一个单独的系统，而是与其他作为子系统的原子一起组合为一个子系统，进而生成一个更大的整体系统。

所以，关于软件的各种概念都是有机的，因为非生物体也是依照生物体的各个方面来“描述”的。当我们使用具体场景讨论软件模型的概念，或者绘制一个架构图，抑或编写一个单元测试及其相应的领域模型单元时，软件就有了“生命”。软件不是静态的，因为我们会持续讨论如何使它变得更好，让它得到改进，其中一个场景的出现会导致另一个场景的发生，进而影响架构和领域模型。我们不断对其进行迭代，通过优化提升其价值，进而让生物体得到“生长”。随着时间的推移，软件也会不断得到发展。我们通过有效的抽象来处理并解决复杂问题，让软件得到优化，所有这些都有明确的目的，即让全球范围内真正的生物体工作得更好。

可惜的是，软件有机物“长得不好”的可能性远远大于“长得好”的可能性。即使它们起初“健康状况”良好，也会患上“疾病”，变得“畸形”，长出不良“附属物”，进而“萎缩”和“恶化”。更糟糕的是，这些症状是由优化软件的努力导致的，努力出现了问题，未能让事情向更好的方向发展。最糟糕的是，每一次失败的优化，并不会让出现在这些复杂“病体”上的问题消亡。因此，我们必须“杀死”它们，而这需要勇气、技能和“屠龙者”的毅力。不，不是一个，而是几十位勇猛的“屠龙者”。实际上，应该是几十位聪明的“屠龙者”。

这就是“My signature”系列发挥作用的地方。我之所以策划这个系列，是为了帮助读者提升相关技能，让他们通过书中的方法获得更大的成功，而这些方法就是前文提到的反应式、对象式以及函数式架构和编程，领域建模，适当大小的服务，模式以及 API 等。此外，这个系列也探索了相关基础技术的最佳应用——这并不是一蹴而就的，需要有目的、有技巧的有机优化，我和其他作者希望能就此为读者提供帮助。为此，我们尽了最大的努力来实现上述目标。

詹姆斯和我于 2019 年 7 月相聚，我们讨论了很多 API 和领域驱动设计的基础内容，以及一些相关的主题。我认为我们的对话在本质上是“有机的”。随着对各种主题的反复探讨，我们根据双方在不同兴趣方向的求知欲来加深关于知识的交流。这一过程让我们的愿望和决心越发强烈，那就是分享我们的软件构建方法，帮助其他人提升技能，进而获得更大的成功。我们希望所有阅读这一系列图书的人，以及我们为其提供咨询和培训的客户，都能从中受益。

詹姆斯对所有 API 百科全书式的知识储备给我留下了深刻的印象。我们在科罗拉多斯普林斯相聚时，我向詹姆斯询问了写书的事。彼时他告诉我，他已经自出版了一本书，并不打算再写另一本书——那是在我策划“My signature”系列图书大约 9 个月之前。当这个系列的出版计划得以实施时，我立即与詹姆斯取得联系，希望他能在这个系列中担任作者。值得庆幸的是，他同意了，并提出了“有机”的软件设计和开发技术，例如使用对齐-定义-设计-优化（ADDR）。亲爱的读者，当你阅读这本书时，就会明白为什么我这么高兴能邀请詹姆斯参与到这个系列中。

Vaughn Vernon

序

IDC 最近发布的一份有关 API 和 API 管理的报告显示，有 75%的受访者重点关注通过 API 的设计和实施进行数字化转型，超过 50%的受访者预计调用数量和响应时间将急剧增长。大多数企业管理者承认在满足内部和外部 API 的期望方面面临挑战。所有这一切的核心是需要思路对齐的、可靠的且可扩展的 API 设计方案，以领导和改变现有的组织。正如詹姆斯在这本书中所说的："成功设计出开发者能够以思路对齐且可扩展的方式理解和集成的 API，是目前 API 应用程序所面临的最大挑战。"

正因如此，我很高兴这本书能出现在我的书桌上。多年来，我有幸与詹姆斯共事，对他多有了解，很高兴听到他写了一本讲 Web API 设计的书。读完这本书后，我由衷地愿意向读者推荐它。

过去几年里，Web API 领域和设计 API 的工作迅速成熟，而跟上最新发展是一项重大任务。诸如对 API 角色不断变化的业务期望，用于收集、记录和实现 API 设计工作文档化的成熟过程，以及不断发展的技术变化与所有编写代码、发布、测试和监视 API 的工作，这一切构成了庞大的 API "景观"，以至于很少有人能够成功解决所有问题。詹姆斯给出的对齐-定义-设计-优化（ADDR）流程，是一套优秀的建议、示例和基于经验的指导方法，可以帮助读者一览 Web API 的现状，并为应对未来不可避免的变化做好准备。

在詹姆斯的工作中，有一点一直很突出，那就是他能够超越技术层面，深入探究组织内部的 API 和 API 项目的社会与商业层面。詹姆斯有一个长长的国际客户名单，涉及银行、保险、全球运输甚至计算机硬件供应商等业务领域，本书中的材料足以体现他在这些领域经验的深度。这本书涉及的技术和流程已经在各种企业环境中得到了尝试和验证，而詹姆斯能将这些内容提炼到这一本书中，着实令人叹服。

无论你想找的是有关一般设计的建议，还是业务与技术的协调方法，抑或是有关 REST、GraphQL 和事件驱动平台等各种技术的实施细节，都可以在本书中找到重要的、可行的建议。

值得一提的是，我发现随着企业 API 项目的不断增长，这本书中的内容对优化 API 设计和实施工作特别及时、特别有价值。对于那些负责启动、管理和扩展基于 Web 的 API 在公司内部的作用的人来说，这本书应该是不错的“补给”。

正如上述 IDC 报告所指出的那样，全球许多企业面临着数字化转型的重要挑战，API 在帮助企业满足客户需求及持续提高自身基准方面起着重要作用。无论你关注的是 API 的设计、构建、部署还是 API 的维护，都可以在这本书中找到有益的见解和建议。

在日常工作中，我与各种各样的企业合作，帮助它们推进 API 项目，所以我敢肯定这本书是工具包中的一个重要部分，希望你也能发现它的有用之处。阅读这本书，让我意识到了我们所有人面临的机遇和挑战。借用詹姆斯的一句话：“这仅仅是一个开始。”

Mike Amundsen，API 战略家

前言

很难确切地说我是从什么时候开始写这本书的——也许是从十年前吧！可以说，这本书是数千小时的训练、数万公里的旅行以及诸多书面文档和无数行代码汇聚而成的，包含了全球各地刚刚开始其 API 之旅或已经开始冒险的组织的真知灼见。此外，本书融合了我有幸聆听到的世界各地 API 从业者的思想。

这段旅程大概始于 25 年前——彼时我刚踏足软件行业，许多顾问通过图书和文章表达了他们的见解，让我从中获益良多。一路走来，我职业生涯中的导师们帮助我塑造了对软件的思考方式，而这为我参悟软件架构的"内功心法"奠定了基础。

也许，这段旅程真正始于大约 40 年前，当时我的祖父送给我一台 Commodore 64。他是一名土木工程师和造价工程师，白天工作养家糊口，晚上去夜校读书。他求知若渴，孜孜不倦地阅读和吸收一切他能吸收的知识。当他看到计算机如何操作后，他说："我还是觉得电视的运作方式更让人叹为观止！"这让我们觉得很可笑。然而，恰恰是他送了我那台神奇的计算机，他说："计算机总有一天会蔚然成风，我的孙子应该知道如何使用它。"祖父的这一举动影响了我对软件开发的终生热爱。

实际上，这一旅程开始于 70 多年前，彼时，当前"计算时代"的先驱者建立了许多构建软件的基本原则——我们今天仍在沿用。尽管技术不断变化、趋势多有更迭，但这一切都建立在软件行业及其他行业众多人士的工作之上。无数先驱者为我们今天的工作奠定了基础。

我想说的是，如果没有前人的辛勤工作，API 不会发展成今天的样子。因此，我们有必要了解这个行业的历史，这样才能更好地了解"如何做"和"为什么"。我们必须设法将这些经验教训应用到自己要做的工作中。在此过程中，我们还需要找到方法来激励其他人也这样做。这是我的祖父和父亲教给我的，现在我把这一心得体会告知于你。这本书几乎涵盖了迄今为止我在职业生涯中积累的所有经验教训。希望你在阅读本书后，也能从中获得一些新的见解。

谁应该读本书

这本书适用于所有想要设计单个 API 或一系列 API 的人。产品所有者和产品经理通过这本书可以更深入地了解团队设计 API 所需的元素。一旦掌握了应用软件架构原则来设计 API 的方法，软件架构师和开发者将从中受益，而技术文档撰写人不仅可以为 API 文档的清晰度做出贡献，还可以找到在整个 API 设计过程中提升价值的方法。简而言之，本书适用于所有参与 API 设计的人，无论是开发者还是非开发者。

内容概述

本书概述了设计 API 的一系列原则和流程。书中介绍的 ADDR 流程旨在帮助个人和跨职能团队应对 API 设计的复杂性，即通过应用一些概念（如客户声音、要完成的工作和流程映射等），推崇“由外而内”的 API 设计视角。尽管本书从头到尾在讲一个全新示例，但是同样适用于现有的 API。

本书涵盖 API 设计的方方面面，从需求到准备好交付的 API 设计，以及如何将 API 设计文档化的指南，以便开发者、团队和 API 使用者进行更有效的沟通。最后，本书还涉及一些 API 交付原则，这些原则可能对 API 设计产生影响。

本书各部分的主要内容如下。

- 第一部分：Web API 设计简介——概述 API 设计为何如此重要，并介绍本书使用的 API 设计流程。
- 第二部分：对齐 API 的结果——确保设计 API 的团队与所有客户和利益相关者对齐思路。

- 第三部分：定义候选 API——识别 API，包括所需的 API 操作，这些 API 是向 API 配置文件提供结果所必需的。
- 第四部分：设计 API——将 API 配置文件转换为满足目标开发者需求的一种或多种 API 样式。涵盖的样式包括 REST、gRPC、GraphQL，以及用于事件和流的异步 API。
- 第五部分：优化 API 设计——根据文档、测试和反馈的见解改进 API 设计，以及将 API 分解为微服务的内容。最后，本书还讲解在更大的组织中扩展设计流程的技巧。

如果你需要回顾 HTTP（用于基于 Web 的 API 的 Web 语言）的相关知识，请参考附录 A 中的内容。

本书未涵盖的内容

除了一些用于获取 API 设计细节的标记，本书没有给出过多的代码。这意味着即便你不是软件开发者，也可以利用本书所描述的流程和技术。本书既没有深入研究特定的编程语言，也没有限定特殊的设计或开发方法。

完整的 API 设计和交付生命周期涉及的内容非常多。虽然本书提供了一些 API 设计之外的见解，但是无法囊括可能发生的所有细节和情况——仅解决了团队在从想法到业务需求并最终到 API 设计时遇到的问题。

让我们开始吧！

致谢

首先感谢我的妻子和孩子，感谢他们多年以来给予我的支持。他们的鼓励对我来说意义非凡。

特别感谢 Jeff Schneider，他在 1996 年建议我写一本关于企业级 Java 的书，当时 Java 还没有成为企业级的。Jeff 敏锐的洞察力和对我的大量辅导推动我走上了一条急速发展的职业道路，让我得以顺利前行。

感谢 Keith Casey，他邀请我合作写书，并向世界各地的人们宣传 API Workshop。没有他的友谊、鼓励和洞察力，本书就写不出来。

感谢 Vaughn Vernon，他几年前给我发了一条消息，询问我是否愿意写书，最终促成了这本书的出版——感谢他邀请我参加他的旅程！

感谢 Mike Williams，他鼓励我直面风险、实现梦想。他一直是我的灵感源泉和伟大的朋友！

特别感谢本书的多位审稿人。感谢他们在百忙之中对各章节的细致审阅。他们是 Mike Amundsen、Brian Conway、Adam DuVander、Michael Hibay、Arnaud Lauret、Emmanuel Paraskakis、Matthew Reinbold、Joyce Stack、Vaughn Vernon 和 Olaf Zimmermann。

感谢所有 API 布道师和业内大咖，感谢他们的分享和专业讨论。以下只是我有幸见到的许多人中的一部分：Tony Blank、Mark Boyd、Lorinda Brandon、Chris Busse、Bill Doerfeld、Marsh Gardiner、Dave Goldberg、Jason Harmon、Kirsten Hunter、Kin Lane、Matt McLarty、Mehdi Medjaoui、Fran Mendez、Ronnie Mitra、Darrel Miller、John Musser、Mandy Whaley、Jeremy Whitlock 和 Rob Zazueta。还要感谢 Slack 频道上的同道者，感谢他们的支持！

感谢培生教育出版集团的每个人，他们在整个过程中给予了我非常多的支持。感谢 Haze Humbert，他让我的出书过程变得尽可能简单。同时感谢整个制作团队，非常感谢他们的辛勤工作！

最后，感谢我的妈妈，感谢她让我在满法定开车年龄之前，在图书馆花费了无数的时间来研究计算机编程图书。

目录

第一部分　Web API 设计简介

第二部分　对齐 API 的结果

第四部分 设计API

第五部分 优化 API 设计

第一部分

Web API设计简介

应用程序接口（Application Program Interface，API）是永久性的。一旦将API集成到了生产应用程序中，我们就很难做出较大的改动，因为这可能会破坏已有的集成功能。仓促做出的设计决策会造成混乱以及支持问题，进而让我们失去更多的机会。因此，API设计阶段是所有交付计划的重要组成部分。

在这一部分，我们将介绍软件设计的基本原理，以及软件设计如何对API设计产生积极或消极的影响，然后研究API优先的设计流程并加以概述。API优先的设计流程从由外而内的视角来提供有效的API，以满足客户、合作伙伴和员工的需求。

第1章　API设计原则

所有架构都是设计，但并非所有设计都是架构。架构代表着一组重要的设计决策，这些决策塑造了系统的形式和功能。

——Grady Booch

数十年来，企业一直在提供API。API最初是跨组织共享并由第三方销售的库和组件，后来使用了用于分布式对象集成的通用对象请求代理体系结构（Common Object Request Broker Architecture，CORBA）和用于跨组织集成分布式服务的简单对象访问协议（Simple Object Access Protocol，SOAP）等标准，逐渐发展成分布式组件。由于这些标准是为互操作性而设计的，缺乏有效设计的元素，通常需要几个月的努力才能被成功集成。

这些标准后为Web API所取代，起初可能只需要几个API，允许企业相关团队花时间仔细设计，并根据需求对其加以迭代。但现在情况不同了，企业需要以前所未有的速度交付更多API。Web API的范围不再局限于一些内部系统和合作伙伴。

如今，基于Web的API使用Web标准将企业与其客户、合作伙伴和员工联系起来。数以百计的库和框架可以帮助我们以较低的成本快速将API交付到市场或供内部使用。持续集成/持续交付（Continuous Integration/Continuous Delivery，CI/CD）工具可以帮助我们构建自动化流水线——比以往任何时候都容易，从而确保我们快速、高效地交付API。

然而，成功设计出开发者能够以一致且可扩展的方式理解和集成的API，是目前API项目所面临的最大挑战。面对这一挑战，企业需要认识到Web API不仅仅是技术。正如艺术作品讲求色彩和光线的平衡，好的API设计与业务功能、产品思维和对开发者体验的关注等综合因素息息相关。

1.1 Web API 设计要素

企业的 API 体现了企业对市场中业务价值的看法，其设计质量体现了企业评估开发者的视角。API 提供的以及 API 不提供的，都充分说明了企业最关心的是什么。有效的 Web API 设计包含 3 个要素：业务功能、产品思维和开发者体验。

1.1.1 业务功能

业务功能描述了企业为市场带来的推动力，可能包括面向外部的功能，例如独特的产品设计、出色的客户服务或优化的产品交付，还可能包括面向内部的能力，例如销售渠道管理或信用风险评估。

企业能够以 3 种方式提供业务功能：直接由企业提供、由第三方供应商外包，以及由企业和第三方供应商共同提供。

例如，当地的咖啡店可能会选择销售定制的合成咖啡，为此会通过第三方分销商采购咖啡豆，在店内烘焙咖啡豆，然后利用第三方销售点（Point of Sale，PoS）系统在零售店销售其合成咖啡。通过将一些必要的业务功能外包给专业的第三方，该咖啡店就能够专注于提供特定的业务功能，从而得以在市场上争得一席之地。

API 将企业为市场带来的业务功能数字化。在着手设计新的 API 或扩展现有 API 时，企业应很好地理解底层业务功能并将其反映到 API 设计中。

1.1.2 产品思维

在 Web API 浪潮出现之前，企业与合作伙伴和客户高度“集成”。然而，大多数企业面临的挑战是“每个集成都是定制的”。对于每个新的合作伙伴或客户集成，企业需要由开发者、项目经理和客户经理组成的专门团队负责构建定制化集成方案。这需要付出巨大的努力，并且因为需要为每个合作伙伴进行量身定制，所以经常需要不断重复这样的过程。

软件即服务（Software as a Service，SaaS）商业模式的发展，以及对 Web API 需

求的增加，使得企业从与合作伙伴和客户的一次性集成转变为对产品思维的关注。

将产品思维应用到 API 设计过程中，可以将团队的工作重心从为单个客户或合作伙伴提供服务转移到有效的 API 设计上，这种设计能够满足自动化场景下的市场新需求，而对给定的客户群几乎无须定制工作，甚至可以为员工、企业对企业和客户驱动的集成提供自助服务模型。

API 产品的重点不再是定制实现，而是以可扩展且具有成本效益的方式来满足市场需求。可重用的 API 源于同时考虑多个消费者。在着手设计新 API 时，用产品思维方法从使用 API 的多方获取反馈。这样做可以及早为 API 设计做准备，并增加更多的重用机会。

1.1.3 开发者体验

用户体验（User experience，UX）事关满足用户确切需求，既涉及用户与企业的互动，又涉及用户与服务和产品本身的互动。开发者体验（Developer experience，DX）对 API 的重要性不亚于 UX 对产品和服务的重要性。DX 侧重于与 API 产品的开发者互动的各个方面，不仅涉及 API 的操作细节，还涉及 API 产品的方方面面——从第一印象到日常的使用和支撑。

出色的 DX 对 API 的成功至关重要。交付出色的 DX 后，开发者可以快速而自信地使用 Web API。DX 还通过将开发者从集成者转变为 API 专家来提高产品化 API 的市场吸引力。将专业知识直接转化为功能，开发者就可以快速、轻松地为客户和业务提供真正的价值。

API 团队在了解如何为其 API 设计出色的体验时，请牢记“DX 也是内部开发者”这一重要因素。例如，有了出色的文档，内部开发者就能快速理解和使用 API，如果是文档不佳，则需要联系负责 API 的内部团队，去了解如何正确使用文档。虽然也可以直接联系设计和实现 API 的开发者，但是这无疑会增加不必要的沟通成本。有了出色的 DX，内部开发者就可以更快地创造业务价值。

案例研究：API 和产品思维遇上银行业

Capital One 于 2013 年开始布局 API 业务，主要从事企业 API 平台的开发工作。最初的 API 平台专注于在整个组织内提供自动化，以提高交付速度，同时打破“孤岛障碍”。

随着 API 平台中数字功能的增多，Capital One 的重点从内部 API 转移到市场上的多个产品机会，推出了面向公众的开发者门户——名为 DevExchange at South by Southwest（SXSW）[①]，其中包含多个 API 产品。这些产品涉及银行级授权、奖励计划、信用卡资格预审，甚至有用于创建新储蓄账户的 API。

Capital One 利用其数字功能发展全渠道业务，进一步扩展了相关理念。之前用于为其网站和移动应用程序提供支持的 API，为使用 Amazon 的 Alexa 平台基于语音的交互式体验[②]和使用名为 Eno（单词 one 反过来拼写）的聊天机器人的交互式聊天奠定了基础。

通过对其 API 采用基于产品的方法，以及强大的 API 数字功能组合，Capital One 得以与其客户和合作伙伴一起探索机会。

1.2　API 设计即沟通

提到软件设计，开发者立刻想到的可能是类、方法、函数、模块和数据库等。实际上，统一建模语言（Unified Modeling Language，UML）序列和活动图甚至简单的方框图和箭头图，都可以表达对代码库的理解。这些元素都是沟通过程的一部分，可供开发团队理解代码库，也可供新加入的开发者交流之用。

同样，API 设计也是一个沟通过程。API 将沟通转移到了外部，而不是在单个团队的成员之间进行内部沟通。沟通以如下 3 种不同的方式开展。

（1）**跨网络边界的通信**：API 的设计，包括其协议的选择，都会影响 API 的畅通性。网络协议（例如 HTTP）更适合进行粗粒度通信。其他协议，例如消息队列遥测传输（Message Queuing Telemetry Transport，MQTT）和高级消息队列协议（Advanced Message Queuing Protocol，AMQP），通常用于消息传递 API，更适合在定义的网络边界内进行细粒度通信。API 设计反映了系统之间的通信频率，以及因网络边界和瓶颈而可能对性能产生的影响，其流程对客户端和服务器的性能有很大的影响。

（2）**与使用 API 的开发者的沟通**：API 设计和相关的文档是开发者的“用户界面”，可以让开发者了解如何以及何时使用每个 API 操作，还决定着开发者是否需要

① “Capital One DevExchange at SXSW 2017”，2017.
② “Capital One Demo of Alexa Integration at SXSW 2016”，2016.

组合操作以及如何通过组合操作来实现更复杂的结果。在 API 设计过程中，应尽早且频繁地与使用 API 的开发者进行沟通，这对于满足他们的需求至关重要。

（3）**市场的沟通**：API 设计和文档会告知潜在客户、合作伙伴和内部开发者，API 通过其自身提供的数字功能可以实现哪些结果。有效的 API 设计有助于沟通并启用这些数字功能。

如果说 API 设计是沟通的重要组成部分，那么 API 设计流程对我们在设计阶段考虑沟通的各个方面都是有帮助的。

1.3 审查软件设计的原则

软件设计侧重于代码库中软件组件的组织和通信。代码注释、序列图和设计模式等技术的得当使用有助于改善团队成员之间的沟通工作。

Web API 设计建立在软件设计的原则之上，但其受众范围更广，超出了团队或企业的范畴。沟通的范围从单个团队或企业扩展到世界各地的开发者。同样的软件设计原则也适用于基于 Web 的 API 设计，如模块化、封装、高内聚和松耦合。大多数开发者如果熟悉这些主题，就会明白它们同样是 API 设计的基础，因此在进行任何 API 设计过程之前都需要对其进行审查。

1.3.1 模块化

模块是软件程序中最小的原子单元，由一个或多个包含类、方法或函数的源文件组成。模块有一个本地的公共 API，用于向同一代码库中的其他模块公开其功能和业务功能。模块有时被称为组件或代码库。

大多数编程语言通过将代码组合在一起的命名空间或包来支持模块。对同一个命名空间内协作的相关代码进行分组，有助于实现高内聚。模块的内部细节通过编程语言提供的访问修饰符保护。例如，Java 编程语言中的 public、protected、package 和 private 等关键字，就是通过有限的模块暴露来更好地实现松耦合。

随着越来越多的模块组合在一起，软件系统就成型了。在更复杂的解决方案中，子系统将这些模块组合成更大的模块，如图 1.1 所示。

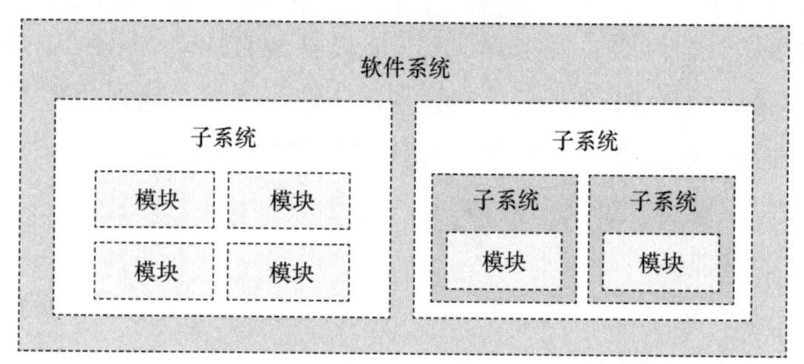

图 1.1　模块将组合成越来越大的单元，形成软件系统

将相同的模块化概念应用于基于 Web 的 API 设计，有助于揭示每个 API 的边界和职责，可确保各个 API 在互补的同时也有明确的职责，既让这些 API 专注于外部化数字功能，又隐藏了内部实现细节。开发者通过快速、有效地理解 API，进而从中受益。

1.3.2　封装

封装的目的是隐藏组件的内部细节。开发者可以用范围修饰符来限制对模块代码的访问。模块将公开一组公共方法或函数，同时隐藏其内部细节。内部更改可能会发生，但不会影响依赖于其公共方法的其他模块。封装有时又称为“信息隐藏”，这是自 20 世纪 70 年代以来 David Parnas 应用于软件开发的一个概念。

Web API 进一步扩展了“封装”这一概念，即隐藏了编程语言的内部细节、Web 框架的选择、系统的类和对象，以及基于 HTTP 的 API 背后的数据库设计。内部细节被封装在 API 设计之后，促进了松耦合的 API 设计——这种设计依赖于消息而不是底层数据库设计和通信模型。企业不再需要了解所有内部实施细节，例如支付网关，而只需要了解 API 提供的操作，以及如何使用它们来实现预期的结果。

1.3.3　高内聚和松耦合

如果模块中的代码都与相同的功能密切相关，我们就会用到“高内聚”这个术语。高内聚的模块可以避免“意大利面条式代码”（非结构化且难以维护的源代码），因为方法调用不会在整个代码库中频繁跳转。当代码分散在整个代码库中时，调用经常会在模块之间来回跳转，这种代码风格被认为是低内聚的。

耦合性通常用来描述两个或多个组件之间相互依赖的程度。紧耦合的组件表明这些组件受另一个组件实现细节的约束很大。松耦合的组件将对其他组件隐藏其内部细节，把模块之间的细节限制在公共接口中，或其他代码可以调用的编程语言 API 中。

模块内部的高内聚和模块之间的松耦合如图 1.2 所示。

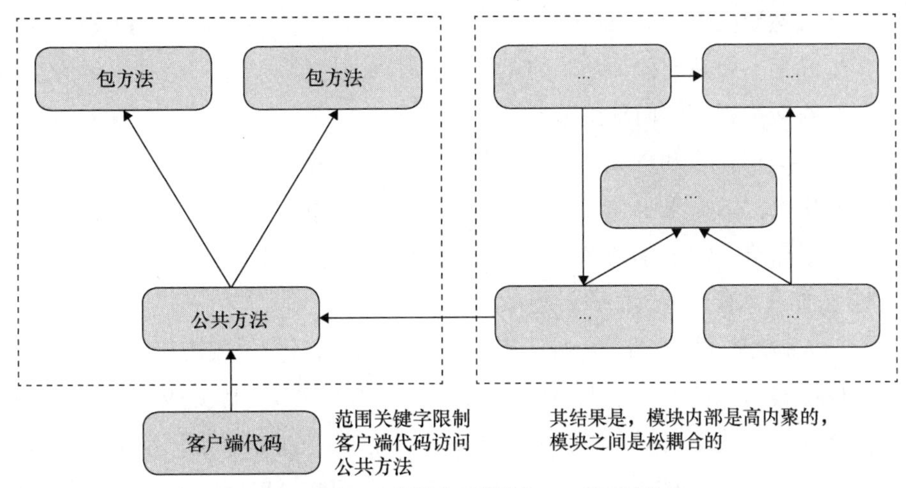

图 1.2 高内聚和松耦合是模块化 API 设计的基础

Web API 通过对相关 API 操作进行分组以实现高内聚来扩展这些概念，同时确保封装内部细节，以鼓励松耦合的 API 设计。

1.4 基于资源的 API 设计

资源是一个概念的数字化表示，通常是一个实体或实体的集合，可能随时间而变化。资源由唯一的名称或标识符组成，可以引用文档、图像、其他资源的集合，或现实世界中任何事物（例如人或事物）的数字化表示。资源甚至可以表示业务流程和工作流。

基于资源的 API 专注于跨网络的交互，与它们如何存储在数据库中或如何显示为对象无关。它们提供不同的操作（或可供性）作为与特定资源的交互。此外，资源支持多种表示形式，如 Web 应用程序、移动应用程序和报表工具可以使用不同的媒体格式（例如 JSON 或 XML）与资源进行交互。

资源不是数据模型

重要的是，要认识到资源与数据库中的数据模型不同。数据模型通常表示为数据库中的模式设计，其针对读/写交互进行了优化，这些交互是解决方案要求的 I/O 性能和报告需求所必需的。

虽然数据可能是 API 的一部分，但是数据模型不应用作 API 设计的基础。数据模型满足一组特定的要求，包括读/写性能、优化的数据存储和优化的查询支持等，并针对应用程序的内部细节进行了优化。

与编程语言和框架的选择一样，数据库类型和供应商的选择也会随着时间的推移发生变化。如果 API 被设计为直接映射到数据或对象模型，那么这些内部实现细节会暴露给 API 的消费者，从而导致 API 变得更脆弱，当数据模型发生变化时，API 也必须随之进行重大的设计更改。

Web API 设计旨在实现一组不同的目标，包括交付成果和体验、优化网络访问和编程语言独立性等。由于 API 涉及系统之间的集成，因此应该在很长一段时间内保持稳定；而数据模型可能会随时改变，以适应新的或不断变化的数据访问要求。

虽然 API 可能会对数据模型产生影响，但是 API 设计应独立于最新的数据库趋势去发展。

如果团队将数据模型公开为 API，会发生什么?

不断的代码更改：因为 API 必须与底层数据库保持同步，所以数据库架构的更改将导致 API 不断变化。对数据模型的更改迫使 API 的消费者陷入一种复杂的顺从关系。在这种关系中，每次底层数据模型发生变化，开发者都必须重写其 API 集成代码。这种障碍可以通过防腐层来克服，防腐层能够将代码单元与这些更改隔离开。然而，因为下游开发者需要维护防腐层，所以 API 的不断变化会产生高昂的开发成本。

导致 API “闲聊”：将链接表作为单独的 API 端点公开会导致 API “闲聊”，因为消费者被迫进行多个 API 调用，每个表调用一次。这类似于 n+1 查询问题会降低数据库性能。虽然 n+1 问题可能会成为数据库的性能瓶颈，但是 API “闲聊”对其性能具有毁灭性影响。

数据不一致：除了 API “闲聊”会影响数据库的性能，n+1 查询问题也会导致数据不一致。客户端必须进行多个 API 调用，并将结果拼接到一个统一的视图中。这可能会导致数据不完整或损坏，因为获取必要的数据需要多个 API 请求，而这些请求可能会跨越事务的边界，从而导致读取结果不一致。

难于理解 API 的详细信息： 针对查询性能优化的列，例如 CHAR(1)列，使用字符代码指示状态，在没有额外说明的情况下，对 API 消费者毫无意义。

暴露敏感数据： 构建镜像数据模型的 API 的工具使用 SELECT*FROM [table name]公开一个表中的所有列，但同时会暴露 API 消费者不应该看到的数据，例如个人身份信息（Personally Identifiable Information，PII），甚至可能泄露一些数据——黑客利用这些数据，能够进一步了解 API 的内部细节，进而破坏系统。

1.5 资源不是对象或领域模型

API 资源与面向对象代码库中的对象不同。对象支持代码库内的协作，通常用于将数据模型映射到代码中以便于操作。不过，API 资源与面向对象代码库中的对象面临与公开数据模型相同的问题，那就是代码的不断更改、网络“闲聊”和数据不一致等。

同样，领域模型通常由对象组成，代表特定的业务领域。它们可以以多种方式使用，以满足系统的需求，甚至可以根据应用方式遍历不同的事务上下文。然而，Web API 在考虑事务边界时最为有效，而不是直接公开内部域或对象模型行为。

记住，API 消费者无法看到数据模型的详细信息和 API 背后的所有代码。他们无须参加无休止的会议，而恰恰是这些会议推动了数据模型设计的众多决策。他们不知道这些数据模型设计决策是如何做出的。出色的 API 设计通过从数据设计转向消息设计，以避免泄露包括数据库设计选择的内部细节。

1.6 基于资源的 API 交换消息

基于资源的 API 将在企业与用户或远程系统之间创建对话。例如，假设项目管理应用程序的用户正在与 API 服务器对话，如图 1.3 所示。

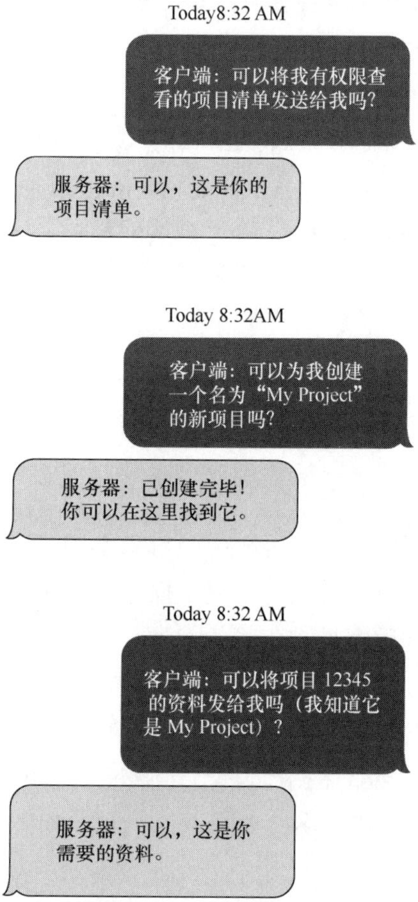

图 1.3　API 客户端和 API 服务器之间的交互示例，就好像用户正在以会话方式与服务器交谈

将 API 视为会话看似很奇怪，其实这并未背离 Alan Kay 创造“面向对象编程”一词时的初衷。他并没有关注继承和多态设计，而是将面向对象编程设想为在组件之间发送消息：

> 我在很久以前就为这个主题创造了“对象”这个词，但令人遗憾的是，很多人仅专注于次要的概念，没有关注到“消息传递”[①]这个最重要的概念。

就像 Kay 对面向对象编程的最初愿景一样，Web API 是基于消息的。用户将请

---

① Alan Kay, “Prototypes vs Classes was: Re: Sun’s HotSpot”, Squeak Developer’s List, 1998.

求消息发送到服务器，并接收响应消息作为结果。大多数 Web API 通过发送请求并等待响应来同步执行此消息交换。

API 设计需要考虑系统之间的会话消息交换，以产生客户、合作伙伴和员工期望的结果。出色的 API 设计还需要考虑这种交换会如何随着需求的变化而发展。

1.7 Web API 设计原则

API 设计方法必须在强大的数字功能和专注于支持快速、轻松集成的出色开发者体验之间取得平衡，且必须基于以下 5 条原则。这 5 条原则奠定了必要的基础，并贯穿本书始终。

- **原则 1**：API 永远不应被孤立设计。协作式 API 设计对于构建出色的 API 至关重要（见第 2 章）。
- **原则 2**：API 设计注重结果。注重结果可确保 API 为每个人带来价值（见第 3～6 章）。
- **原则 3**：选择符合需求的 API 设计元素。费尽心思地追求完美的 API 样式是徒劳之举，应该寻求理解和应用符合需求的 API 元素，无论是 REST、GraphQL、gRPC 还是刚进入行业的新兴风格（见第 7～12 章）。
- **原则 4**：API 文档是开发者最重要的“用户界面”。因此，API 文档应该是首先要考虑的，而不是最后一刻的任务（见第 13 章）。
- **原则 5**：API 是可持续的，因此请相应地进行规划。深思熟虑的 API 设计与渐进式设计方法相结合，让 API 能够灵活应对变化（见第 14 章）。

1.8 小结

要交付成功的 API，API 设计应考虑 3 个重要元素：业务功能、产品思维和开发者体验。这些跨职能的领域意味着企业不能忽视 API 设计流程。开发者、架构师、领域专家和产品经理必须通力合作，才能设计出满足市场需求的 API。

此外，Web API 设计建立在软件设计的原则之上，包括模块化、封装、高内聚和松耦合。API 设计应该隐藏对外发布的系统的内部细节，不应该公开底层数据模型，而应该专注于系统间的消息交换，这种交换在设计上既灵活又能随着时间的推移而变化。

那么，团队应如何从业务需求转变为可发展的 API 设计，同时为客户、合作伙伴和内部员工提供所需的结果？我们将在第 2 章探讨协作式 API 设计，届时会介绍一个将业务和产品需求连接到 API 设计中的流程。

第2章　协作式API设计

预先过度设计是愚蠢的，但预先没有设计更愚蠢。

——Dave Thomas

从设计者视角看起来不错的API设计，可能并非解决问题的最佳设计。因为API要面对的是现实世界中的客户、合作伙伴和员工的需求，所以API设计的最初假设可能并不正确。

API契约设计是软件交付过程中一个独立而关键的步骤。遵循API设计流程，有助于促进企业内部的沟通、企业对外与开发者之间的沟通，还可推动开发者最终负责集成API。API契约设计有助于确定错误的假设，验证正确的假设。API契约设计还有助于推动API设计者与集成API的开发者之间的合作。

在本章中，我们将介绍一个灵活的API设计流程，以满足单个API产品或中大型企业对API平台的需求。从仅有10名员工的小型企业到拥有10000多名开发者的大型企业，不同规模的组织都用过此协作设计流程。在这个设计流程中，我们运用了第1章中的5条原则，应用由外而内的设计来提供以客户为中心的业务价值。

2.1　为什么需要API设计流程?

在概述设计流程之前，重要的是要认识到，即使没有正式的API设计流程，团队也可以成功设计和交付API。笔者与世界各地的许多公司合作过，知道他们即使没有任何一致的API设计方法，也会想方设法将API投入生产。但是，他们需要更长的时间来交付API，因为需要多次迭代这些API，而这些迭代包含具有破坏性的设计变更。与使用API设计流程的API相比，未正确设计的API缺乏如何使用API的足够信息。

API设计流程能够提升整个交付的效率。该设计首先应关注API契约，将用户和开发者的需求作为第一关注点。此外，应避免将API的实现细节泄露到API设计中。API设计包含实现细节会导致API设计不稳定，因为实现细节会随时间变化，会导致破坏性变更。

后端API是所有前端交付计划的阻塞环节。如果前端开发者必须等后端开发者完成API实施后才能开始工作，那么端到端的交付过程将花费太长时间。在前端开发者开始集成API之前，设计中的任何错误都不会被发现。在所有集成工作完成之前，团队无法提供客户反馈。图2.1所示为孤立交付API及其对交付计划的影响。

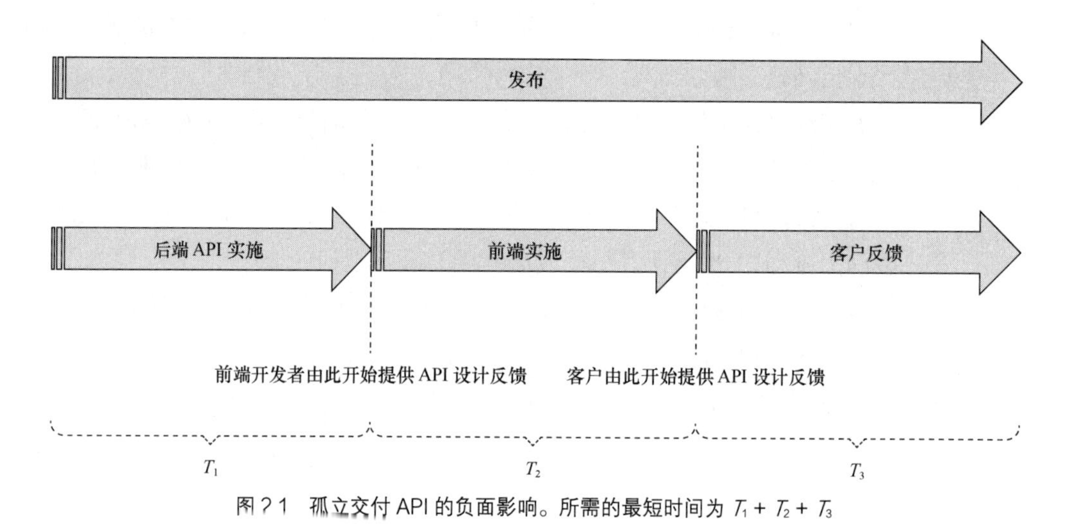

图2.1　孤立交付API的负面影响。所需的最短时间为 $T_1 + T_2 + T_3$

API设计流程鼓励迭代、面向团队的设计工作，旨在提高整体效率。前端和后端API团队共同努力，以达到设计的要求，然后并行开始其特定任务。客户也可以及早参与反馈，以避免最后一刻的返工。如图2.2所示，每个发行版本都会重复上述过程，以确保设计流程变得更快，同时迭代反馈。记住，越早发现API设计的错误，修复的成本越低。

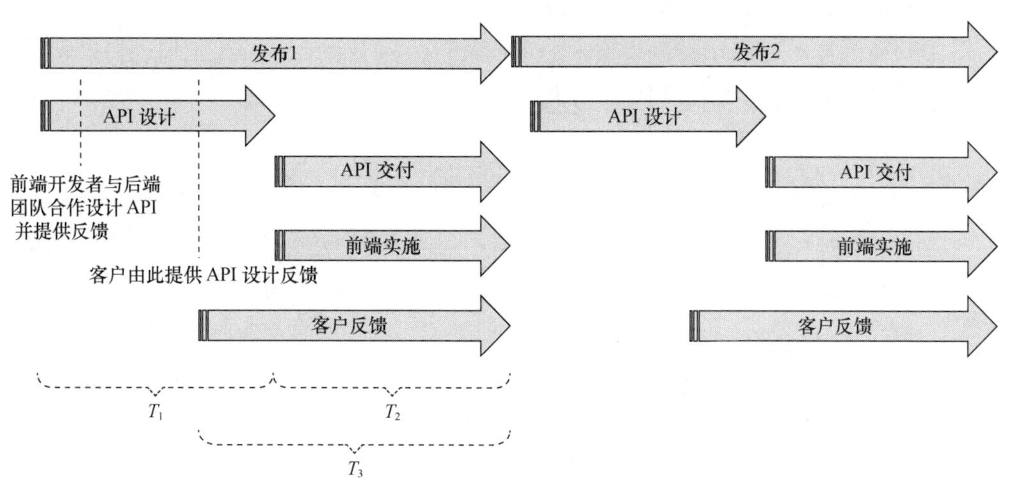

图 2.2 通过优化效率和可重复的设计流程交付 API 的积极影响。所需的最短时间为 $T_1 + \max(T_2 + T_3)$

2.2 API 设计流程反模式

采用 API 设计流程失败或采用效果不佳的流程可能会适得其反，给团队和整个组织造成负面影响。在本节中，我们会详细介绍常见的 API 设计流程反模式，看一下是否会让你感同身受。

2.2.1 泄露抽象反模式

没有正式 API 设计流程的 API 设计者会先编写代码，然后反向生成 API 设计。API 设计将结合内部技术决策，有时需要熟悉特定数据库或云供应商。

例如，推荐引擎的公共 API 产品需要消费者了解 Apache Lucene 才能使用 API。API 通过 HTTP POST 接收配置文件，使用 Apache Lucene 的配置文件格式来管理推荐引擎。内部的实现细节泄露给了 API 消费者，导致消费者需要成为 Apache Lucene 专家，而不是使用推荐引擎 API 的专家。

原型化 API 或通过代码和设计的混合产生演进式的 API 设计是有价值的。但是，这种方法需要集中精力来找到原型化的平衡，然后进行由外而内的设计工作，还需汲取经验和教训。有效的API设计流程支持这种迭代式的学习方法。

2.2.2　下一个版本设计修复反模式

未使用 API 设计流程的团队可能会发现，在把当前版本发布到生产环境之前，自己已经在计划下一个 API 版本，这会导致 API 设计决策与当前版本无法变更。对设计加以改进将导致破坏性变更，逐渐变为积压任务（backlog）中的技术债务。

由于基础代码更改的复杂性，这种反模式最初只是单纯的设计决策。代码更改很有可能会花费太长时间。可以预见的是，团队将被迫把不合适的 API 设计发布到生产环境中并不得不提供支持服务。所需的更改可能只是拼写错误之类的小问题，这类问题不得不保留在 API 中，以免对大量开发者造成破坏性变更。

如第 14 章中将提到的，将 API 设计流程与 API 稳定契约结合起来使用，可以缓解上述问题。

2.2.3　英雄设计工作反模式

对业务领域更熟悉的开发者会结合他们对客户和市场的理解，给出满足目标市场需求的 API。 对一些小型团队来说，如果他们对客户和市场有深刻的了解，那么采用这种方法可能会获得较好的效果。

但是，如果开发者面对的是缺乏足够专业知识的新兴领域，这种方法就无法提供一种可预测的方式，从而导致需要英雄模式的 API 设计工作。在漫长而混乱的开发过程中，从开发到发布，每天都会出现多次设计变更，这就是英雄设计工作的“标志”。在最后一刻与试点客户联系，结果发现重大的设计缺陷，这种情况司空见惯，导致团队在发布产品之前，要找到一个设计解决方案来修复缺陷，在有限的时间内，修补代码，使 API 能正常工作。

虽然 API 设计流程并不能保证第一次使用就能实现完美的设计，但是有助于快速挑战假设，还有助于推动与领域专家和客户的及早沟通，让有缺陷的设计问题在其修复成本变得异常高昂之前得到解决。

2.2.4 未使用的 API 反模式

团队不想让别人觉得自己设计的 API 是失败的，更不想它在生产环境中无人使用。然而，这种情况时有发生，因为 API 设计可能并不符合目标受众的基本目标和期望。一个 API 可能会被大张旗鼓地发布，但最终只能提供很少的（如果有的话）集成。由于 API 设计和实现的脆弱性，开始集成时难免会遇到问题。API 设计流程并非孤立的设计，而应鼓励尽早验证（这些验证通常来自利益相关者），以避免 API 沦入无人使用的境地。

2.3 API 设计优先的方法

API 设计流程是一种可预测的从业务需求转移到 API 设计的方法。API 设计旨在以对企业和外部方可扩展的方式，使发现、集成和部署解决方案变得更简单。

API 设计优先的方法非常重要，因为 API 是可持续的，一旦一个 API 在生产环境中至少有一个集成，几乎不可能将消费者迁移到 API 的下一个版本。

要采用 API 设计优先的方法，应先确定要交付的功能，然后开始 API 设计，以满足所需的结果——所有这一切需要在编写第一行代码之前进行。

当然，在现实中，开发者并不能完全按照这种方式工作。代码和数据可能已经有了，开发者必须从现有系统中利用它们。API 设计优先并不需要严格遵守“绿地流程”，即假设没有任何已存在的代码或数据。但值得强调的是，API 设计工作是软件交付中一个独立而关键的步骤。

API 设计优先的方法涉及 5 个快速执行的迭代阶段，如图 2.3 所示。

（1）**发现**：确定 API 需要交付的数字功能，搜索可能已有的且满足要求的 API。

（2）**设计**：生成初始的 API 设计或改进现有的 API 设计，以实现所需的数字功能。

（3）**原型**：开发原型或模拟 API，以获取利益相关者对当前设计的反馈，然后根据反馈重复先前的步骤。

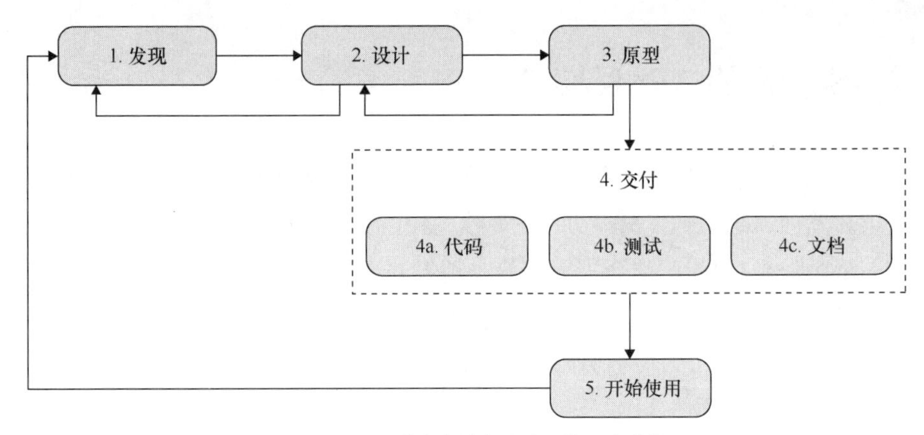

图 2.3　API 设计优先的方法涉及的 5 个阶段

（4）**交付**：开发者、质量保证、运维和文档团队齐头并进，以交付 API。API 功能以迭代的方式发布，而不是由对齐的 API 设计驱动的单一发行版本。

（5）**开始使用**：确保客户、合作伙伴和/或内部开发者一起开始使用 API，并将 API 与他们的解决方案集成在一起。在此阶段，对有复杂整合需求的团队给予支持是非常关键的。

注意，随着收到更多利益相关者的反馈，设计流程会得到迭代。团队应尽早且频繁地收集反馈，并在此过程中对 API 设计加以更改。这样就需要用到 API 契约，以给出如何实现设计的具体细节。原型或模拟实现应在完整交付过程之前演示 API。一旦开始交付，所有团队将并行工作，以 API 契约作为主要沟通工件。在开发者开始使用 API 之后，更多反馈就会出现，进而催生新的设计工作。

原则 1：API 永远不应被孤立地设计

协作式 API 设计对于构建出色的 API 至关重要。在整个 API 设计过程中，技术人员和非技术人员都应参与其中。将 API 设计工作仅留给开发团队将大大减少发挥 API 潜力的机会。

2.4　API 设计优先并保持敏捷

API 设计优先的方法关注频繁的反馈以及在整个设计和交付过程中进行调整的

机会。API 设计优先的方法并未明确指出所有设计工作必须在进行代码开发之前完成。要了解如何做到这一点，不妨重新审视一下敏捷宣言，并查看如何将其应用于 API 设计优先的方法。

2.4.1 重新审视敏捷宣言

快速回顾敏捷宣言[①]原则有助于开发者更好地了解 API 设计优先如何适应敏捷开发。以下是与 API 设计优先关注点有关的一些原则。

- 最重要的目标是使客户满意。
- 欣然面对需求的变化（即使在开发后期也一样），并经常交付可工作的软件。
- 业务人员和开发者必须每天相互合作。
- 可工作的软件是评估进度的首要标准。
- 持续追求技术卓越和良好的设计，以增强敏捷的能力。
- 以简洁为本，尽力减少不必要的工作量。

牢记上述原则，团队才能保持敏捷，同时还要及早并经常与利益相关者就 API 设计进行沟通。这些利益相关者可能包括内部开发团队、渠道合作伙伴以及负责集成 API 的开发者。

为了满足“欣然面对需求的变化并经常交付可工作的软件”这一原则，团队需要逐步交付 API 设计，而不是一次全部交付。这还可以帮助团队避免因最后一刻的手忙脚乱而对 API 设计产生负面影响。

“以简洁为本”这一原则意在鼓励团队以简单的方式去设计 API。团队设计的 API 应该避免过于巧妙的设计，因为这些设计需要让人花更多的努力才能理解。基于其要解决的用例，设计应尽可能直观，并使用适用于解决方案范畴内的词汇。团队应仅提供必要的信息来支持用例。

2.4.2 API 设计优先的敏捷性

API 设计优先的目标是收集足够的细节，以降低将来导致破坏性变更的风险。但这并非意味着必须在开发开始之前完成整个设计过程。敏捷开发和 API 设计优先是极好的搭档。

① Kent Beck, et al., “Principles behind the Agile Manifesto”.

记住

团队可以随时将收集到的细节添加到API设计中，但是一旦有其他东西依赖于这些细节，除非破坏这些集成，否则将无法移除它们。应利用敏捷软件开发，考虑客户、合作伙伴和员工的需求，以渐增方式设计API。

2.5 对齐-定义-设计-优化流程

大多数API设计团队遇到的最大挑战之一，莫过于如何以各种形式（例如用例、电子表格、线框图等）基于业务需求提供API设计。那些有软件业务分析背景的人可能会说这是一个相当容易的任务。但是，将域模型和功能映射到基于Web的API设计中还是相当有挑战性的。挑战之一就是需要确保团队中所有技术成员和非技术成员之间的作用域和可交付成果保持一致。

顾名思义，对齐-定义-设计-优化（Align-Define-Design-Refine，ADDR）流程[①]通过API设计优先的方法指导团队，该流程分为以下4个不同的阶段。

（1）**对齐**：确保围绕一系列的预期结果，企业、产品和技术的理解和作用域保持一致。

（2）**定义**：将业务和客户需求映射到数字功能中，以构成一个或多个API的基础，以提供客户所要的结果。

（3）**设计**：为每个API应用特定的设计步骤，使用一种或多种API样式满足所需的结果。

（4）**优化**：除了文档、原型和测试工作，通过开发者的反馈来优化API设计。

该流程涉及如下7个步骤，我们将在本书后续章节深入探讨这些步骤。

（1）**明确数字功能**：确定客户需求和所要的结果，包括相应的数字功能。

（2）**收集操作和步骤**：通过协作式API设计会议扩展数字功能，以统一理解和保持明确。

（3）**明确API边界**：将数字功能分组为API边界，并确定API是否已经存在，是否需要新的API。

① ADDR流程是基于笔者在多年从事API设计指导的经验中所学到的许多教训提出的。

（4）**API 建模**：通过协作式 API 建模会议来定义概要 API 设计，将资源和操作定义到 API 配置文件中。

（5）**概要 API 设计**：选择每个 API 配置文件将提供的一种或多种 API 样式，并将概要设计元素文档化。

（6）**优化 API 设计**：结合 API 消费者的设计反馈，采用有助于改进开发者体验的技术。

（7）**API 文档化**：完成 API 文档，包括参考文档和入门指南，以加快集成。

图 2.4 总结了支持 API 设计优先方法的 ADDR 流程。该流程实现了以下目标。

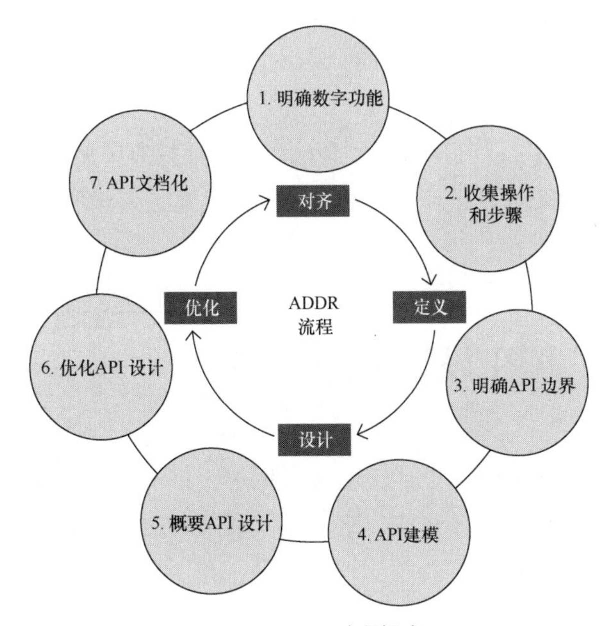

图 2.4 ADDR 流程概述

- 交付 API 设计，使用客户能理解的词汇来强调并解决客户的问题。
- 减少非正式设计流程中频繁的设计变更。
- 为 API 设计和交付优化整个组织，而不仅是开发者。
- 尽可能避免不必要的步骤，以加速交付。
- 创建一个可重复的流程，该流程交付由技术角色和非技术角色共同实现 API 设计，其中一些人不完全了解 API 设计的细微差别，但能够贡献他们的见解。
- 生成可以在团队中引用且可在整个企业中共享的工件，而不是写在白板上的那些无法用于交流 API 设计意图的“涂鸦”。

这样做有助于形成健康、可持续且成功的 API 计划。我们将在本书的后续章节详细介绍 ADDR 流程，并在一个实际设计项目中应用其中的每个步骤。

- 根据开发者和最终用户要完成的工作，对齐和定义交付结果所需的 API（见第 3～6 章）。
- 设计 API，使用适当的 API 样式以及常见的模式和实践，来实现目标受众的期望结果（见第 7～9 章）。
- 将 API 分解为较小的服务，从而在需要时转移复杂性（见第 10 章）。
- 通过将强大的文档、辅助库、命令行界面和测试策略相结合来改善开发者的体验，以确保消费者能迅速启动项目并充满信心（见第 11~13 章）。
- API 设计是不断发展的，这对于可持续、长期存在的 API 至关重要（见第 14 章）。
- 保护 API，以确保数据不会泄露给未授权方（见第 15 章）。
- 扩展 API 设计工作，这对于规模更庞大的计划很重要（见第 16 章）。

2.6　DDD 在 API 设计中的作用

如前文所述，API 设计流程应该用客户能理解的词汇来强调和解决客户的问题。这就需要团队结合业务策略深入了解 API 如何满足市场和客户需求，如果在设计和开发 API 时没有考虑到这些问题，那么往往无法开发出让客户乐于使用的优秀 API。

领域驱动设计（Domain Driven Design，DDD）是一种软件开发的方法，这种方法提倡通过业务领域专家和软件开发者之间的协作来处理复杂的解决方案。DDD 的核心原则包括讨论、聆听、理解、发现和提供差异化的战略业务价值。团队中的每个成员，无论是技术角色还是非技术角色，都在软件解决方案中对业务创新的洞察力深度做出了贡献。DDD 的新手不妨参考 Eric Evans 关于 DDD 的开创性著作[①]，以及 Vaughn Vernon 所著的《实现领域驱动设计》[②]，其中给出了在组织中实施 DDD 的见解。

---

① Eric Evans，*Domain-Driven Design: Tackling Complexity in the Heart of Software*（中文书名为《领域驱动设计：软件核心复杂性应对之道》，人民邮电出版社，2016）。

② Vaughn Vernon，*Implementing Domain-Driven Design*（中文书名为《实现领域驱动设计》，电子工业出版社，2021）。

ADDR 流程松散地建立在 DDD 的概念和实践上。不过，企业不需要实践 DDD，甚至不需要熟悉它，就能有效地应用该流程。熟悉 DDD 的人可能会认出其中的一些概念和技术。重要的是要认识到，ADDR 流程在必要时可能会偏离 DDD 的实践，以确保它在各种情况下保持可接近和可重复。因此，熟悉 DDD 的人可能希望对该流程进行调整，以满足他们的需求和偏好。

2.7　API 设计涉及每一个人

大多数软件开发会涉及各种角色的多个人员：业务领导者和产品所有者需要分析市场需求，软件架构师和技术负责人需要为解决方案制订重要的设计决策。

开发者设计并编写代码，并让代码能正常运行。设计者和 UX 专家将所有内容整合为一个用户界面——着眼于可用性。

每个人都会贡献自己的经验，并将自己的优势和技能应用于 API 设计流程中。对于较小的企业，团队可能需要一个人“分饰”多个角色。只要有可能，就要将技术性更强的角色与产品和业务角色分开安排，以确保在设计 API 时实现观点的健康平衡。

API 设计会话通常涉及但不限于以下角色。

- **API 设计人员和架构师**：有助于促进设计流程并引入 API 设计专业知识。
- **主题专家（Subject Matter Expert，SME）和领域专家**：有助于明确需求并规范 API 设计中使用的词汇。
- **技术负责人**：负责指导实施工作，以及处理那些出于评估目的而需要明确的问题。
- **产品经理**：将市场机会和客户需求纳入 API 设计。
- **技术文档撰写人**：在范围和设计会议期间提出需要明确的问题，这些问题将影响交付的功能并推动 API 文档和入门指南的制作。
- **敏捷教练（Scrum Masters）和项目经理**：提供意见，以协助安排和辨别风险。
- **质量保证（Quality Assurance，QA）团队**：可以提供有关设计可测试 API 的意见，确定如何以及何时测试 Web API，并在开发工作的同时设计测试计划。
- **基础架构和运维人员**：确保网络、服务器、容器平台、消息代理、流式处理平台和其他必要的资源可供构建和消费 API 的团队使用。

- **安全团队**：查看PII和非公开信息（Non-Public Information，NPI）问题的API设计、识别风险、限制攻击的范围，并帮助设计将访问敏感数据的API。

API设计流程汇总了来自每个角色的观点，帮助业务团队与开发团队思路对齐，明确API的目标和结果，为设计出可以满足设定目标的API奠定基础。我们将在后续章节中详细探讨上述流程。

2.8　有效应用ADDR流程

ADDR流程可以与任何现有的流程集成。但是，要做好某些步骤起初可能看起来不太确定或比较难以处理的准备。随着时间的推移，这些流程将变得愈加常态化，团队的努力也将得到回报。请给企业一些时间熟悉上述流程——花点儿时间复盘之前遇到的挑战，并了解上述流程是如何解决这些问题的，或许会有所帮助。

企业可能希望循序渐进地“拥抱”ADDR流程。在这种情况下，企业应先确定API所需的活动和步骤（见第4章），然后进行API建模（见第6章）。随着时间的推移，企业可能会根据需要引入其他步骤。

2.9　小结

API契约设计是软件交付过程中一个独立而关键的步骤。API设计需要在企业内部以及与使用API的开发者进行沟通，这样有助于纠正错误的假设，还可以加强业务、产品和技术团队之间的沟通。

API设计优先的方法通过关注构建解决方案的客户和开发者，以从外到内的角度来看待API的设计。结合自下而上方法的设计技术，API将具有更平衡的设计，既能反映领域需求，又能反映客户和开发者的需求。API设计流程会涉及各种角色，这些角色将围绕对齐、定义和设计API将提供的功能和结果开展工作。

完成了对API设计的艺术和基础知识的介绍，是时候深入研究ADDR流程第一个阶段的细节了：对齐。

第二部分

对齐 API 的结果

在设计 API 时，团队面临的挑战之一是确定如何将业务需求转变为 API 设计。团队希望对他们计划交付的 API 能满足利益相关者的需求有信心。此外，他们希望业务团队和技术团队的步调保持一致，以防在最后一刻对 API 设计和底层实现进行大的修改。

在这一部分，我们将介绍 ADDR 流程的对齐阶段，以解决上述问题。其中，第 3 章和第 4 章涉及的过程和技术，可用于指导团队完成将业务需求转化为客户、合作伙伴和员工所需的数字功能，从而让他们对自己的工作树立信心，并与利益相关者对齐思路，进而着手定义和设计必要的 API。

第 3 章　明确数字功能

我们购买一个产品，本质上是“雇佣”它来帮助我们完成一项工作。如果它做得很好，当下次遇到同样的工作时，我们就会再次“雇佣”该产品。如果它做得不好，我们会“解雇”它，并寻找替代产品。

——Clayton M. Christensen、Taddy Hall、Karen Dillon 和 David S. Duncan

API 是数字功能最常见的表现形式之一，可以为 Web 和移动应用程序、合作伙伴整合和员工解决方案提供动力。它们可以让临时或专业开发者通过编程方式利用数据、业务流程和内部系统来产生所需的结果。企业必须提升明确数字功能的技能（见图 3.1），并利用这一技能助力 API 设计，以帮助用户产生结果。

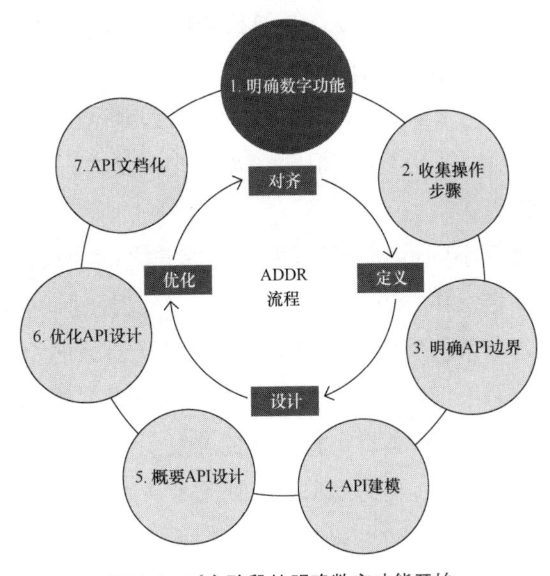

图 3.1　对齐阶段从明确数字功能开始

ADDR 流程从定义交付客户结果所需的数字功能开始。在设计 API 之前，它还详细阐述了交付结果所需的具体活动和步骤。

在本章中，我们将介绍数字功能的概念，阐释它与 API 的关系，并给出一种可行的方法，将需求映射到明确必要数字功能的设计中。数字功能随后将用于为产品和平台 API 的设计提供信息。

3.1 确保利益相关者思路对齐

如第 2 章中所讨论的，API 设计是一个沟通的过程，也就是说，要把 API 提供的数字功能传达给跨越团队和组织外部及内部的开发者。那些 API 开发团队之外使用 API 的人，不能也不应该被要求阅读 API 的实际代码以完全了解其工作原理。实际上，外部开发者可能根本无法访问源代码。因此，API 设计和任何后续文档都应尽量以最简单的方式与开发者进行沟通。

有效的 API 设计融合了客户的需求。在这种情况下，客户被定义为细分的开发者和终端用户群体，他们的体验会受到 API 设计的影响。让 API 设计与客户需求保持对齐有助于提供出色的用户和开发者体验。

未达到上述目标的 API 设计会导致糟糕的体验，通常需要对其进行重大变更，而这样的做法无疑会破坏已有的集成。一旦 API 在生产中至少有一个集成，就很难说服内部或外部团队花费必要的时间和费用来升级到 API 的下一个版本。这说明破坏已有集成的 API 设计是不可行的。因此，要实现满足客户需求的 API 设计，必须集中精力，而不是靠臆测。

除非企业规模小到足以支持开发者与客户之间的直接沟通，否则往往会有多个角色参与到产品定义中，例如产品所有者、产品经理、业务分析师、软件分析师和客户经理等。这些角色代表了客户的需求。一个有效的 API 设计涉及整个企业中许多角色的投入，而不仅仅是如何从数据存储或遗留系统中读/写数据的技术细节。

此外，利益相关者和负责实施 API 的开发团队必须对齐思路。如果 API 缺乏业务背景，它或许也能满足客户的需求，但缺乏足够的因素来满足业务目标。如果 API 缺乏客户背景，它或许也能满足业务需求，但无法给出客户期望的结果。如果两者都缺乏，API 不会有任何真正的用途，团队的所有努力会付之东流。在 ADDR 流程中，数字功能用于确保业务、客户和技术团队的思路对齐，以避免出现上述不良后果。

3.2 什么是数字功能?

业务功能描述了一个企业为市场带来的推动因素。业务功能的示例包括消费产品设计、产品制造和客户支持等。

数字功能则是通过自动化将预期结果变为现实的资产，即企业为员工、合作伙伴和客户提供与之进行数字互动的能力。数字功能可能采用一种或多种技术解决方案的形式。例如 REST API，基于 Webhooks 的异步 API 集成、SOAP 服务、消息流，以及通过每晚、每周或每月的基于文件导出过程的批量数据交换。

审查内部或竞争对手的产品或服务提供的数字功能，可以更深入地了解该企业的价值观，包括他们所针对的细分市场。

数字功能组合是产品或企业提供的数字功能的集合。对于通过建立平台以连接市场中两方或多方的企业，可能更熟悉数字平台（digital platform）和平台能力（platform capability）这两个术语。

尽管数字功能可以映射到业务功能上，但它们运行在不同级别的关注层面上。业务架构师负责定义业务功能，例如客户服务，并可能将关键绩效指标（Key Performance Indicator，KPI）或目标和关键结果（Objectives and Key Result，OKR）联系起来，以跟踪增长。数字功能侧重于产生结果，并涉及提供企业业务功能所需的活动。业务功能描述了企业是“做什么”的；数字功能描述了“如何做”。

表 3.1 所示为一个典型的项目管理应用程序的示例，展示了项目管理应用程序的数字功能之间的差异，以及如何通过基于 REST 的 API 来实现它们。

表 3.1　　基于 REST 的项目管理 API 实现的数字功能

数字功能	基于 REST 的 API 设计示例
自始至终管理项目	POST /projects
将合作者添加到项目	POST /projects/{projectId}/collaborators
将项目细分为若干问题	POST /issues
标记问题完成	POST /issues/{issueId}/completed
查看未完成的问题	GET /issues?status=incomplete
查看活动项目	GET /projects?status=active

请注意数字功能是如何以客户及其期望的结果为重点来编写的。API设计样式的选择，例如REST、GraphQL或gRPC（见第7章和第8章），不是明确的数字功能的组成部分，而是数字功能表现方式的一部分。在某些情况下，团队可以为一个数字功能提供多种API设计样式。

有几种方式可以捕捉业务和产品需求，并可用来驱动作为API的数字功能的设计。ADDR流程建议使用任务用例，即从“要完成的工作”到设计的方法。

3.3 专注于要完成的工作

要完成的工作（Jobs To Be Done，JTBD）指的是通过产品或服务来满足已确定的需求。JTBD包括收集客户问题的方式、要执行的任务以及应该产生的预期结果。

JTBD[①]是由*The Innovator's Dilemma: When New Technologies Cause Great Firms to Fail*[②]的作者Clayton Christensen提出的，是一种在设计产品或服务时从客户角度出发的方法。JTBD确保产品能够满足特定需求，进而有更好的机会获得市场的认可。利用JTBD方法，团队需要先明确客户的需求和工作，进而确定产品或服务将如何满足这些需求。

在JTBD中，工作不仅是需要履行的职能，实际上是关于期望的结果或成就。工作可能是新的、尚未解决的或者可能以某种方式解决但并不完全满足客户的需求。要设计出一个能够达到预期结果的产品，需要考虑与JTBD相关的所有因素。JTBD适用于API以及与企业的产品和软件设计相关的所有其他方面。

JTBD背后的想法源于20世纪80年代中期的“客户之声”（Voice of the Customer，VoC），即产品经理尝试按照客户的思维方式来提高产品性能。VoC的宗旨是将市场研究数据与通过调查和客户访谈确定的具体愿望和需求相结合。

Christensen还提醒我们，产品试图解决的工作有其情感和社会的一面。这项工作不再局限于眼前的问题，还包括减轻或消除相关的焦虑。产品应提供积极的体验，同时朝着预期结果的方向推进。有些产品甚至可以在完成工作的同时提供乐趣。

① Christen Institute, “Jobs To Be Done,” accessed 2021.
② Clayton Christensen, *The Innovator's Dilemma: When New Technologies Cause Great Firms to Fail* (Harvard Business Review Press, 2016).

原则 2：API 设计始于对结果的关注

对结果的关注可以确保 API 能为所有人提供价值。这需要用产品思维的方法来设计 API，而不是纯粹采用由数据和系统集成驱动的方法。ADDR 流程的重点是明确和实现这些结果。

3.4 什么是任务用例?

客户和用户并不关心 API、微服务、无服务器或所使用前端框架的风格，他们想要的是问题的解决方案，他们关心的是结果。

任务用例捕获了任何产品需要完成的工作，包括客户的动机、事件，以及对新产品、服务或 API 的期望。任务用例从客户的角度来构建每个设计问题，旨在确定客户遇到的问题以及他们希望实现的最终结果。确定任务就是为了解决这些问题。API 将提供数字功能，为 JTBD 提供动力，以产生预期的结果。

任务用例是由 Alan Klement[①]基于 Christensen 提出的 JTBD 创建的，给出了一个简单的框架，用于体现所要完成的工作。

制作任务用例的团队会发现，他们的 API 设计更多地关注客户的期望结果。他们还需要提供针对自动化测试创建验收标准所需的细节。值得注意的是，任务用例不应包含实施的具体细节，但应详细说明需要采取的措施，这样才能取得必要的进展，进而实现结果。

ADDR 流程在很大程度上依靠任务用例，通过以客户为中心的方式收集业务需求。任务用例以简单的格式表达客户需求，并用一种自然的方式来确定将推动 API 设计的数字功能。

3.5 任务用例的组成部分

任务用例由 3 个部分组成，使用“当……的时候，我想……，所以我可以……”

① Alan Klement, “Replacing the User Story with the Job Story,” JTBD.info, 2013.

的格式。

（1）**当……的时候：这是形成**因果关系的触发事件，是客户所期望得到结果的情况或原因。触发事件是确定一个 API 何时被使用的关键指标。

（2）**我想……：这是**功能，是客户确定需要采取的行动。功能确定了 API 将发挥的重要作用，以实现预期的结果，也被用来解构 API 将提供的操作。

（3）**所以我可以……：这是**结果，是所需的最终状态，也是发生触发事件时应用能力的结果。结果驱动了 API 设计的验收标准。

图 3.2 所示为一个忘记密码的任务用例，其中突出显示 3 个组成部分，展示了如何使用任务用例来体现数字功能的设计。

这个任务用例体现了名为“重置我的密码”的数字功能。这是 API 必须提供的许多数字功能之一，是为满足目标客户的需求而设计的。

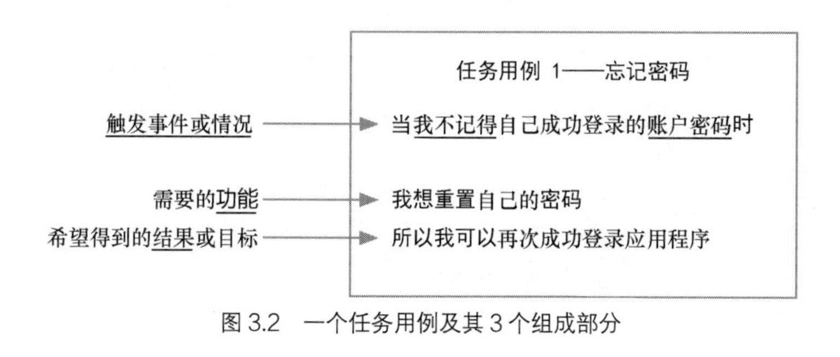

图 3.2 一个任务用例及其 3 个组成部分

3.6 为 API 编写任务用例

用于创建任务用例的细节可能以不同的形式存在。有些细节可能会确定需要解决的问题；有些细节则可能表明期望的结果，但缺失其他信息。

构建任务用例的方法并无对错之分，为此我们给出了 3 种方法来帮助团队应对现实世界中遇到的许多情况。团队可以任选一种或两种方法使用，也可以把这 3 种方法结合起来使用，以编写能体现客户需求的任务用例，然后将这些见解形成“当……的时候，我想……，所以我可以……”的任务用例格式。

3.6.1 方法 1：当问题已知时

这种方法是十分常见的，因为客户通常善于确定他们需要解决的问题。在这种情况下，团队可以使用以下部分或所有问题来探索问题空间，并确定构成任务用例所需的其余两个组成部分。

- 客户希望体验到的解决问题的期望结果是什么？
- 实现这一结果所需的任务是什么？
- 鉴于上述两个答案，原始问题能否较好地描述触发情况？是否有更好的方式以任务用例的形式来表达问题？

3.6.2 方法 2：当期望的结果已知时

有时，期望的结果是已知的，但触发情况是未知的。当客户心中有期望的结果，但可能不确定他们为什么需要这个结果时，这种情况就可能出现。团队可以使用以下问题来引导讨论，并根据他们期望的结果来制订任务用例。

- 客户描述的推动预期结果的问题是什么？
- 实现结果所需的任务是什么？如果确定了多个任务，请将它们汇总到单个任务描述中。
- 所期望的结果可以较好地表达他们的需求，还是应该重写？

3.6.3 方法 3：当数字功能已确定时

有时，客户已经确定了他们想要的数字功能。当客户是领域专家或花了大量时间思考问题时，这种情况很常见。在这种情况下，请提出以下问题来帮助他们验证确定的数字功能，并填补任务用例的缺失部分。

- 客户希望体验的结果是什么？
- 如客户或利益相关者所描述的，要求取得结果的问题或触发情况是什么？
- 确定的数字功能是否有助于产生预期的结果？如果答案是“否”，那么有没有更好的方法来表述数字功能或更适合解决问题的方法？

3.7　克服任务用例的挑战

团队在着手构建任务用例时，可能会遇到 3 个问题：任务用例过于详细；任务用例以功能为中心；任务用例需要额外的用户上下文。这些问题都可以通过本节中将提出的建议来解决。

3.7.1　挑战 1：任务用例过于详细

任务用例应包含足够的上下文，以便将来能将任务用例解构为独立的任务（见第 4 章）。但是，任务用例可能会充斥着各种细节，这些细节在不久的将来会变得很重要——当任务用例的作者担心失去对以前讨论过的具体细节的追踪时，这种情况很常见。试考虑以下示例，其中包含了非常多的细节：

当找到想购买的产品时，我想知道产品的数量、颜色和样式，这样我就可以把它添加到购物车中，并查看当前的总金额、运费和预计要支付的销售税。

当任务用例包含太多细节时，请将这些细节提炼出来，以此作为任务用例下面的附加项目。这样做可以确保细节不会丢失，并保持任务用例的清晰且要点集中。以下是同一个任务用例，重写后的细节被移到任务用例的叙述之外：

当找到想购买的产品时，我想把该产品添加到购物车中，这样我就可以在订单中看到它。其他详细信息如下。

- *将商品添加到购物车时，以下字段是必需的：数量、颜色和样式。*
- *购物车将显示当前的总金额、运费和预计要支付的销售税。*

团队可以将这些详细信息提取到文档或 Markdown 文件的要点中，也可以作为电子表格中的附加说明列予以添加。

3.7.2　挑战 2：任务用例以功能为中心

那些深谙如何编写用户故事的人倾向于以功能而不是结果来编写任务用例。对于已具有用户界面或高保真线框图的现有产品，可能会遇到这种挑战。任务用例的构建者没有把重点放在问题和预期的结果上，而是立即投入对解决方案的寻找中。

以下是一个专注于功能细节的任务用例：

当找到想购买的产品时，我想通过单击一个黄色按钮来将产品添加到购物车中，这样我就可以在我的订单中看到它。

团队应考虑将包含功能的任务用例调整为标准的任务用例结构。如果团队担心在任务用例中丢失关于功能的详细信息，可以将功能的详细信息移至任务用例的“其他详细信息”部分，这样就可以在设计过程的后期引用这些功能的详细信息。例如：

当找到想购买的产品时，我想把该产品添加到我的购物车中，这样我就可以在我的订单中看到它。其他详细信息如下。

- 将产品添加到购物车的按钮应为黄色。
- 按钮的标签应该写“添加到购物车”。

3.7.3 挑战 3：任务用例需要额外的用户上下文

用户故事的一个好处是，用“作为一个……”短语来引出故事。这个短语有助于确定用户故事所要扮演的角色。但是，有些产品最终可能会出现一长串以相同前缀开头的用户故事，例如，“作为一个用户，……”。如果是这种情况，角色就不是一个必要的细节，反而是在给用户故事添乱。

在默认情况下，任务用例的格式与角色无关。但是，有时候与角色相关的细节有助于在任务用例中提供额外的上下文。在这种情况下，团队可以在“我想……”句式中替换角色名称，如以下示例所示：

当需要决定特别销售的日期时，经理希望生成一份具有自定义标准的销售报告，这样就可以查看销售历史记录并确定进行销售的最佳日期。

这种方法很好地将任务用例和用户故事融合在了一起。

3.8 收集任务用例的技巧

鉴于当前没有专门为收集任务用例而设计的工具，团队可以灵活地选择适合自己的工具。以下所列的是一些建议，团队可以随意使用任何能够在团队内部和跨团队间进行沟通和协作的工具。

- **电子表格**：电子表格是通用的工具，对于收集任务用例非常有用。电子表格中的每一行有一个任务用例就足够了。第一列应该是任务用例标识符，后面几列分别用于任务用例的 3 个组成部分，即“当……时”“我想……”“这样我就可以……”。最后添加的第五列作为注释。许多电子表格支持协作编辑，可供多人根据需要进行审查、评论和编辑。
- **文档**：尽管文档的结构化程度较低，但是它们也很有用。当团队希望模仿索引卡样式来收集任务用例时，文档尤其有用。首先，用一个标题表示任务用例的标识符，例如数字或简短描述；其次，将任务用例的 3 个组成部分“当……时”“我想……”“这样我就可以……”分别放在不同的行中，以便阅读；再次，为收集其他见解或细节留出空间，以列表的形式列出项目；最后，在每个任务用例之间添加一个空格，以分开每个任务用例（也可以给每个页面分配一个任务用例）。
- **Markdown 文件**：Markdown 是一种文本文件，其语法通俗易懂，可用于收集任务用例。Markdown 文件可用于将任务用例导出到 HTML、PDF 和其他格式文件中。团队可以使用一个 Markdown 文件处理所有的任务用例，也可以为每个任务用例创建一个 Markdown 文件。结合使用版本控制系统（例如 Git），以查看任务用例的修改历史。当然，这种方法针对的是具有较深技术专长的团队。

3.9　现实世界中的 API 设计项目

为了探索 API 的设计流程，我们用了一个名为“JSON 书店”的虚构书店。这家书店是一家基于 SaaS 的在线图书公司，提供从仓库将图书寄送给世界各地的客户的服务。这个虚构的企业源于笔者多年来从事的许多咨询工作。这个项目以现实世界为背景，可用于更好地探索和应用 API 设计的各种概念。你将看到设计 API 所涉及的各种挑战，这些 API 旨在服务于不同的受众，并支持运营、商务和合作伙伴的集成。这个项目还可用于探索将设计技术应用于现有 API 所涉及的挑战。

在这个项目中，团队必须设计一系列 API，以支持在线商务、订单执行、库存管理和目录管理等业务功能，还需要支持与合作伙伴和客户的集成。一路走来，API 的内容将越来越多，这就要求团队以可扩展的方式找到管理和治理 API 的方法，而不会减慢其开发速度。

3.10 任务用例示例

表 3.2 所示的任务用例是为了支持“JSON 书店的购物和购买体验”而构建的。作为练习，请查看这些任务用例，然后尝试编写一些其他的任务用例来练习任务用例的格式。

表 3.2 JSON 书店的任务用例

任务用例	当……时	我想……	这样我就可以……
1	当我想看已发行的新书时	我想列出最近添加的图书	这样我就可以跟上最新的闲聊话题
2	当我想找一个有娱乐性或可以教我新东西的书时	我想按主题或关键字搜索图书	这样我就可以浏览相关图书
3	当我遇到一本陌生的书时	我想查看一本书的详细信息和评论	这样我就可以确定我对这本书是否感兴趣
4	当我找到一本或多本我想买的书时	我想下订单	这样我就可以买书，并要求将它们寄到我需要的地址

请参阅 GitHub 上给出的使用 API Workshop 演示的完整任务用例列表。

3.11 小结

API 是数字功能，可以通过自动化将期望的结果转化为现实。基于这些结果设计的 API 将有助于为目标受众提供更好的 API 设计。

任务用例提供了对预期结果和数字功能的情境化理解，这些功能是让预期结果变成现实所必需的。通过构建任务用例，所有利益相关者可以就业务需求和客户需求达成共识。构建任务用例所付出的努力越多，API 就越有可能满足客户的需求。任务用例是在 API 设计之前使所有利益相关者达成共识所需的第一个工件。我们将在第 4 章讨论如何将任务用例扩展为活动和步骤，这是 API 设计的基础。

第4章　收集操作和步骤

实际情况是，软件开发者为了做一些毫无头绪的事情，花了大量的时间去学习。与其他行业不同，大多数事情我们都是头一次做，而且大部分时候都是如此（即使在其他人看来我们只是在打字）。

——Alberto Brandolini

Alberto Brandolini 的这段话引起了许多团队的共鸣，大概是因为这些团队都面临着在不太熟悉的领域中构建软件的挑战。尽管有些开发者可以在其职业生涯的大部分或全部时间里都待在同一业务的垂直领域中，但大多数人并非如此。开发者需要快速理解一个新的领域，将其转化为软件，甚至要在其职业生涯中不断重复这一过程。他们必须迅速熟悉一个领域，以便能够将其转化为包括用户界面、API 和数据模型的可用软件。

ADDR 流程通过一系列快速设计步骤来填补这一差距。我们在第 3 章通过对预期结果的理解详细介绍了 API 设计流程的第一步。第二步是向利益相关者、开发团队和业务领域专家收集详细信息，以更好地了解相关领域的概念、过程和工作流程。

在本章中，我们将讨论如何使用基于操作的结构来收集操作和步骤（见图 4.1），还会介绍事件风暴（Event Storming）框架——其作为一种协作方式，能让你对领域有更深入的理解，让所有团队成员达成一致，并为定义和设计提供必要数字功能的 API 奠定基础。

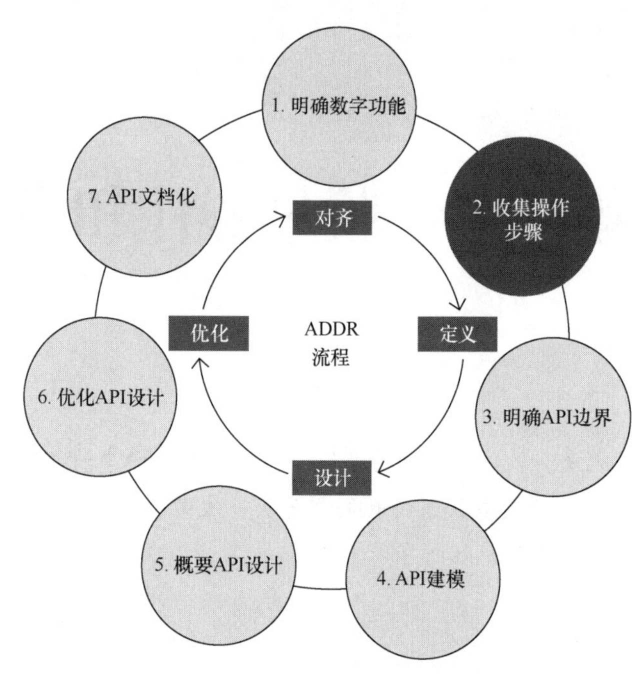

图 4.1　对齐阶段的下一步是收集操作和步骤

4.1　将任务用例扩展为操作及其对应的步骤

构建任务用例有助于确定所需的结果，以及产生这些结果所需的数字功能（见第 3 章）。接下来，我会详细阐释上述内容。

操作是有助于实现预期结果的工作，可以由一个参与者进行，也可以由多个参与者共同协作进行。参与者可以是一个人、一个内部系统或一个第三方系统。

步骤对应着将操作分解为完成操作需要执行的单个任务。一旦所有必要的操作得以完成，任务用例的结果就会顺利实现。

有两个快速的步骤来收集这些细节：确定每个任务用例的操作；将每个操作分解为单个步骤。然后，团队就可以将结果用于明确任务用例 API 的边界（见第 5 章）。

在此过程中，所有团队成员会对解决方案有更深入的理解和认同。如果需求是模糊或不确定的，团队可以选择召开协作式的事件风暴会议，以进一步探索解决方案。稍后我们将详细介绍事件风暴。

4.1.1　确定每个任务用例的操作

首先，需要确定要执行的任何操作（这些操作为每个任务用例产生预期的结果），以找到对结果有帮助的较大工作单元。

表 4.1 显示了一个 JSON 书店的操作示例，即在表 3.2 中确定的任务用例 4——下订单。

表 4.1　JSON 书店下订单任务用例的操作示例

数字功能	操作	参与者	描述
下订单	浏览图书	客户	浏览或搜索图书
下订单	购买图书	客户，呼叫中心	客户将图书添加到购物车
下订单	创建订单	客户，呼叫中心	客户使用购物车中的内容下订单

注意，这些操作是高级别的，即通常需要一个或多个步骤来完成操作。如果在某步骤中发现了其他个别步骤，请继续并记录下来，然后设法确定其所属的操作并加以收集。

4.1.2　将每个操作分解为若干步骤

操作是由步骤组成的，所收集的每个步骤都有一定的“颗粒度”，以确保它一次由一个参与者执行。如果一个步骤需要两个或更多的参与者同时执行，请继续将步骤分解为由一个个参与者执行的更小的独立步骤。

要将一个活动分解为各个步骤，需要更深入地了解 API 如何解决现实世界中的问题。这需要借鉴领域专家或主题专家的洞察力。收集操作及其对应的步骤这一过程，需要主题专家的参与。如果没有主题专家，不妨花些时间去拜访主题专家和客户，以更好地了解需求。一定要为研究提供足够的时间，以确保所有问题都能得到解决，切勿对问题做任何假设。如果可以的话，产品经理应负责拜访过程。

表 4.2 所示为 JSON 书店的操作和步骤示例。

表 4.2　JSON 书店的操作和步骤示例

数字功能	操作	步骤	参与者	说明
下订单	浏览图书	列出图书	客户，呼叫中心	按类别或发行日期列出图书
下订单	浏览图书	搜索图书	客户，呼叫中心	按作者、标题搜索图书
下订单	浏览图书	查看图书详细信息	客户，呼叫中心	查看图书的详细信息
下订单	购买图书	将图书添加到购物车	客户，呼叫中心	将图书添加到客户的购物车
下订单	购买图书	从购物车中删除图书	客户，呼叫中心	从客户的购物车中删除一本图书
下订单	购买图书	清空购物车	客户，呼叫中心	从客户的购物车中删除所有图书
下订单	购买图书	查看购物车	客户，呼叫中心	查看当前的购物车和总计
下订单	创建订单	结账	客户，呼叫中心	从购物车中的内容创建一个订单
下订单	创建订单	支付订单	客户，呼叫中心	接受并处理该订单的付款

注意，有些操作可能只用一个步骤就能实现，而有些操作可能需要多个步骤。这很常见，因为有些操作比其他操作更复杂。

请为每个任务用例重复此过程。与主题专家一起审核这些操作和步骤，以获得反馈并确保达成共识。完成后，我们就可以继续进行将在第 5 章中详细介绍的定义阶段。如果需求不够清晰，无法明确操作和步骤，就需要做更多的工作。GitHub 上的 API Workshop 示例，给出了用于收集任务用例操作的模板和例子。

4.1.3　如果需求不明确，怎么办?

表 4.1 和表 4.2 中详述的操作和步骤示例是很容易理解的，因为大多数人都用过在线电子商务网站。对于不熟悉的领域，团队可能有必要在明确操作和步骤之前进一步探索问题空间。事件风暴是被推荐的技术，可用于以协作的方式理解和统一需求。

4.2　通过事件风暴实现协作式理解

事件风暴是一个协作过程，有助于将业务流程、需求和领域事件以可视化模型的形式展现出来。事件风暴由 Alberto Brandolini 设计，已通过不同的方式满足了世界各地不同组织的需求。

事件风暴以面对面的方式进行最为有效。如有必要，也可以采用远程会议形式，但这种形式对动态对话有所限制。主持人应帮助小组成员了解整个过程，并保持会议正常进行。每个人都应该在会议中谈谈自己的观点，提出明确的问题，做出贡献，以及确定需要后续研究的缺失事实，以贡献自己的力量。

与其他专注于解决方案的软件设计技术不同，事件风暴旨在达成对一个领域的全部或部分的共同理解。从事件风暴会议中获得的成果和经验可用作软件设计过程的输入，包括 API 设计流程。

案例研究：国际电汇的事件风暴

最近的一次事件风暴会议，是为一个开发支持发送国际电汇的团队举办的。该团队非常熟悉执行电汇的机制，但希望探索导致电汇的过程。他们断定事件风暴将是探索过程中一个有用的工具。

在举办事件风暴会议的前几周，团队用任务用例来收集需求，为即将举行的事件风暴会议选择了一组特定的任务用例。选定的任务用例展现了团队希望探索的领域中需要做的工作。他们选出了参与者名单，并组织了远程会议。

通过远程会议，团队获得了如下见解。

（1）团队在支持国际电汇的整体流程方面达成共识。

（2）确定一些有关基本业务政策的公开问题。

（3）关键术语的明确定义，在领域驱动设计中称为通用语言，其中包括来自业务的输入。

但是，最有价值的观点是围绕货币转换的具体细节仍有许多未知因素。没有人熟悉何时进行货币转换的内部策略。对此有几种选择，如电汇启动时执行转换、等待电汇过程开始再执行转换等。在会议开始后的一个小时里，团队就发现了在该领域知识上的差距，从而确定有必要做进一步调查。领域专家受邀参加会议，以帮助团队明确这些问题。

有了更优质的信息，是时候做出一些重要决定了。于是，此次会议结束，团队进一步明确了 API 发布的范围。了解更多的信息后，事件风暴在未来结束，以确保最初发布的 API 可以满足所有业务和客户的需求。

如果没有进行事件风暴会议，团队会假设一套关于货币转换的特定业务策略，而主题专家有可能需要的是一套不同的业务策略，导致团队需在最后一刻做出调整，并会为实现准时交付而产生大量的技术债务。

4.3 事件风暴的工作方式

事件风暴会议的互动性很强。有专门的主持人，有助于确保会议能更有效地利用与会者的时间。面对面的会议需要用到一大面墙（称为画布），用于放置带有编码的彩色贴纸——这些贴纸可以移动，用来描述解决方案如何工作。如果团队成员分散在不同的工作地点，或者没有足够大或足够可用时间的场地，也可以组织远程会议。

ADDR 流程将事件风暴会议分为 5 个步骤。每个步骤都试图增加更多的细节和理解，以期获得对某领域更精准的理解。在整个过程中，团队会明确所做假设是否正确，以确保团队和主题专家达成更好的共识。事件风暴会议输出的结果将立即用于收集操作和步骤，稍后还会用于辅助确定任务用例 API 的边界（见第 5 章）。

4.3.1 步骤 1：明确领域事件

计划时间：30～60min。

事件风暴会议的过程从明确任务用例或一组任务用例的领域事件开始。每个人都把这些事件记录在颜色相同（通常为橙色）的贴纸上，然后将它们放在画布上（Brandolini 建议对特定项目使用颜色相同的贴纸，见 4.3.4 节的贴纸类型）。

领域事件用过去时表示，以表明一些事情已经发生。对有些与会者来说，以过去时描述领域事件可能是一种挑战。团队需要帮助他们重新表述领域事件，直到养成习惯为止。坚持不懈的努力，会让团队在后续步骤中得到回报。表 4.3 所示为领域事件的过去时命名示例。

表 4.3 领域事件的过去时命名示例

需要避免的命名	首选命名
用户身份验证成功	用户身份已验证成功
下订单	已下订单
打印发货标签	发货标签已打印

步骤 1 应进行两轮，每轮用时 15～30min。对于具有较大范围的会议，可能需要花费更多时间。最后，大量无序的贴纸会遍布整个画布。

随着活动的进行，与会者可能会开始放慢速度。这很常见，也很容易纠正。在各轮活动之间，请检查画布的某些区域，以确定漏掉的领域事件。请与会者审查所有的领域活动，并确定可能发生在领域事件之前的因果关系事件，如果缺少因果关系事件，请将其补充到新的领域事件贴纸上。

图 4.2 所示为捕捉表 3.2 所示的 JSON 书店任务用例 1 和任务用例 4 的领域事件时的情况。

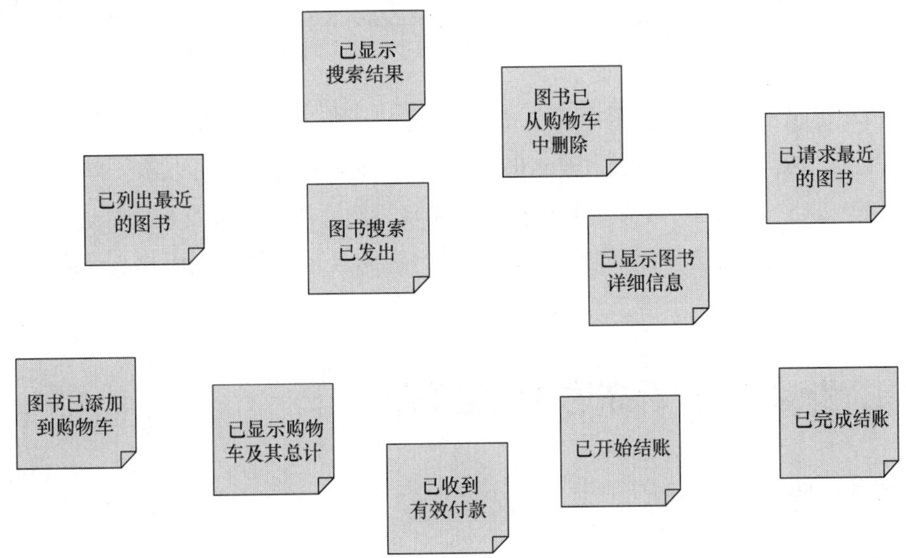

图 4.2 JSON 书店的领域事件贴纸的示例。这些事件现已收集好了，并将在下一个步骤中得到整理

事件风暴会议结束后，请短暂休息，然后进行下一个步骤。

4.3.2 步骤 2：创建事件描述

计划时间：**90～120min**。

在这一步骤，这些领域事件的贴纸会被按照从头到尾的顺序排列。在整个过程中，请删除重复的事件，并加以确定，以确保事件足以构建描述的框架。

主持人负责向团队提出待明确的问题，以确保描述的内容正确。与会者需要找到描述的首个领域事件，然后找到下一个领域事件，并将其放在第一个领域事件之后。请在画布上留出足够的空间，以便根据需要添加更多领域事件。

如果有分叙或类似的描述，通常会造成会议拖延。为了加快会议的进行，请选择单一的描述，并对领域事件进行相应排序。如果需要，可以在主要描述的下方分列上述描述。

图 4.3 所示为如何从之前确定的领域事件中创建描述。

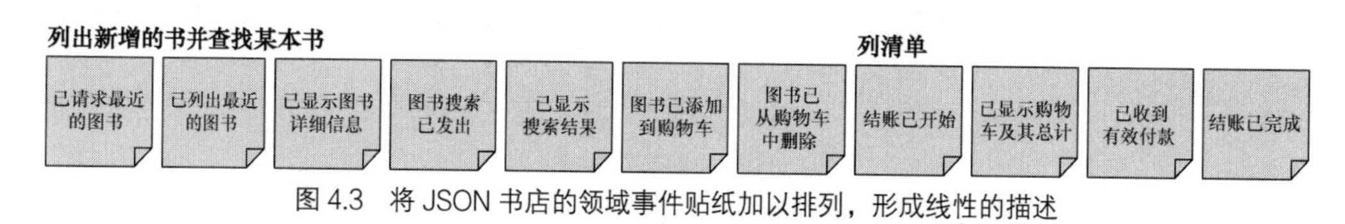

图 4.3　将 JSON 书店的领域事件贴纸加以排列，形成线性的描述

尽管这个步骤似乎只需要花费很少的时间，但随着描述的形成，对话便会出现。因此，至少要安排一到两个小时的时间。如果有必要，可以将一些领域事件的贴纸旋转 45°，提醒与会者重新审视这些事件，然后继续进行其余的描述。一旦创建完整体的描述，与会者就可以重新审视有问题的领域事件，或用热点（通常是热粉色）贴纸标记它们，以便后续跟进。

4.3.3 步骤 3：查看描述并确定差距

计划时间：**60～90min**。

一旦厘清所有事件并按一个总的时间表分组，团队要设法确保没有任何事件被遗漏。为此，团队需要从左到右浏览全部描述。如果发现有被遗漏或需要确认的事件，就立即进行更改。因此在这个步骤中，最好有一个大的平面空间，可以确保团队成员能随意移动贴纸以及填补描述中的空白。

在这个步骤中，所有领域概念需要予以统一，以便构建一个通用的词汇表。这个词汇表将演变成各种有界上下文中的通用语言——这些语言将在步骤4中确定。图 4.4 所示为可以贴在事件风暴画布上的卡片，用来统一通用词汇。如果有必要，请用新词汇表重写现有的领域事件。用不了多久，团队就会开始采用新的术语。

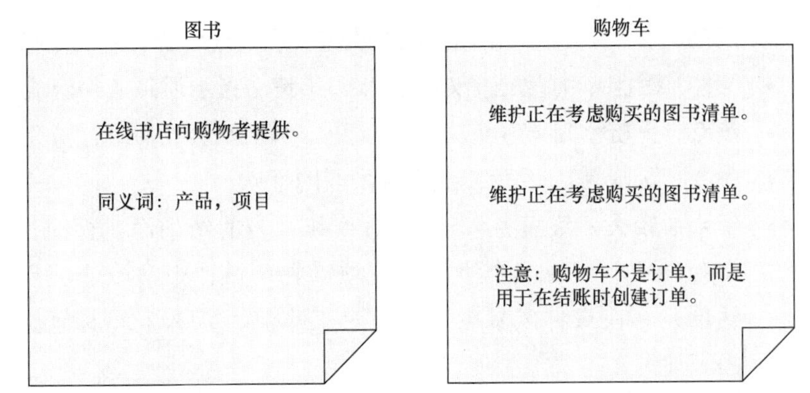

图 4.4 两张在会议期间收集的卡片。这两张卡片将成为下一步骤中确定的有界上下文中通用语言的一部分

4.3.4 步骤 4：扩展领域理解力

计划时间：30～60min。

对事件排序后，你可以使用其他颜色的贴纸来增进对领域的理解。"JSON 书店"使用其他类型的贴纸来展示"下订单"任务用例中的一部分，如图 4.5 所示。

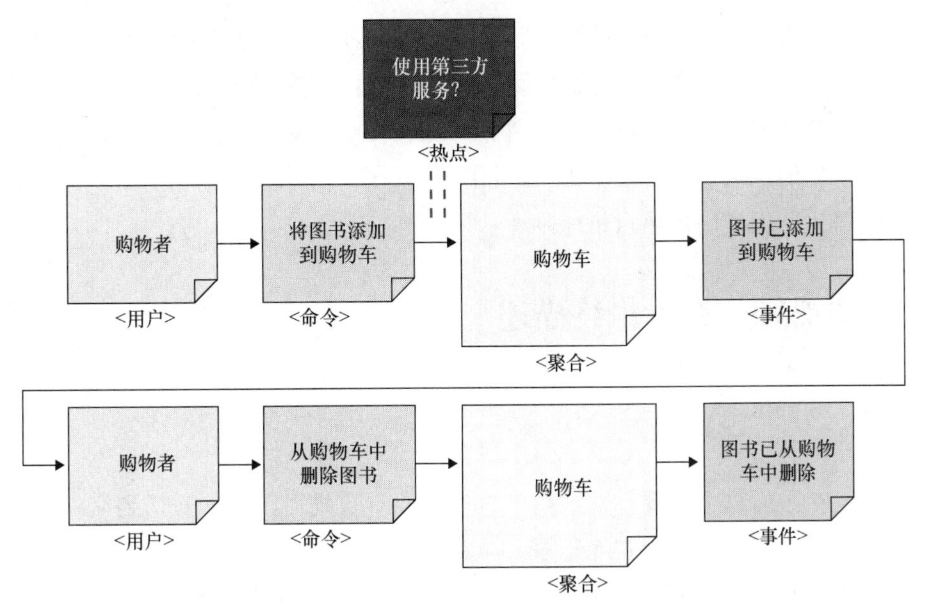

图 4.5 "JSON 书店"的下订单任务用例，扩展到包括用户、命令和聚合的其他颜色的贴纸。还有一张热点贴纸，上面有一个会议结束后需要解决的开放性问题

以下是事件风暴会议中常用的贴纸类型，以及通常为每种类型指定的颜色。

- **事件**（**橙色**）：行动或策略的结果，该策略指示通过工作流或流程向前推进。
- **热点**（**亮粉色**）：未知或缺失的数据，需要在会议后进行研究和跟进。
- **命令**（**深蓝色**）：由用户或系统采取的行动。
- **聚合**（**较大，浅黄色**）：作为命令和行为的结果而执行的行为或逻辑，通常会导致一个或多个事件。在领域驱动设计中，聚合被定义为事务一致性单元。在事件风暴中，这是对工作流、状态机和其他行为的更高层次的表述。
- **策略**（**淡紫色**）：触发事件或动机也是必要的，即为什么要执行一个新命令。它相当于事件和命令之间的"桥梁"或"胶水"。策略可以从"当……时"或"无论何时……"短语开始。
- **外部系统**（**淡粉色**）：解决方案之外的系统。这些系统可能不在团队内部，但却是在企业内部的系统或第三方系统。它们最好被视为团队控制之外的聚合体。
- **用户界面**（**白色**）：一个用户界面，将提供一个或多个角色对聚合执行命令的功能。
- **用户**（**黄色，较小**）：一个与系统交互的特定角色，通常通过用户界面（User Interface，UI）进行，但也可能是自动呼叫、电子邮件或其他机制的结果。

首先，添加命令（深蓝色贴纸），以收集系统或用户采取的操作，这些操作将导致一个或多个已确定的领域事件。命令被发送给聚合，因此也要收集这些命令。商业策略通常被表述为"当XYZ发生时，……"，可以被收集为策略（淡紫色贴纸）。亮粉色贴纸被用作热点指标，表示需要更多信息。

4.3.5　步骤5：查看最终描述

计划时间：30min。

在最后这个步骤中，从两个方向开始审查描述，即从开始到结束和从结束到开始，以确保所有元素得到记录。请将重要的事件和触发器醒目地标注出来，以表示步骤之间的关键过渡。图4.6显示了一个经过充分探讨的下订单任务用例，其中使用了必要的贴纸来表示会议期间获得的理解。

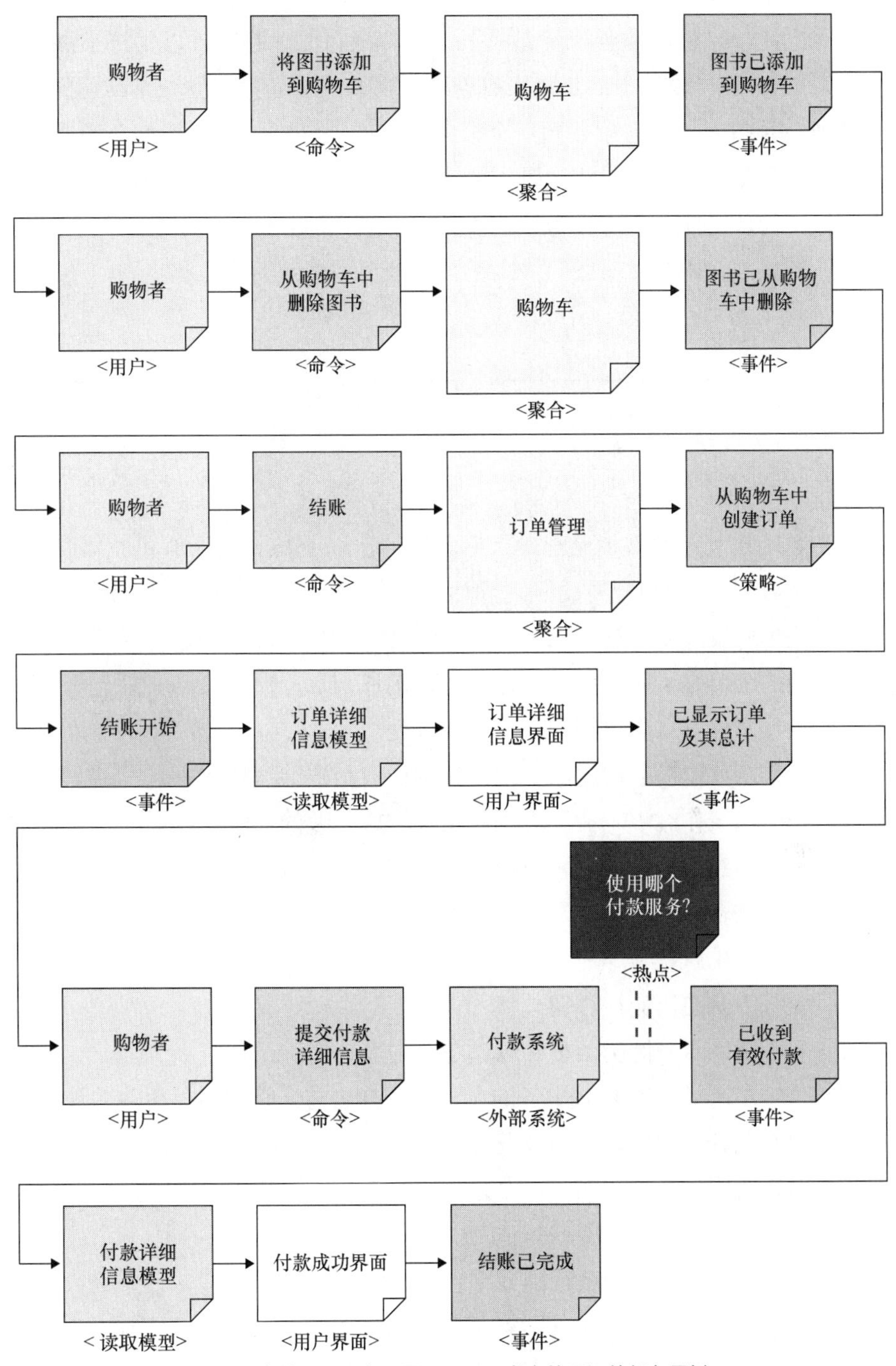

图 4.6 事件风暴画布，用于 JSON 书店的下订单任务用例。

至此，事件风暴会议就完成了。请将画布保存起来，以供将来参考，因为它对未来 API 设计流程中的步骤很有帮助。可以对画布拍照并分享给团队成员，也可以将画布卷起来或把它放置到一个公共的空间，这将对在同一办公场所中工作的团队成员有所帮助。如果团队使用了数字化工具，例如 Miro，可以将工作导出为 PDF 或图片文件，以便分享或作为其他项目资产的一部分。

最后，使用前文概述的格式记录会议期间确定的操作和步骤。

4.4 事件风暴的好处

通过共享对术语、流程、目标的理解，以及与其他内部和外部系统的必要“融合”，利益相关者和开发团队之间达成了共识。会议结束后，问题会“浮出水面”，可以避免假设或误解被引入 API 设计和代码中。事件风暴可以帮助每个人通过有趣且有效的练习来表达观点，并进行有效沟通。

进行事件风暴会议还有如下 5 个好处。

（1）就要建模的问题的要求和范围达成一致的理解。

（2）就工作流程、业务规则和约束达成一致的理解。

（3）构建一个通用的领域词汇表，以通用语言代替多种术语。

（4）在软件设计和开发之前确定需要跟进和确定的未知因素。

（5）明确解决方案中的边界，有助于确定团队工作的范围和分工，以最大限度地减少跨团队的依赖性协调。

对于以下这些情况，事件风暴是非常有效的。

（1）在进行 API 和微服务的设计和实施之前，培养由外而内的设计思维。

（2）在进行软件设计和开发之前，澄清假设并解决开放性问题。

（3）明确记录了预期的结果之后，通常会使用任务用例（见第 3 章）。

（4）在会议中体现所有角色。

（5）启动某业务领域范围或跨多个团队的重要工作。

但也有一些情况，事件风暴的价值可能没有那么大。为了避免在事件风暴上浪费不必要的时间，请考虑下列这些导致无效会议的因素。

（1）业务流程是众所周知的，也是有记录的，因此可能会产生相同的观点。

（2）问题的范围足够小，以至于确定的业务需求是充分且完整的。

（3）尚未确定业务需求。在这种情况下，从第 3 章中介绍的构建任务用例开始，以明确定义期望的结果和涉及的各方。

（4）业务利益相关者无法参加或看不到事件风暴会议的价值。虽然团队可以组织事件风暴会议，但这样做可能会导致基于太多技术假设进行建模，而这些假设无法满足业务需求。

（5）软件交付已经开始，交付日期已固定。如果团队在交付过程的早期举行会议，则会议的“产出”可用于在发布前进行软件架构和设计的调整；否则，团队将不得不按照现有决策进行，而不是通过事件风暴会议获得见解。

谁应该参与其中？

正确选择与会者对于事件风暴会议的成功至关重要。会议必须有不同角色和担任责任的代表参与。会议人数不应多于 12 人，以确保所有与会者的充分参与。如果团队较大，可以拒绝无主张的参与者参加会议。

对于可选的与会者，他们会导致与会者人数增加，因此应该根据具体情况考虑是否邀请其参加会议，以免会议中出现过多的声音。几十个人一起参加，往往会拖慢会议速度，或者出现与会者低头看手机或查看电子邮件的情况。在进行面对面的会议时，较小的团队可以受益于较小的会议空间。应尽可能避免旁观者参与其中，他们通常不会对会议本身“产生价值”，而且可能会分散会议的焦点，因为旁观者很少认真观察。

在选择事件风暴的与会者时，请确保按优先顺序考虑以下角色。

（1）企业主，包括有助于定义需求的人，例如产品经理和产品所有者。

（2）熟悉相关领域的主题专家。

（3）牵头软件交付的技术负责人、架构师和高级开发者。

（4）安全专家，尤其是当涉及隐私或安全问题时。

（5）不参与决策的独立软件开发者和贡献者（仅根据具体情况）。

4.5 主持事件风暴会议

主持人熟悉事件风暴会议是非常重要的。他/她将负责推动流程，并让所有人参与到整个过程中。

电子邮件和消息通知可能会造成干扰，拖慢进度，漏掉待澄清的问题，或者妨碍主题专家回答待澄清的问题。远程会话会增加与会者走神或者分心的概率。主持人必须设法规避上述问题，控制会议的节奏和休息的频率，并在流程的每个步骤之间做好过渡。

如果有疑问，主持人需要对讨论进行评估，以确定这些问题是在澄清意图还是已经跑题。如果有必要，请用热点贴纸标出存在争议的领域，并重新审视这些问题；否则，会议就会逐渐变成一两个人发表意见的论坛。

鉴于事件风暴会议这一概念相对较新，有经验的主持人较少，本节就最近举办的会议给出一些见解和提示。

4.5.1　准备：收集必要的材料用品

举办面对面的事件风暴会议，需要用到一些基本的材料用品。请确保在会议前几天订购所有必要的材料用品，避免"临时抱佛脚"。

事件风暴会议需要用到大量各种颜色的便签纸。通常，橙色贴纸用得最多，所以一定要多准备一些这种颜色的贴纸。大多数办公用品商店有满足事件风暴会议需求的彩色贴纸套装出售。当然，也可以根据团队的喜好或现有的情况调整颜色。记住，大多数与会者是第一次参加事件风暴会议，所以他们不知道什么是"合适的颜色"。如果有经验的参与者抱怨颜色不妥，那么可以请他们在以后的会议中协助准备材料用品。

还需要一面大的墙，用以悬挂大纸板，然后在上面粘贴贴纸并根据需要移动。有些公司更喜欢使用 45～60cm 大小的贴纸，这样可以贴两到三排，空间使用率较高。

这面墙上应该有一个图例，以确保每个人都能记住每种颜色的贴纸。请确保给出一个图例，以说明所有贴纸的颜色、它们代表的类型（例如，橙色贴纸代表"事件"）以及显示它们通常如何组合以产生描述的箭头，如图 4.7 所示。

请用黑色记号笔在贴纸上书写，以确保离得较远也能看清文字。请确保每个参与者至少有一支记号笔，并可以在房间四处多放几支记号笔，以备用。

如果举办远程会议，可选用图表工具来模拟贴纸。还有一个选择，那就是使用每个与会者都可访问的共享文档，对文本用类似贴纸的颜色编码。不管选用哪种方式，都应在会议前练习使用该工具，以确保会议期间能有效利用时间。

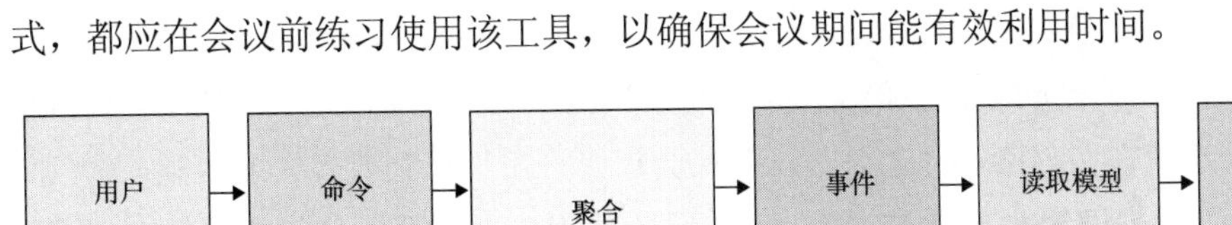

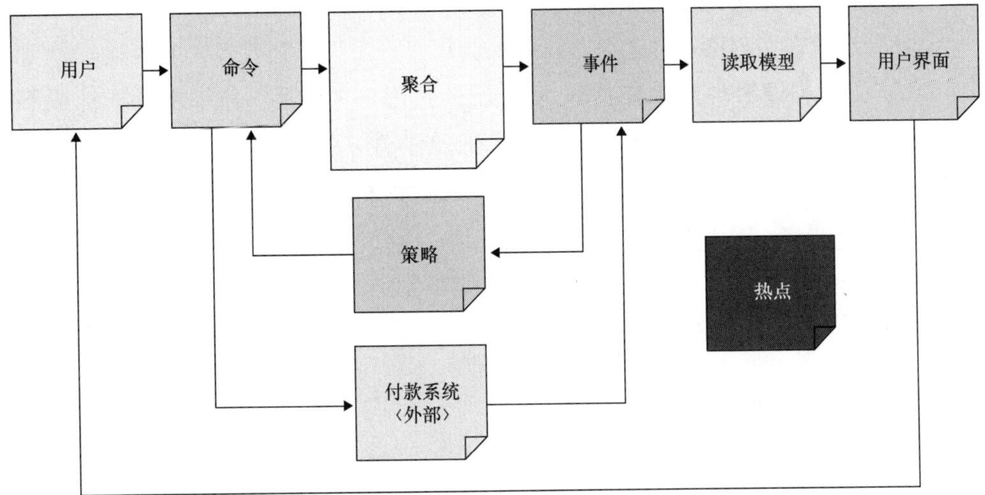

图 4.7　一个图例，显示了如何用在事件风暴会议中常见的颜色贴纸共同收集领域问题

4.5.2　分享：沟通事件风暴会议

举办一次成功的事件风暴会议，需要在会议前、会议开始时以及会议结束后做好充分准备并进行有效的沟通。以下是对主持人在会议前通过电子邮件、视频和面对面进行有效沟通的建议。

（1）**产品管理部门人员的出席是必不可少的**。坚持让产品所有者和产品经理出席。与会者多为开发者的会议应重点关注眼下的工作方式、现有系统以及交付现状。若出现偏差，则会导致对领域和预期结果的错误理解。

（2）**声明会议的目的和范围**。如果没有提前**声明**会议的目的和范围，许多人会感到疑惑不解，或无法很好地参与其中。提前声明会议的目的和范围，有助于确保为会议邀请到合适的与会者，这是事件风暴发挥其效力的关键。应在最初就声明会议的目的和范围，并在会议开始时予以强调。

（3）**树立期望**。混乱或不及预期会导致会议无效或让与会者对事件风暴产生负面的看法。树立对流程、结果和将要产生的设计资产的期望。在会议开始时重申这些内容，以强化目标并保持正确的心态。

（4）**确保 API 设计尚未开始**。已着手 API 设计的团队很可能会忽略会议的“产出”而去重点关注如何推进当前的设计。举办事件风暴会议是为了指导并进行未来的设计。不愿意或无法接纳会议“产出”的团队，可能无法从事件风暴会议中获得较高价值。在继续进行之前，请确保会议“产出”得到所有人的认同。

（5）**强调事件风暴在整体 API 设计过程中的作用**。分享进度指标或不时地重温整个过程，以说明会议在大局中的重要性。提醒与会者事件风暴应产生有价值的洞见，为接下来的 API 建模和设计步骤提供信息，否则会议可能会流于表面工作。

在会议开始时，请回顾以上建议。在会议当天回顾所有事项，主持人应对所有事项烂熟于心，并设定对会议的期望。

4.5.3　主持：进行事件风暴会议

会议开始时，请回顾会议的期望、流程和范围，然后从步骤 1 开始。大多数第一次参加会议的人员会有点不知所措的感觉，请做好给予他们帮助的准备，或者不妨让那些更熟悉这种会议的人开始这一过程。

首先通过演示来说明该流程是如何运作的。通过听取团队的意见，发布第一个领域事件，以过去时加以表述，展示预期的格式，将相应的贴纸贴在时间轴上的大致位置，然后让团队着手独立创建自己的事件。请在会议中为每个步骤使用相同的技巧。

为流程中的每个步骤确定明确的理由。大多数第一次参加会议的人员无法完全理解为什么流程中的每个步骤都是不可或缺的，因此需要帮助他们了解花费这些时间的价值所在。虽然整个流程对主持人来说可能是显而易见的，但大多数与会者需要花时间来适应事件风暴会议的流程。

4.5.4　总结：收集操作和步骤

会议结束后，请拍摄带有贴纸的画布的照片，以便分享。在离开之前，请仔细检查照片，以确保所有字迹都清晰可辨。如果字迹不清晰，请靠近画布并拍摄更多的照片。

要以数字化方式共享画布照片，不妨用工具制作一个全景照片，或将照片从左到右编号，以确保可以根据需要重新组合它们。如果团队在公共的办公空间中工作，则可以将画布小心移走，并将其放置在一个固定位置上供大家参考。

数字化工具（例如 Miro）可能有助于远程会议，并支持将最终画布导出为 PDF 或图像格式的文件。如果不方便使用其他工具，也可以使用共享文档，例如 Google 文档或 SharePoint 上托管的 Word 文档。经验表明，彩色编码的文本与贴纸的效果一样好，并且更容易在画布上进行剪切和粘贴操作。

最后，请用画布来明确并收集操作和步骤，如本章开头所说的那样。

4.5.5 跟进：会后建议

主持人应在会议结束后两天发送第一封电子邮件，在邮件中感谢所有人的参与，并分享贴纸的新位置和照片所在的数字文件夹，还可以给出一个调查链接，以收集对流程的改进意见。

主持人应在会议结束后两周发送第二封电子邮件，询问团队是如何使用会议成果的，并借此机会找出有碍团队前进的问题。如果团队受阻，应该安排后续讨论，以指导团队采取下一步行动。

最后，如果得到允许，可以考虑写一份有关会议的案例研究，并将与会者的发言记入其中。这有助于让不熟悉事件风暴会议流程的团队了解其提供的价值，激发他们投入必要时间的意愿，还有助于在整个组织中分享团队的胜利。

4.5.6 定制流程

记住，事件风暴是一种在协作环境中提供基于发现的学习工具。定制流程有助于组织从会议中获得更大的收益。除了 Brandolini 建议的原始过程，我们还探索了以下补充或修改内容。

（1）**3 栏的方法**：不使用一张纸覆盖墙壁，而是使用窄一点的纸，平行创建 3 个独立的栏。在明确业务活动的过程中，请将所有初始事件附在最上面的栏上。当按照顺序描述它们时，请将这些事件移到中间一栏。然后，在最初的业务事件之外，使用新的贴纸扩展画布时，将使用最上面的栏来扩展可用空间。底部的栏被用作“停车场”，用于存放被认为超出范围或重复的事件。这种方法是出于需要而创造的，因为有些公司的储物柜中唯一可用的纸卷仅 30cm 长。

（2）**45° 贴纸**：如果贴纸上的内容不明确，需要重写为过去时，或者由于其他原因需要重新审阅，与会者有权将其倾斜45°，以表示在进行下一步之前，需要跟进上面的内容。

（3）**多个部分的事件风暴会议**：随着远程会议的引入，其造成的疲惫感通常比高能量的内部会议来得更快。在这种情况下，请考虑将事件风暴会议分为多个部分，单场会议用时不超过两小时，两场会议之间至少间隔一小时的休息时间。如果有必要，只要所有与会者在两天内都可以参加会议，就可以将会议分为在两天内进行。

4.6　小结

对团队来说，建立对领域概念、流程和工作流的详细理解至关重要。通过收集操作和步骤可以了解这些细节，团队成员可以达成共识，并为将来的API设计工作奠定基础。事件风暴可以用作一种协作方法，用于与领域专家或主题专家一起详细探索领域概念。

API设计流程的下一步，是开始定义实现API产品或API平台提供的数字功能所需的有界上下文和API。

第三部分

定义候选 API

在 API 设计这一阶段，数字功能已经通过任务用例得以确定了。形成“产出”所需的操作已被记录下来，并且是基于事件风暴会议的洞见。通过关注结果和操作，团队可以就客户和业务目标的需求达成共识。

接下来要做的是定义候选 API。这些候选 API 可以反映一个或多个边界，这些边界是通过事件风暴的画布或从上一步产生的操作清单来确定的。随着边界的确定，一个或多个 API 配置文件开始出现。

每个配置文件都对 API 进行了详细的说明，并为最终的 API 设计提供了参考，反映了需要设计的 API 资源以及提供的操作。要设计一个专注于交付客户、合作伙伴和员工所期望结果的 API，定义候选 API 这个步骤至关重要。

第 5 章　明确 API 边界

对于一个大的系统来说，完全统一领域模型是不可行的，也是不划算的。

——Eric Evans, *Domain-Driven Design*

每个 API 会提供一个心智模型，用来说明开发者要如何与之整合才能产生预期的结果。明确 API 的范围和责任也有助于指导这种心智模型的设计，从而提供更积极的开发者体验。通过借用领域驱动设计中用于明确有界上下文的技术，可以确定候选 API，并且每个 API 的责任是由对齐阶段的“产出”来明确定义的（见图 5.1）。

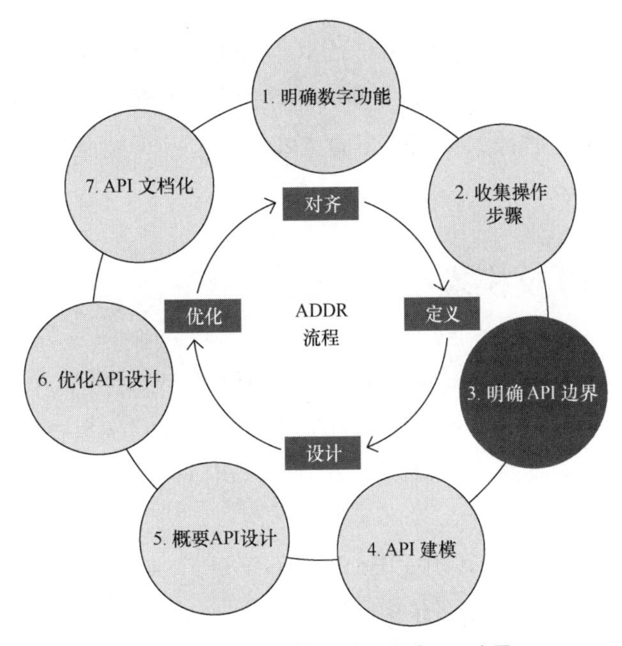

图 5.1　定义阶段的第一步是明确 API 边界

如第 4 章中所述，明确操作和步骤的结果对于查找边界和定义候选 API 非常有用。这些候选 API 体现了数字功能，这些功能将产生任务用例体现的预期结果（见第 3 章）。在开始这个流程之前，了解定义 API 边界方面的一些错误也非常重要，因为这些错误会导致糟糕的开发者体验。

5.1 避免 API 边界反模式

明确 API 的意图和范围非常重要。确定 API 的范围可以帮助开发者找到合适的工作内容。如果没有明确的范围和一系列相关的职责，API 将受到常见的 API 边界反模式的影响。

5.1.1 大型一体化 API 反模式

即使是经验丰富的 API 设计者，在确定需要多少个单独的 API 产品时，也会面临挑战。

创建单一的、大型的 API 产品，会让开发者很难快速找到所需的东西。同样，许多小型的 API 产品，也许是单独将微服务外化的结果，可能会导致碎片化和问题并让开发者感到挫败。应用清晰的 API 边界有助于减少超大型或许多小型的 API 带来的混乱。

5.1.2 过载 API 反模式

企业如果有多个产品或提供由多个 API 组成的平台，则会面临额外的挑战。很多时候，企业希望设计一个完美的账户 API 或客户 API，作为查找有关账户或客户的所有详细信息的唯一入口。最初的目标很有意义，但最终得到的是单一的 API——试图什么都做，结果什么都做不好。

在 JSON 书店的示例中，Books 可能意味着以下几种情境中的一种。

- 可供购买的产品目录中的图书条目。
- 可作为仓库库存的一部分的图书。

- 已添加到购物车中的图书。
- 属于已下订单的图书。
- 已作为订单的一部分发货的图书。

创建单一的 Books API 可能不是最清晰或合理的途径。随着围绕术语 Books 的新情境的引入，API 将不断被更改。这样做的结果是以不同方式混合和匹配该术语的操作，使 API 变得混乱不堪。这不但会导致糟糕的开发者体验，而且在以后提供新的增强功能时，会导致重大延误。

在较大的企业中，单一的团队可能会通过这种错误的假设来设计大多数 API，即认为单一的 Books API 是组织支持图书目录、库存、购物和实现企业流程的最佳方式。当企业的其他部门等待这个团队添加支持新功能所需的操作时，交付的速度就会大大降低。

要设法使用更多的上下文来明确单词术语，以 Books 为例，Books Catalog API 有助于将 API 操作的范围限制为对目录的管理。在这个明确定义的范围内，还有其他职责，包括管理公开描述、每本书的相关作者元数据、图书封面、示例章节等。只有那些对目录管理感兴趣的人才需要使用这个 API。

5.1.3 辅助 API 反模式

几乎每个开发团队都创建过辅助库（API），其包含了散布在代码库各处的小工具类的集合，用于辅助库的名称空间（例如 com.mycompany.util）会被整个代码库所引用。

这些 API 具备多种用途，但在单独使用时并不具有凝聚力。与 API 集成的开发者很难了解应该在什么时候、什么地方应用这些 API。如果 API 范围和责任不明确，开发者就会感到困惑，从而无法有效使用 API。

5.2 有界上下文、子域和 API

明确 API 边界的目标是在通用语言上进行统一，同时尽可能降低团队之间的整体协调需求。对于 Web API，边界可能会提供一个或多个网络接口，以支持边界区域内的所有操作。每个边界应由一个团队拥有，换言之，团队有权构建并掌管边界内的一切。

定义明确的边界是 API 设计的一个重要因素，会将 API 的范围划分为一组特定的职责，有助于加速 API 的设计和开发过程。用于 API 操作和资源的术语也应反映出有界上下文的通用语言。更大或更复杂的边界也许会导致 API 背后隐藏其他 API 和/或服务，团队可能需要进一步地分解。随着时间的推移，边界可能会随着团队对解决方案的了解增加而改变。

大多数团队面临的挑战是如何明确其 API 的有界上下文。团队成员可能只有在看到 API 边界的时候才能明确，而其他人可能会在领域模型的“特定部分”周围放置边界。这些方法都无法形成一个可重复的、可传授的过程，以明确 API 的范围。最好使用事件风暴画布和对齐阶段的步骤工件来明确 API 边界。

关于 API 边界和 DDD 的说明

本章试图纳入常见的 DDD 术语和确定 API 边界的实践，这对于尚未采用常见 DDD 实践的企业也是适用的。

本章力求兼顾熟悉 DDD 复杂性和不太熟悉 DDD 的从业者的需求。无论哪种情况，DDD 中都有许多有用的经验教训，这些经验教训同样适用于未完全落实 DDD 实践的企业。对 DDD 更熟悉的企业则可能希望引入超出本章范围的其他实践。

团队完成 API 设计后，可参考 Vaughn Vernon 的《实现领域驱动设计》一书，以了解有关实现 DDD 的更多详细信息。

5.3 使用事件风暴探索 API 边界

如第 4 章所述，事件风暴有助于统一术语，同时帮助团队就流程、业务策略和系统交互的理解达成共识。通过检查整个事件风暴画布中使用的语言，开发者发现，随着术语的变化和重点的转移，API 边界逐渐浮现。如图 5.2 所示，语言模式的转变证明了这一点。

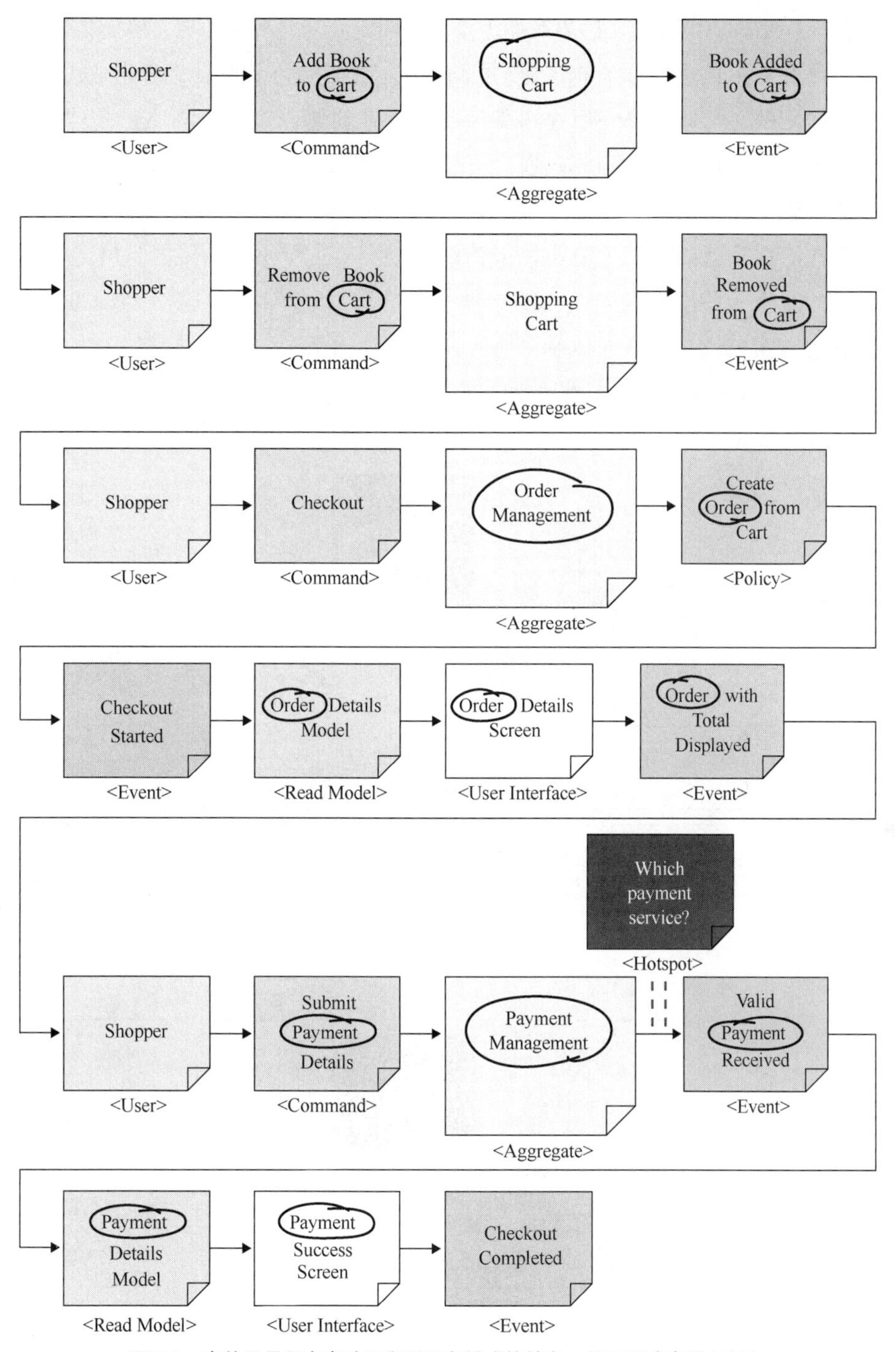

图 5.2 事件风暴画布有助于发现语言模式的转变，从而明确有界上下文

随着术语的变化，边界开始浮现。请明确并命名每个边界，然后为每个边界分配一个基于 Web 的 API 作为起点。API 将提供必要的 API 操作，以提供该边界的数字功能。

团队还可以选择使用在事件风暴中确定的聚合作为确定 API 边界的提示，尽管这为 API 边界提供了一些见解，但事实并非总是如此。在细化责任和专注于单职责的基础上收集的聚合，对明确 API 背后的内部模块或服务更有用。但是，如果将聚合在更粗粒度的水平上分组，或许能成功明确负责协调结果的 API。

对于一些探索有限范围的事件风暴会议，边界可能只有一个。但是，对大多数解决方案来说，在事件风暴画布上至少能找出两个边界。

图 5.3 所示为根据事件风暴画布上的语言变化确定的 API，突出显示了 3 个符合独立 API 条件的特定边界。

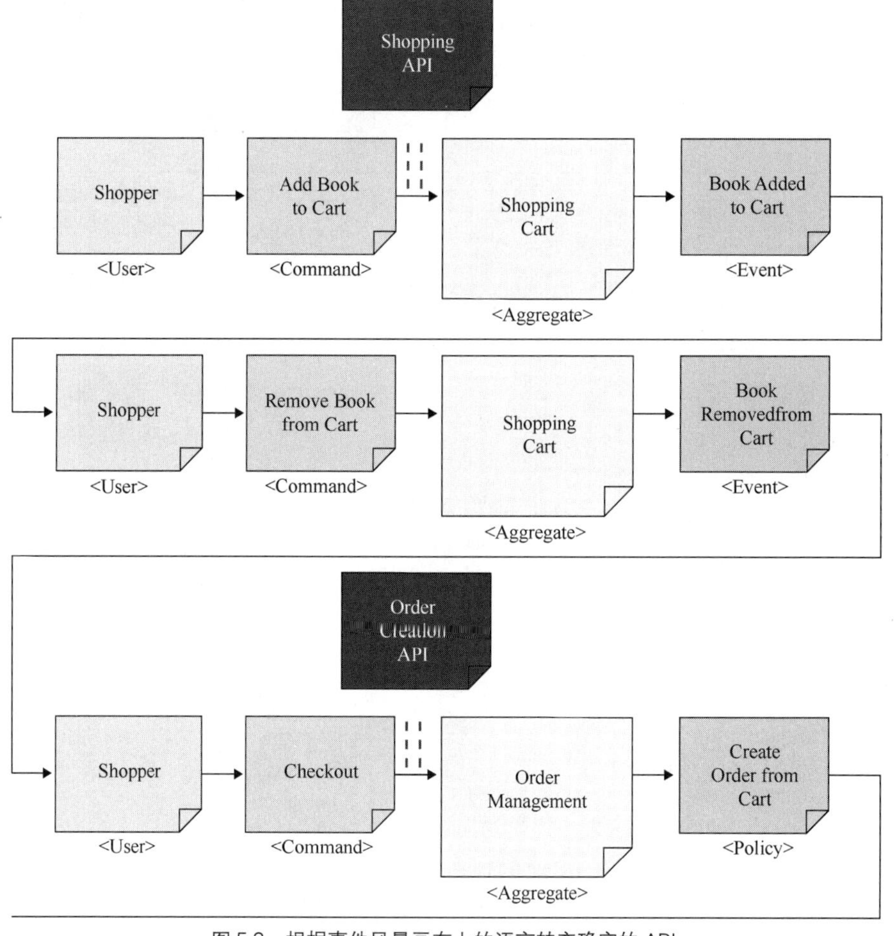

图 5.3　根据事件风暴画布上的语言转变确定的 API

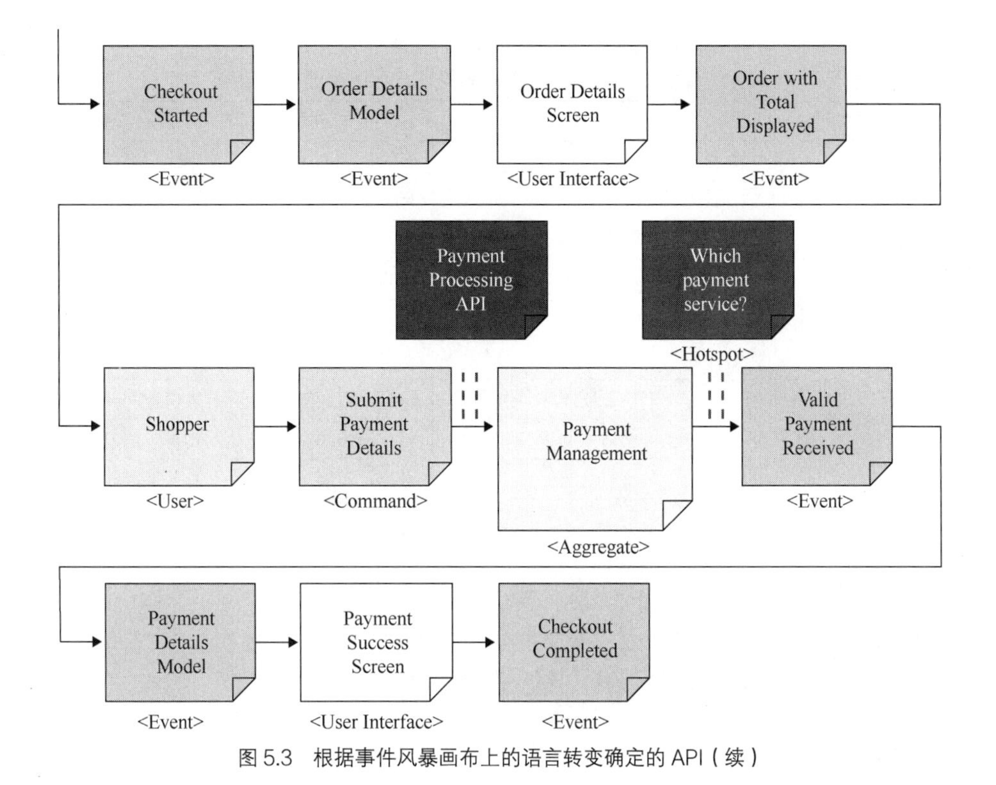

图 5.3　根据事件风暴画布上的语言转变确定的 API（续）

5.4　通过操作找到 API 边界

虽然事件风暴有助于通过设计找到边界，但这并不是唯一方法。如果领域专家已经熟悉必要的流程和工作流，就可以使用相同的方法来审核它们产生的操作和步骤，这是一种非常有效的方法。

通常，步骤的名称和描述由包含名词和动词的基本句子结构表示。请记下名词在步骤中的变化。动作的名词可以提供线索，说明哪里存在边界。当步骤中出现一组新的名词时，请标记其位置并以此作为新边界的起点。这种方法虽然不像事件风暴那么全面，但是能够给出对语言变化的洞见，足以表明边界的转移。

例如，表 5.1 列出了表 4.2 所示的操作和步骤。请注意从图书到购物车，再到订单和付款的变化。这些变化为明确边界提供了依据。

表5.1 JSON书店的操作和步骤，分隔符表示明确边界的词汇的变化

数字功能	操作	步骤	参与者	说明
下订单	浏览图书	列出图书	客户，呼叫中心	按类别或发行日期列出图书
	浏览图书	搜索图书	客户，呼叫中心	按作者、标题搜索图书
	浏览图书	查看图书详细信息	客户，呼叫中心	查看图书的详细信息
下订单	购买图书	将图书添加到购物车	客户，呼叫中心	将图书添加到客户的购物车
	购买图书	从购物车中删除图书	客户，呼叫中心	从客户的购物车中删除一本图书
	购买图书	清空购物车	客户，呼叫中心	从客户的购物车中删除所有图书
	购买图书	查看购物车	客户，呼叫中心	查看当前的购物车和总计
下订单	创建订单	结账	客户，呼叫中心	从购物车中的内容创建一个订单
	创建订单	支付订单	客户，呼叫中心	接受并处理该订单的付款

5.5 为API命名并确定其范围

接下来，给边界起一个名称，用于代表将要设计的API——尽量取一个能涵盖API边界、结果或目标受众的名称。经典的API名称示例有Twitter的粉丝API和eBay的卖家API。

尽量不要使用术语service和manager，因为它们通常对于理解API的目的没有太多用处。

我们将图5.3所示的API分别命名为Shopping API、Order Creation API和Payment Processing API。这是一个良好的开端，明确表达了每个API的范围和责任。

注意

有些API设计人员可能更喜欢将Order Creation API和Payment Processing API组合在一起，因为它们可以被认为是连贯的，所以应该作为单一的API存在。在这个简单的示例中，它们是出于教学目的被分开的。但是，行业的洞见决定了通过明确定义的边界将订单创建和付款分开，可以在将来进行更复杂的支付处理，而不会为订单创建边界带来额外的复杂负担。

最后，请根据边界名称将步骤分为相应的 API。表 5.2 记录了 Shopping API 所涉及的与 API 相关的步骤。表 5.3 记录了下订单数字功能的结账过程。表 5.4 记录了作为下订单数字功能的部分支付步骤。

表 5.2 通过明确边界发现的 Shopping API，以及来自 JSON 书店的相应步骤

数字功能	操作	步骤	参与者	说明
下订单	浏览图书	列出图书	客户，呼叫中心	按类别或发行日期列出图书
下订单	浏览图书	搜索图书	客户，呼叫中心	按作者、标题搜索图书
下订单	浏览图书	查看图书详细信息	客户，呼叫中心	查看图书的详细信息
下订单	购买图书	将图书添加到购物车	客户，呼叫中心	将图书添加到客户的购物车
下订单	购买图书	从购物车中删除图书	客户，呼叫中心	从客户的购物车中删除一本图书
下订单	购买图书	清空购物车	客户，呼叫中心	从客户的购物车中删除所有图书
下订单	购买图书	查看	客户，呼叫中心	查看当前的购物车和总计
下订单	创建订单	结账	客户，呼叫中心	从购物车中的内容创建一个订单
下订单	创建订单	支付订单	客户，呼叫中心	接受并处理该订单的付款

表 5.3 通过明确边界发现的 Order Creation API，以及来自 JSON 书店的相应步骤

数字功能	操作	步骤	参与者	说明
下订单	创建订单	结账	客户，呼叫中心	从购物车中的内容创建一个订单

表 5.4 通过明确边界发现的 Payment Processing API，以及来自 JSON 书店的相应步骤

数字功能	操作	步骤	参与者	说明
下订单	创建订单	支付订单	客户，呼叫中心	接受并处理该订单的付款

有了明确定义的边界，团队就可以开始 API 建模了——这项工作会产生 API 配置文件，可以用来定义每个 API 将提供的操作和事件。API 建模的相关内容见第 6 章。

5.6 小结

细致的范围界定和职责分配有益于 API 设计。应用边界有助于明确一个或多个 API，这些 API 将提供作为任务用例的预期结果。这为下一步的 API 建模做好了准备，明确 API 边界这一过程的结果是形成 API 的蓝图，并为 API 设计奠定了基础。

第6章 API建模

你可以在制图桌上使用橡皮擦，也可以在建筑工地上使用大锤。

——Frank Lloyd Wright

开发者通常很想尽快着手编写代码。代码是开发者的主要工具，如同工具箱中的锤子、螺丝刀、尺子、锯等。当代码被视为设计 API 的唯一工具时，API 设计的质量可能会受到影响，为生产而编写代码的过程变得比 API 要产生的结果更有价值。

当然，如果代码被用来探索一个解决方案的特定领域以降低风险，就会产生价值。使用代码进行实验、探寻未知领域或探索新技术也很有价值。David Thomas 和 Andrew Hunt 在他们的著作中将术语曳光弹（tracer bullet）应用于软件，用于描述用代码作为探索和减少风险的手段。曳光弹代码通过学习而不是通过生产就绪的代码来提供价值。

API 建模是用于 API 设计的“曳光弹”，是一种在设计和交付过程之前探索 API 所需元素的技术。API 建模（见图 6.1）有助于将前面步骤中的洞见和工件汇总到一个 API 配置文件中，该 API 配置文件描述了提供终端用户所需的 API 的范围和意图。

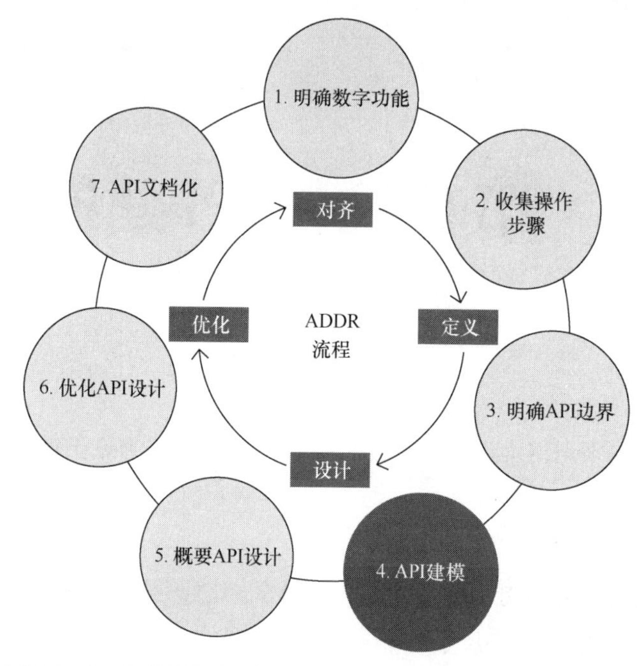

图 6.1　定义阶段的最后一步是 API 建模，为过渡到设计阶段做好准备

6.1　什么是 API 建模？

正如网页设计从线框图开始一样，出色的 API 设计也是从有助于定义其范围和职责的 API 模型开始的。API 建模的目的是充分理解和验证开发者和最终用户的需求。如果说线框图严格关注终端用户的交互，API 建模则侧重于开发者和终端用户的目标。他们的目标通常是一致的，但有时也会不一致。API 建模有助于让问题快速浮现，以便在编写代码之前解决它们。

API 建模使用任务用例、操作和步骤作为输入来生成每个 API 的整体视图，即 API 配置文件。API 配置文件会涵盖 API 特征的相关信息，包括它的名称、范围、操作和将用于交付预期结果的触发事件。API 建模是在设计和开发开始之前进行的，可使变更的成本大大降低。

完成 API 建模后，团队需要把得到的 API 配置文件迁移到 API 设计中。API 建模可以用作单个 API 设计样式的输入，例如 REST、GraphQL 或 gRPC，还可以用来告知使用这些 API 样式组合的 API 设计，以支持客户的各种数字渠道和合作伙伴的集成需求。

API 配置文件的结构

API 配置文件涵盖了一个 API 的所有必要信息，与 API 的风格或样式（例如 REST 和 GraphQL）无关。API 配置文件用于驱动 API 设计，也是 API 定义的早期阶段提供了文档依据。

API 配置文件涵盖了 API 的以下详细信息。

- API 的名称及其简要描述。
- API 的范围（内部、公共、合作伙伴等）。
- 包含输入和输出消息细节的 API 操作。
- 参与者可以执行的每项操作，为保障 API 的安全做准备。
- 每个 API 操作引发的事件，以推动 API 原始意图之外的扩展。
- （可选）确定的架构要求，例如服务等级协定（Service Level Agreement，SLA）。

使用协作式电子表格可以让团队随时更新和完善 API 配置文件，而无须再通过电子邮件来同步更改。一些团队更喜欢使用 Wiki 等工具来同步 API 配置文件。无论选择哪种工具，请确保企业中的每个人都有阅读 API 配置文件并进行评论的权限。不建议使用仅为企业的一个子部门提供的工具。

图 6.2 所示为一个易于阅读并以电子表格形式显示的 API 配置文件的模板。

My API—Description goes here API scope (internal, public, partner, etc.) Architectural requirements (service-level agreements, standards compliance, etc.)					
Operation Name	Description	Participants	Resource(s)	Emitted Events	Operation Details
listThingies()	List/search for thingies	Customer, Shopper	Thingy	Thingies.Listed	Request Parameters: vendorId, … Returns: Thingy[]
…	…	…		…	…

图 6.2 API 配置文件的模板

6.2 API 建模流程

API 建模流程的目标是生成一个或多个 API 配置文件，需要为建模过程中确定的每个 API 提供一个配置文件。建模流程分为 5 个步骤。每个步骤都会为 API 配置文件添加额外的细节，直到实现 API Blueprint 为止。

使用 OpenAPI 规范怎么样？

OpenAPI 规范（OpenAPI Specification，OAS）是一种计算机可读的格式，用于收集基于 REST 和 gRPC 的 API 描述，旨在辅助生成 API 参考文档和样板代码。OAS 是以统一资源定位符（Uniform Resource Locator，URL）路径为基础的。因为 API 建模发生于完整的 API 设计之前，而 API 设计才会包括完整的 URL 路径，所以 OAS 并不是 API 配置文件的合适格式。但是，API 配置文件将有助于在设计流程后期加速创建基于 OAS 的 API 描述。

开发团队发现，使用应用程序级配置文件语义（Application-Level Profile Semantics，ALPS）规范（见第 13 章），有利于生成计算机可读的 API 配置文件，可用于加速 API 建模和设计流程，而不依赖于所选的 API 样式。

我们将在第 7 章介绍如何使用 OAS 来收集基于 REST 的 API 设计的 API 描述。

在前述 ADDR 流程步骤中制作过工件的开发人员，通常会在两小时内完成 API 建模，而跳过了一些步骤的开发人员，则可能需要几个小时才能完成。

6.2.1 步骤 1：收集 API 配置文件摘要

该流程的第一步是填写 API 配置文件的基本细节，包括 API 的名称、简要描述及其范围。API 的范围应与企业支持的范围相呼应，通常是内部、公共和合作伙伴。团队随着对每个 API 了解得更多，可以对上述细节加以更改。

接下来，根据先前收集的操作和步骤，收集 API 操作的名称和参与者。对于之前确定的每个步骤，我们将其转换为使用统一命名格式的操作名称。请尽量使用 LowerCamelCase，以便让团队更容易使用序列图来探索 API 模型，正如本章 6.3 节建议的用序列图验证 API 模型。

图 6.3 所示的是使用 JSON 书店的购物 API 来收集 API 配置文件开始部分的示例。需要说明的是，该 API 之前在设计流程的对齐阶段已经确定。

Shopping API——Supports the book browsing experience and card management Public					
Operation Name	Description	Participants	Resource(s)	Emitted Events	Operation Details
listBooks()	List books by category or release date	Customer, Call Center			
searchBooks()	Search for books by author, title	Customer, Call Center			
viewBook()	View book details	Customer, Call Center			
addBookToCart()	Add a book to the customer's cart	Customer, Call Center			
removeBookFromCart()	Remove a book from the customer's cart	Customer, Call Center			
clearCart()	Remove all books from the customer's cart	Customer, Call Center			
viewCart()	View the current cart and total	Customer, Call Center			

图 6.3　JSON 书店的购物 API 配置文件，给出了 API 的名称、描述、范围和操作

6.2.2　步骤 2：确定资源

步骤 2 是使用 API 配置文件来确定 API 的资源。资源通常是 API 将操作的领域实体。找到每个操作的目标有助于确定初始资源集。刚开始 API 设计时，这往往是一项艰巨的任务。不过，ADDR 流程的对齐和定义阶段能够提供足够多的洞见，可以使设计者确定一组初步的候选资源。

使用购物 API 示例可以说明资源的确定过程，如图 6.4 所示，图书和购物车资源由操作使用，因此它们都是候选资源。

对每个候选资源创建一个表格，以记录资源名称和当前已知的所有属性。表格中的描述有助于统一理解，对于 API 设计也很有用。

Shopping API——Supports the book browsing experience and cart management Public					
Operation Name	Description	Participants	Resource(s)	Emitted Events	Operation Details
listBooks()	List books by category or release date	Customer, Call Center			
searchBooks()	Search for books by author, title	Customer, Call Center			
viewBook()	View book details	Customer, Call Center			
addBookToCart()	Add a book to the customer's cart	Customer, Call Center			
removeBookFromCart()	Remove a book from the customer's cart	Customer, Call Center			
clearCart()	Remove all books from the customer's cart	Customer, Call Center			
viewCart()	View the current cart and total	Customer, Call Center			

图 6.4 为 JSON 书店的购物 API 配置文件确定图书和购物车资源

创建 API 配置文件时，收集操作必需的属性是重中之重，以加快建模速度，并确保重点关注 API 配置文件而不是实现细节上。

图 6.5 显示了购物 API 的资源，其中有一个名为 authors 的新资源，该资源是在列举图书资源的属性时被发现的。

图书资源	
Property name	Description
title	The book title
isbn	The unique ISBN of the book
authors	List of book author resources

图书作者资源	
Property Name	Description
fullName	The full name of the author

购物车资源	
Property Name	Description
books	The books currently in the cart of purchase
subtotal	The total cost of all books in the cart
salesTax	The sales tax to be applied
vatTax	Any value-added tax to be applied
cartTotal	The total cost of the cart

图 6.5 为购物 API 收集每个资源以及每个资源的基本细节

关于资源确定的注意事项

虽然使用数据库架构作为确定资源的起点非常有诱惑力，但是要记住，API 设计不应泄露其内部的实现细节。数据库架构反映了对事务性读/写操作的优化，而不是通过网络 API 公开业务领域的概念。

在对 API 进行建模时，最好采用自上而下的方式，以免将内部数据模型决策泄露到 API 设计中。如果在实现阶段展示了资源与数据库架构之间一对一的关系，那么它将成为如画家 Bob Ross 所说的“快乐的意外”。

6.2.3 步骤 3：定义 API 分类法

一旦确定了资源，团队就应该找到资源之间的关系来定义 API 分类法。分类法[①]用于对概念及其排列方式进行分类。API 分类法收集了 API 将提供的一组资源，以及它们与其他资源的关系。

资源之间可能有如下 3 种关系类型。

（1）**独立**：资源是独立存在的，不依赖其他资源。独立资源可以引用其他独立或从属资源。

（2）**从属**：一个资源不可能在没有父资源的情况下存在。请确保不要将具有从属性的资源关系与一个资源引用另一个资源相混淆。从属是一种非常特殊的情况，不常遇到。

（3）**关联**：资源可以独立存在，但是它们的关系需要借其他属性来描述。其结果是代表两个资源之间关系的第三个资源。第三个资源可能与其他两个资源之间有独立或从属关系。

图 6.6 显示了为购物 API 确定的资源，以及它们之间可能的关系。图书资源和图书作者资源之间的关系是独立的。它们之间可能有一个引用，但彼此都独立于另一个而存在。

① Dan Klyn, “Understanding Information Architecture”, TUG.

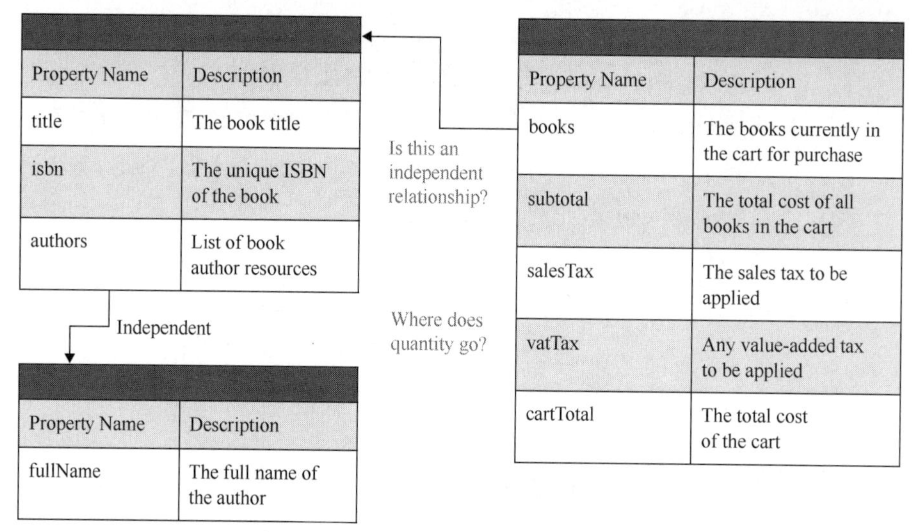

图 6.6　审核资源关系引入了一个挑战：图书的数量属于哪里

注意，在图 6.6 中有一个问题需要解决，即将图书添加到购物车时，应该在哪里指定其数量。这个问题还需要进一步探讨。当一本书被添加到购物车中时，其他可能重要的细节包括每本书的数量和价格。这表明了一个新的关联关系，需要一个新资源，在这种情况下需要添加一个购物车项目，如图 6.7 所示。

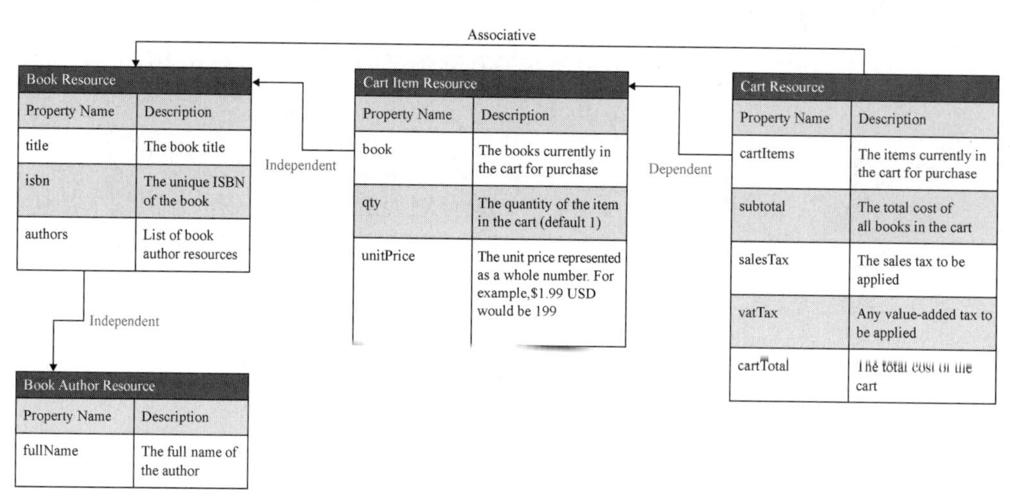

图 6.7　由于图书和购物车之间的关联关系，添加了一个新资源，即购物车项目

操作 addBookToCart()被重命名为 addItemToCart()，然后将 removeBook FromCart()重命名为 removeItemFromCart()，以反映购物车项目资源的引入，如图 6.8 所示。

Shopping API— Supports the book browsing experience and cart management Public					
Operation Name	Description	Participants	Resource(s)	Emitted Events	Operation Details
listBooks( )	List books by category or release date	Customer, Call Center	Book, Book Author		
searchBooks( )	Search for books by author, title	Customer, Call Center	Book, Book Author		
viewBook( )	View book details	Customer, Call Center	Book		
addItemToCart( )	Add a book to the customer's cart	Customer, Call Center	Cart Item, Cart		
removeItemFromCart( )	Remove a book from the customer's cart	Customer, Call Center	Cart Item, Cart		
clearCart( )	Remove all books from the customer's cart	Customer, Call Center	Cart		
viewCart( )	View the current cart and total	Customer, Call Center	Cart		

图 6.8 修订后的购物 API 配置文件，反映了购物车项目资源的引入

6.2.4 步骤 4：添加操作事件

定义了 API 分类后，我们可以用每个 API 将要触发的事件来扩展每个 API 操作。这些事件可用于数据分析，也可以作为其他系统对该操作所触发的事件的反应。

在对齐阶段创建的事件风暴画布，为重要的业务事件提供了一个起点，这些事件是使用彩色领域事件贴纸标记并收集的。如果团队不组织事件风暴会议，请收集建模过程中确定的事件。

事件名称应以过去时表示，并应该应用企业内部使用的首选标准和惯例。图 6.9 所示的模型通过每个操作会触发的事件扩展了前面的模型。注意，触发事件列应以过去时命名。

Shopping API—Supports the book browsing experience and cart management Public					
Operation Name	Description	Participants	Resource(s)	Emitted Events	Operation Details
listBooks( )	List books by category or release date	Customer, Call Center	Book, Book Author	Books.Listed	
searchBooks( )	Search for books by author, title	Customer, Call Center	Book, Book Author	Books.Searched	
viewBook( )	View book details	Customer, Call Center	Book	Book.Viewed	
addItemToCart( )	Add a book to the customer's cart	Customer, Call Center	Cart Item, Cart	Cart.ItemAdded	
removeItemFromCart( )	Remove a book from the customer's cart	Customer, Call Center	Cart Item, Cart	Cart.ItemRemoved	
clearCart( )	Remove all books from the customer's cart	Customer, Call Center	Cart	Cart.Cleared	
viewCart( )	View the current cart and total	Customer, Call Center	Cart	Cart.Viewed	

图 6.9 JSON 书店的购物 API，现在为 API 配置文件中的每个操作添加了触发事件

现在的 API 配置文件反映了已确定操作将触发的事件。有些操作可能只会触发一个事件，有些会触发不止一个事件，有些可能根本不会触发任何事件。

6.2.5　步骤5：扩展操作的详细信息

最后一步是扩展每个操作的详细信息，尽可能地涵盖重要的输入和输出细节。此时，不要太在意是否能收集所有内容，因为根本没有必要。请专注于必要的输入、输出资源和参数，以在整个团队内部达成共识。在定义阶段，无须收集每个属性的类型或在 API 模型中定义模式。应避免过分关注寻找每个参数，因为在设计阶段会有足够的时间来为完整的设计收集所需要的信息。如果有必要，请使用“停车场”（parking lot）策略来收集那些在设计阶段需要解决的重要问题。

对接下来要进行的 API 设计来说，还有一个需要确定的细节，那就是 API 是同步的还是异步的。同步 API 以 HTTP 常见的传统请求/响应方式运行；异步 API 在后台运行，不提供即时的结果。我们将在第 9 章中详细讨论异步 API。现在，请注意每个操作的同步性质。

一个经常被忽视的操作细节是安全性。在选择合适的 HTTP 方法时，安全性和幂等性是重要的关注点。每个 HTTP 方法规范都描述了服务器必须实现的安全性和幂等性。安全性的类型对客户来说也是很重要的，可以作为他们处理错误代码的依据。

HTTP 操作的安全性有以下 3 种类型。

（1）**安全**：操作不会对目标资源进行任何状态更改。此类型将被赋予所有基于读取的（GET）操作。

（2）**幂等**：操作对目标资源进行状态更改，但是如果以相同的输入执行该操作，则会产生相同的结果。这很重要，因为据此可以确定 API 客户端是否可以重新发送之前失败的请求，而不会产生其他副作用。这种安全性类型被分配给替换和删除（PUT 和 DELETE）操作。

（3）**不安全**：操作对目标资源进行状态更改，如果使用相同的输入进行多次调用，无法保证得到相同的结果。这种安全性类型通常分配给创建和更新（POST 和 PATCH）操作。

请查看每个操作，以确定操作所需的安全性类型是哪一种。在 API 建模期间这样做可以在设计流程中提供额外的见解。

图 6.10 所示为购物 API 示例的扩展，包括每个操作的输入和输出细节、同步性和安全性类型。

Shopping API—Supports the book browsing experience and cart management Public					
Operation Name	Description	Participants	Resource(s)	Emitted Events	Operation Details
listBooks( )	List books by category or release date	Customer, Call Center	Book, Book Author	Books.Listed	Request Parameters: categoryId, releaseDate Returns: Book[ ] safe / synchronous
searchBooks( )	Search for books by author, title	Customer, Call Center	Book	Books.Searched	Request Parameters: searchQuery Returns: Book[ ] safe / synchronous
viewBook( )	View book details	Customer, Call Center	Book	Book.Viewed	Request Parameters: bookId Returns: Book safe / synchronous
addItemToCart( )	Add a book to the customer's cart	Customer, Call Center	Cart Item, Cart	Cart.ItemAdded	Request Parameters: cartId, bookId, quantity Returns: Cart unsafe / synchronous
removeItemFromCart( )	Remove a book from the customer's cart	Customer, Call Center	Cart Item, Cart	Cart.ItemRemoved	Request Parameters: cartItemId Returns: Cart idempotent / synchronous
clearCart( )	Remove all books from the customer's cart	Customer, Call Center	Cart	Cart.Cleared	Request Parameters: cartId Returns: Cart safe / synchronous
viewCart( )	View the current cart and total	Customer, Call Center	Cart	Cart.Viewed	Request Parameters: cartId Returns: Cart safe / synchronous

图 6.10 JSON 书店的购物 API：将操作详细信息添加到 API 配置文件中

然后，团队可以通过收集架构需求来确定 API 配置文件，例如支持消费者所需的 SLA，以及在设计期间可能需要考虑的行业标准（例如，遵守开放银行标准）。

请参阅 GitHub 上的 API 配置文件存储库，以获取 API 配置文件模板和示例。

6.3 用序列图验证 API 模型

API 设计团队肩负着确保 API 能够满足用户需求的责任。构建完 API 模型，还有两件事要做：一是验证 API 模型，以确保没有遗漏功能；二是收集利益相关者的反馈。

根据原始任务用例和操作来验证 API 配置文件，以判断其是否满足用户的需求。要验证 API 模型，请创建展示典型使用场景的序列图。这些场景可能来自事件风暴的画布、任务用例和其他渠道。图 6.11 显示的用例使用已构建好的 API 来支持购物和结账操作。

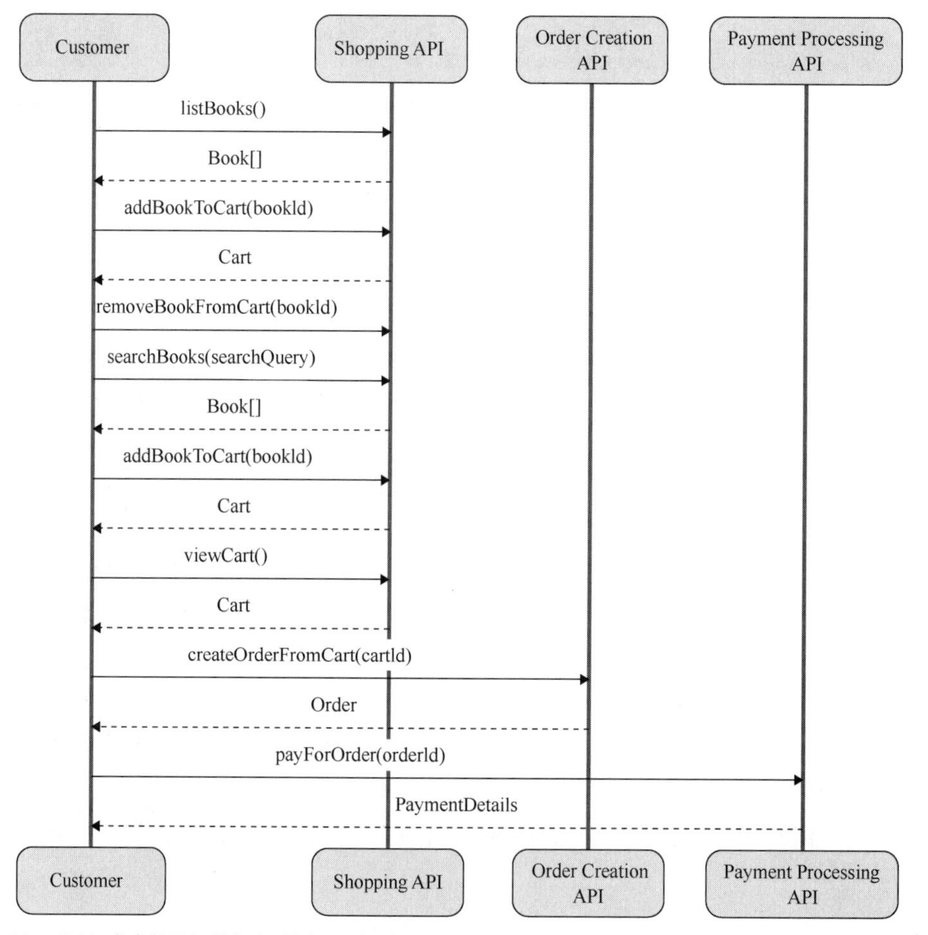

图 6.11 JSON 书店的下订单任务用例，以序列图表示，以确保所有操作都纳入 API 建模过程，从而体现任务用例的结果和相关操作

在验证过程中，需要核对所有细节，以确保对 API 范围和操作的定义无误且完全一致。如果缺少完成场景的操作，请重新检查建模步骤，以找出遗漏的操作。

完成验证后，与所有利益相关者共享模型并收集反馈。如果 API 建模是与整个团队（包括业务和产品的利益相关者）一起进行的，那么在建模过程中就可以收集反馈；否则，在进入过程的设计阶段之前，应共享所产生的资产（asset），并力求将整合好的反馈纳入这一阶段。

6.4 评估 API 的优先级和重用性

并非每个 API 在交付计划中都处于同等重要的级别。在着手 API 设计之前，团队可以先确定 API 的规模，以帮助团队避免不必要或以错误的优先级构建 API。

首先要做的是评估 API 提供的业务和竞争价值。请考虑以下问题，以评估每个 API 能带来的价值。

- API 是否有助于提供相对于其他市场产品的竞争优势?
- API 是否降低了业务成本，如减少人工流程?
- API 是否创造了新的收入来源，或者是否改善了现有的收入来源?
- API 是否产生了商业智能、市场洞察力或决策因素?
- API 是否会自动化重复的任务，能让企业腾出时间来履行更关键的业务职能?

如果上述问题的答案都是否定的，就说明 API 产生的价值很低。如果一个或多个问题的答案是肯定的，则说明 API 可以为业务或市场提供价值。

接下来，请评估从零开始构建每个 API 的工作量。考虑事件风暴和编写操作步骤中所体现的细节，以大致估计从头开始构建 API 的工作量和复杂性。

最后，确定是否有可能利用或扩展现有的 API。这些 API 可能是商业的、现成的 API，由另一个团队开发的内部 API，或可以利用的开源解决方案，以加速交付。企业经常会忘记这一步骤，导致在构建重复或非核心的 API 上浪费了时间和精力。执行此步骤会促使企业首先重用 API，并仅在必要时才构建新的 API。

图 6.12 所示为本章模拟的 JSON 书店 API 配置文件的详细信息示例。

API Profile	Business and Competitive Value	In-House Build Effort	Existing Internal/Third-Party APIs
Shopping API	中	中	Third-party eStore solutions (high complexity to customize and add our internal recommendation engine support)
Order Creation API	中	中	Third-party order processing APIs (may include fulfillment support also)
Payment Processing API	小	Large	Various third-party payment processors

图 6.12 为在 API 建模期间捕获的一组 API 配置文件评估规模和优先级

6.5 小结

API建模有助于将设计流程对齐阶段中产生的见解和工件汇总到一个模型中，以描述所需API的范围和意图。请核对以下内容，以确保没有遗漏。

- **资源分类法**：确定每个资源的属性，以及它们之间的关系和依赖性。
- **API配置文件**：用于提供每个API的概要规范，与API的设计和实现方式无关。
- **序列图**：有助于验证API如何提供任务用例中收集的结果。
- **规模和优先级**：有助于确保在可能的情况下重复使用API，并在必要时构建新的API。

通过对API进行建模，团队可以清楚地阐述每个API的需求，还能够确定从头开始构建它们所需的工作量，并考虑有无可能满足要求的内部或第三方API。重用现有的API可以节省数周或数月的交付工作。

API建模完成后，ADDR流程的定义阶段就结束了。接下来是API设计阶段。在这个阶段，团队要将API配置文件迁移到特定的API样式中。第7章将介绍如何使用API配置文件为基于REST的API设计提供信息。如果你的目标API样式不是REST，请转至感兴趣的章节。

第四部分

设计 API

作为定义阶段的一部分，API 已经建模完成。现在，团队对每个 API 的范围以及所需的操作有了更好的理解，可以实现所需的结果了。ADDR 流程的下一个阶段是将所创建的 API 配置文件迁移到 API 设计中。

API 样式的选择有很多，从 REST 到远程过程调用（Remote Procedure Call，RPC），甚至更多。在这一部分，我们将详细介绍如何用对齐和定义阶段创建的“工件”来完成概要 API 设计。你也可以跳到与自己选择的 API 样式相关的特定章节。

第7章　基于REST的API设计

REST 接口的设计初衷是高效地进行粗粒度超媒体数据的传输，可针对 Web 的常见情况进行优化，但这样做的结果是，对其他形式的架构交互来说，REST 接口并不是最佳选择。

——Roy Thomas Fielding

当团队从建模阶段进入设计阶段时，他们会面临各种决策。有些很容易解决，有些则需要花时间深思熟虑。要知道，一次就把 API 设计好是很难的。因此，要鼓励团队花时间设计和制作 API 的原型，以便在着手编写代码之前从早期采用者那里获得反馈。

在本章中，我们将介绍 REST 的相关内容，还将介绍如何逐步将 API 建模阶段创建的 API 配置文件迁移到基于 REST 的 API 设计中。在这个过程中，我们会探讨各种决策和常见的设计模式，以期得到一个应用了基于 REST 原理的概要 API 设计（见图 7.1）。

原则 3：选择符合需求的 API 设计元素

企图找到完美的 API 样式是徒劳的。无论应用的是 REST、GraphQL、gRPC 还是刚刚进入行业的新兴样式，都要寻求理解并应用适合需求的 API 元素。在接下来的 3 章中，我们将介绍几种流行的 API 样式，以帮助团队选择适合需求的样式。我们将讨论何时应用哪种样式，何时选择同步或异步的交互模型，以及是否提供 SDK 库。

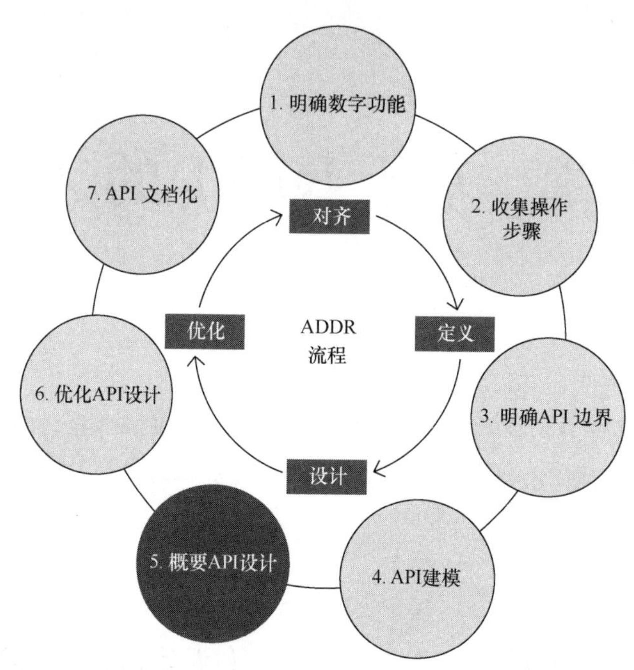

图7.1 设计阶段为API样式提供了几种选择。本章主要介绍基于REST的API设计

7.1 什么是基于REST的API?

描述性状态迁移（Representational State Transfer，REST）是分布式超媒体系统的一种架构样式。与HTTP不同，REST不是一个由标准小组管理的规范。这个术语是由Roy Thomas Fielding在他的博士论文“Architectural Styles and the Design of Network-based Software Architectures”中提出的。Fielding在该论文中概述了理解架构样式的核心概念和约束，以及这些约束如何在不同程度上应用于架构万维网。

在讨论REST API或基于REST的API时，很多人会引用Fielding的论文，却没有意识到它远远超出了基于Web的API的范畴。该论文旨在就设计可演化和可扩展的分布式系统建立基本约束。对软件架构（尤其是分布式软件）感兴趣的人应该把阅读Fielding的论文作为他们研究的一部分。

该论文并不要求将HTTP用作基于REST的架构的基础协议，但是确实讨论了

HTTP 规范的作者如何依赖概述的架构约束，以使其更具可演化性。由于 HTTP 是大多数基于网络的 API 的首选协议，因此本章及后续章节的内容均将以 HTTP 作为首选协议。

Fielding 在其论文中提到了若干有助于建立约束的架构属性，以期在应用于分布式系统（包括基于网络的 API）时围绕灵活性和可演化性达成共识。

- **客户-服务器**：客户端和服务器端独立运行，它们之间的交互仅以请求和响应的形式进行。
- **无状态**：服务器不记录 API 用户的任何信息，因此在处理请求时，客户必须在每个请求中提供所有必要的信息。注意，这并不是要存储服务器端的状态。
- **分层系统**：客户端不知道在客户端和实际响应请求的服务器端之间有多少层（如果有的话）。这是 HTTP 的一个关键原则，允许客户端缓存、缓存服务器、反向代理和授权分层——所有这些对发送请求的客户端来说都是透明的。
- **可缓存**：服务器响应必须包含有关数据是否可缓存的信息，可以让客户端和任何中间件服务器在 API 服务器外缓存数据。
- **按需编码（可选）**：客户端可以从服务器端请求代码，通常以脚本或二进制软件包的形式在客户端执行。如今，这是由请求 JavaScript 文件的浏览器执行的，以便扩展网页的行为。按需编码是 API 团队提供 JavaScript 文件供客户端检索的一个机会，可以执行表单验证和其他职责。因此，可演化性通过按需编码扩展到客户端。
- **统一接口**：通过依靠基于资源的识别、使用表征的交互、自我描述性消息和超媒体控制来鼓励独立的可演化性。

在考虑基于 Web 的 API 设计时，Fielding 在其论文中概述的架构约束很重要。将这些约束条件结合在一起，有助于设计出可演化的 Web API 设计。

REST 从来都不是关于 CRUD 的

如前所述，REST 不是一个规范或协议。基于 REST 的 API 不需要 JSON 或使用创建-读取-更新-删除（Create-Read-Update-Delete，CRUD）的数据交互模式。REST 只是关于各个组件如何一起工作的一组约束和契约，这为解决架构问题提供了灵活性。如今许多基于 Web 的 API 都使用 JSON 和 CRUD 作为设计元素。

然而，当人们将REST标签应用于使用CRUD和JSON的API时，可能并不像Fielding论文中最初描述的那样有意应用这些约束，从而引发了很多对什么是“RESTful”以及是否足够“REST”的分歧。

坦率来讲，这些分歧是没有意义的。最好以优雅的姿态来处理标记为RESTful或基于REST的API，还要明白不是每个人都会阅读并完全应用原始的论文。请利用这一机会指导团队，让他们了解如何随着时间的推移改进其架构和API设计。无论你做什么，切勿借此机会炫耀你对REST的了解。

7.1.1　REST是客户-服务器体系结构

客户-服务器体系结构是REST的一个必要约束。服务器端托管可用资源，通过同步的、基于消息的交互来支持操作，在客户端与之交互时，使用一个或多个表征格式。

将客户端和服务器端分开，可以让客户端界面随时间变化。我们可以使用新的设备和接口样式，而无须对服务器进行更改。

最重要的是，客户端要能独立于服务器端而发展。服务器端可以提供新的资源或其他表征格式，而不会对客户产生负面影响。这就是可以将API作为产品提供的根本原因，无论有没有供应商提供用户界面。

7.1.2　REST是以资源为中心的

REST中信息的关键抽象是资源。如第1章中所述，资源由唯一的名称或标识符组成，可以引用文档、图像、其他资源的集合或现实世界中任何事物（如人或物）的数字表示。

资源的表征格式记录了资源的当前状态或预期状态。每个资源必须至少支持一种表征格式，但也可以支持多种。这些表征格式可能包括一种数据格式，如JSON、XML、CSV、PDF、图像和其他媒体类型等。

任何给定资源支持的表征格式可能会根据客户的需求而有所不同。例如，JSON

可能是基于 REST 的 API 提供的默认表征格式。但是，某些资源可能需要在电子表格中进行操作，因此对同一资源也提供基于 CSV 的替代表示。

例如，某个资源可以代表一个名为 Vaughn Vernon 的人。该资源可以有一种或几种表征格式，例如，可能会有一个基于 JSON 的表示，以及一个基于 XML 的表示。如果所有变化都有历史记录，那么每个变化也可能作为一种表征格式存在，可以使用 JSON 和 XML 表征格式。

7.1.3 REST 是基于消息的

看过 Fielding 论文的读者可能注意到了，其重点在于客户端和服务器端之间的消息交换。注意，这篇论文中使用的术语是 REST 消息和自描述性消息。基于 REST 的 API 设计不囿于 JSON 或 XML 表征格式中的属性。

资源表征是整体消息中的消息主体。传输协议的设计也是完整的基于 REST 的 API 设计的一部分。URL 路径、URL 查询参数和 HTTP 请求头/响应头都必须作为设计过程的一部分加以考虑。仅关注消息主体会导致设计不完整。

HTTP 方法、URL、请求头和请求正文的组合是从客户端发送到服务器端的命令消息，用于告诉服务器你想做什么。响应头、响应状态代码和响应有效负载组成了返回至客户端的消息。当开发者把基于 REST 的 API 看作与客户端交换消息时，他们的 API 设计就能随着消息的演进和 API 的成熟而不断发展。

7.1.4 REST 支持分层架构

REST 支持分层架构，这意味着客户端不应该构建在它与服务器端直接通信的假设上。客户端和服务器端之间可能有多个中间件层，这些层可满足缓存、日志记录、访问控制、负载平衡和其他基础设施需求，如图 7.2 所示。

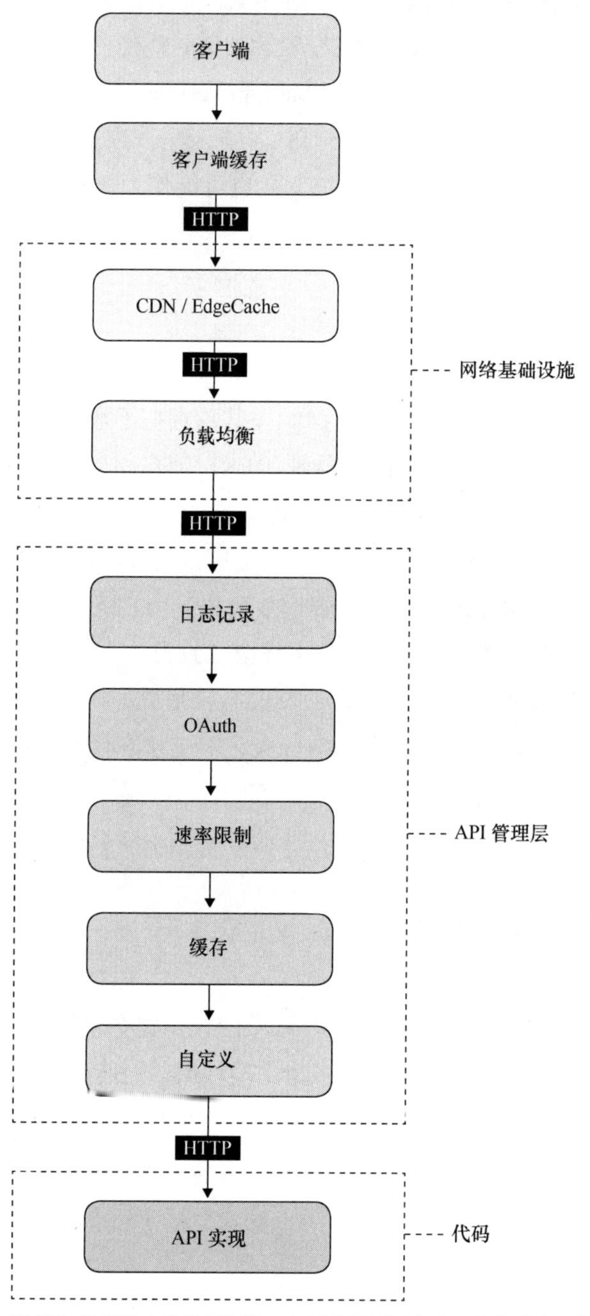

图 7.2 REST 支持分层架构，中间件层可以存在于客户端和服务器端之间

7.1.5 REST 支持按需编码

按需编码是一个强大但未得到充分利用的约束。客户端在请求一个资源时，也可以请求代码对其进行操作。客户端不必知道代码的内容，只需要了解如何执行它。这样做的好处是，API 可以自我扩展，而不需要客户端应用程序执行特定的升级。

这实际上是浏览器每天都在做的事情，即通过下载 JavaScript 文件在浏览器中本地执行。浏览器不需要知道所下载的 JavaScript 文件的内容，只需要知道它们需要内置的 JavaScript 引擎，因此可以在浏览器提供的安全沙盒的范围内执行。当新特性和新功能可用时，它们会立即提供给用户，无须升级浏览器。

虽然基于 Web 的应用程序大量地使用这种 REST 约束，但它却是基于 REST 的 Web API 中被利用最少的一种，不过也是最强大的一种。由此，API 可以提供下载代码的选项，以创建 Web 表单和客户端验证行为，而不需要在客户端进行编码和维护。

7.1.6 超媒体控制

超媒体 API 是由表征格式中的自我描述性链接驱动的。这些链接指向引用了相关资源的其他相关 API 操作。它们也可以用来引用 API 的其他可能用途，通常称为可供性（affordances）。Fielding 认为超媒体对基于 REST 的架构很重要。

使用超媒体控制的 API 通过提供运行时的操作发现来扩展客户端和服务器之间的对话。根据表征格式中链接的存在或不存在，它们也可以将服务器端的状态传达给客户端。稍后我们将描述这个强大的概念。

超媒体控制有助于连接 API 内部和跨 API 的各种资源，使其操作起来更像网络。想象一下，要用搜索引擎查找一些结果，但没有提供可点击的链接。不幸的是，这就是大多数人设计其 API 的方式，仅提供数据，而不提供超媒体控制，无法让用户有机会深入探索 API 提供的数据和操作。

超媒体控制的常见用途包括分页，基于超文本应用语言（Hypertext Application Language，HAL）的响应如下所示：

```
{
 "_links": {
```

```
    "self": { "href": "/projects" },
    "next": { "href": "/projects?since=d266f6cd&maxResults=20" },
    "prev": { "href": "/projects?since=43be807d&maxResults=20" },
    "first": { "href": "/projects?since=ef24266a&maxResults=20" },
    "last": { "href": "/projects?since=4e8c74be&maxResults=20" }
  }
}
```

你可以将API客户端设计为使用下一个（next）链接来逐页跟踪搜索结果，直到下一个链接不存在为止——表明所有搜索结果都已被处理。

提供超媒体控制的API有助于创建上下文驱动的响应。这些控制能够根据超媒体链接的存在与否来表示哪些操作是可能的或不可能的。这种方式避免了发送布尔字段或与状态相关的字段的请求，如果使用了这些字段，就需要客户端进行解释，以决定采取哪些行动。如果服务器提前确定了这一点，客户端就可以通过所提供链接的存在或不存在来确定什么可以做、什么不能做。

什么是HATEOAS?

超媒体作为应用状态的引擎（Hypermedia as the Engine of Application State, HATEOAS），是REST中的一个约束，源于Fielding的论文。它将链接的存在或不存在描述为客户可能执行的操作的指标。因为服务器端既了解执行操作的用户，又了解操作本身的授权要求，所以可以更好地确定客户端的功能。如果没有这种约束，客户端就需要重新实现相同的服务器端业务逻辑，并使该逻辑与服务器端始终保持同步。

重要的是，Fielding表示倾向于使用术语超媒体控制（hypermedia control）而不是HATEAOS。在本书的其余部分，为清晰起见，我们将使用“超媒体控制”这一术语来代替HATEOAS。

以下是一个内容管理系统中基于HAL的示例响应，该响应基于文章的状态以作者作为用户角色，提供超媒体链接的有效操作：

```
{
 "articleId":"12345",
 "status":"draft",
 "_links": [
     { "rel":"self", "url":"..."},
     { "rel":"update", "url":"..."},
     { "rel":"submit", "url":"..."}
],
```

```
 "authors": [ ... ],
 ...
}
```

一旦作者提交了文章，编辑就可以检索该文章，并根据文章的提交状态，以编辑的角色收到以下操作：

```
{
 "articleId":"12345",
 "status": "submitted",
 "_links": [
     { "rel":"self", "url":"..."},
     { "rel":"reject", "url":"..."},
     { "rel":"approve", "url":"..."}
],
 "authors": [ ... ],
 ...
}
```

超媒体控制对 API 驱动的工作流有很大的影响，因为这些工作流使用了上下文驱动的超媒体控制。它们有助于减少为与服务器端业务逻辑保持同步而必须在客户端重复的工作量。如果没有超媒体控制，就需要对客户端进行编码，以了解文章的状态和用户的角色允许哪些操作；反之，客户端可以通过编码来查找特定的超媒体链接，这些链接表明是否为终端用户显示或禁用特定的按钮，从而不再需要发送与服务器端业务逻辑保持同步的请求。这样可以确保 API 的可演化性，且不会破坏客户端代码。

基于 REST 的 API 提供以下 4 种主要的超媒体控制类型。

（1）**索引超媒体控制**：提供所有可用 API 操作的列表，通常作为 API 主页。

（2）**导航超媒体控制**：在有效载荷响应中纳入分页链接，或使用链接标头来实现。

（3）**关系超媒体控制**：表示与其他资源的关系或主-从关系的链接。

（4）**上下文驱动的超媒体控制**：通知客户端可用操作的服务器状态。

值得注意的是，不鼓励每个资源有唯一 URL 的 API 样式都无法利用超媒体控制。GraphQL 和 gRPC 的 API 样式就是如此（见第 8 章），较旧的网络 API 样式和消息规范也是如此，如 SOAP、XML-RPC 等。

使用 Richardson 成熟度模型对 REST 进行测量

Richardson 成熟度模型（Richardson Maturity Model，RMM），是由 Leonard Richardson 创建的成熟度模型，用于描述基于 REST 的 API 设计成熟度的 4 个级

别。这4个级别的一般定义如下。

- **级别0**：单一的API操作或端点，接收所有请求。此外，所需操作的名称用某种操作参数反映，甚至在请求的载荷中嵌入（例如，POST/api?op=getProjects）。
- **级别1**：通过基于URL的命名，并纳入基于资源的设计，但在需要时使用额外的操作参数（例如，GET /projects?id=12345）。
- **级别2**：添加正确应用的HTTP方法，例如GET、POST、PUT和响应代码，以改善客户端与服务器的交互。
- **级别3**：包括超媒体控制的自描述性API，根据服务器端的状态来建议相关资源和客户端的可供性。

RMM的目的是在设计者试图实现使用超媒体控制的设计时，作为API改进的一般分类。不幸的是，它却被用来贬低设计者的努力——证明一个标记为基于REST的API没有达到足够的标准，无法真正将其标记为REST。

Richardson在2015年REST Fest的一次题为“What Have I Done?”的演讲中，将RMM的整个想法描述为“非常尴尬”，并表示它只是针对超媒体API衡量改进和成熟度的一种可能标准。RMM并不是将所有API分类为符合REST的标准方法。设计要满足客户的需求，而不是试图衡量特定的设计成熟度。

7.1.7 什么时候选择REST

Fielding的论文明确将REST定义为粗粒度数据传输的架构样式：

> 设计REST接口是为了高效地进行粗粒度超媒体数据的传输，可针对Web的常见情况进行优化，但这样做的结果是，对其他形式的架构交互来说，这种接口并不是最佳选择。

虽然Fielding在其论文中并未明确定义粗粒度，但网络是一个很好的例子。一个HTML页面会被作为单一的、完整的资源发送，不会被分成独立的资源并分别检索。一旦HTML资源被接收并解析后，所有引用的图像、JavaScript和样式表将被单独检索。

当交互程度需要HTTP的粗粒度时，REST是一个很好的架构样式选择。这对于在Internet上暴露的API很常见，可能会遇到额外的网络延迟或不可预测的连接。

对于细粒度的交互方式，RPC或其他样式可能更合适。一些RPC样式提供了改进的性能和长连接，这些连接不符合 Fielding 概述的 REST 约束。这包括将在第 8 章和第 9 章中讨论的 gRPC 和异步 API 样式的选择，用于服务器端到服务器端和客户端到服务器端的交互。

此外，在提供面向客户和合作伙伴的 Web API 时，许多企业会默认选择 REST 作为其 API 样式。因为 REST 有大量的工具、基础架构、操作和管理支持，大多数企业会在内部选用基于 REST 的 API 样式。REST 建立在网络模式的基础上，为开发者所熟悉，而且很容易由运维团队管理，并提供了大量的工具和库来生产和消费 API。

7.2 REST API 设计流程

现在，我们已经对一个或多个 API 进行了建模（见第 6 章），是时候启动 API 设计流程了。尽管 API 建模的目的是探索 API 需求并将之汇总到一系列的 API 配置文件中，但 API 设计流程将使用基于 REST 的 API 设计原则，把 API 配置文件映射到 HTTP 中。API 设计中涉及的大部分工作集中在为 API 建模以生成 API 配置文件上，为此我们将给出 5 个步骤，以实现概要 API 设计。

7.2.1 步骤 1：设计资源 URL 路径

步骤 1 是使用 API 建模过程中确定的 API 资源和资源的关联关系，以设计资源 URL 路径（见图 6.7）。如图 7.3 所示，将 API 配置文件中确定的资源列表迁移到一个表格中。对于从属性资源，请将其名称稍加缩进，这有助于建立每个资源的 URL 路径。

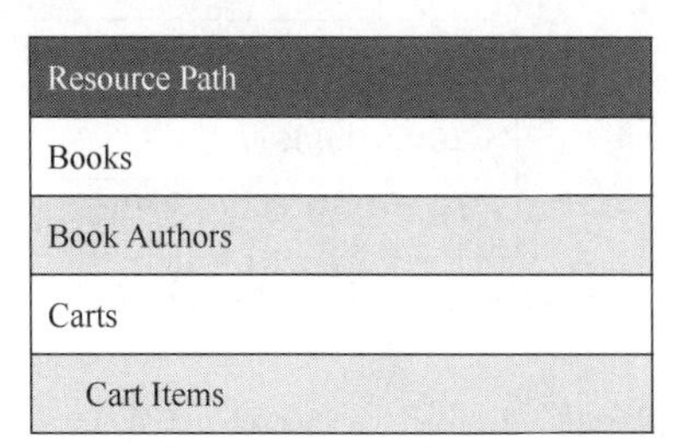

图 7.3 首先将建模过程中创建的 API 配置文件的资源列表迁移到初步的 API 设计中。注意，Cart Items 是一种从属性资源，故以稍微缩进的格式加以表示

接下来，将每个资源名称转换为便于使用的URL名称，所有字母都使用小写并用连字符代替空格。在路径中以斜线开始，然后以复数形式的资源名称来表示这是一个资源实例的集合。

从属性资源嵌套在父资源下，与从属性资源的互动需要路径中包含父资源的标识符。

关于从属性资源的警告

如果API是从关系数据库中自下而上设计的，或使用关系样式来设计资源，通常就会看到大量的从属性资源。

之所以嵌套从属性资源，是为了将子资源的可导航性限制在父资源的范围内。虽然创建从属性资源很容易，但要记住，每个嵌套级别都要求API消费者在路径中包含父级标识符。例如：

```
GET /users/{userId}/projects/{projectId}/tasks/{taskId}
```

对API消费者来说，通过一个给定的标识符来检索一个任务，还需要具有父级的项目和用户标识符。这为客户端增加了额外的工作，因为要跟踪这些父级识别符。

嵌套从属性资源是一个有用的设计选项，但只有在提高API的可用性时才应使用。

嵌套从属性资源的结果如图7.4所示。注意，资源集合是复数名称。虽然并非必须如此，但这在REST API中算是一种惯例。

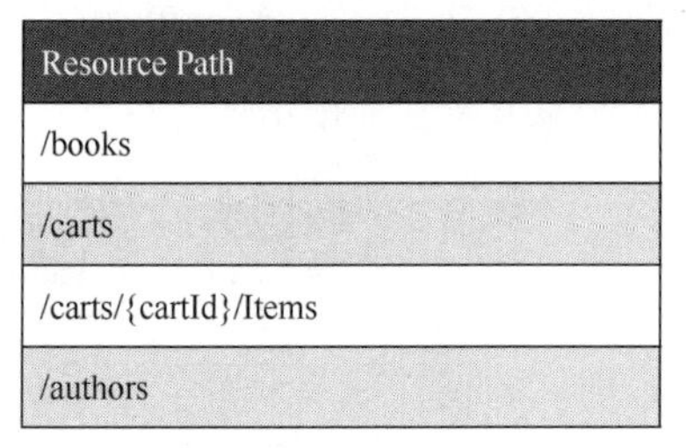

Resource Path
/books
/carts
/carts/{cartId}/Items
/authors

图7.4　将每个资源名称转换为一个便于使用的URL名称，让从属性资源嵌套在父资源之下

将操作列表（包括其描述和请求/响应详细信息）迁移到一个新表格中，以汇总概要API设计，如图7.5所示。

Resource Path	Operation Name	HTTP Method	Description	Request	Respond
/books	listBooks( )		List books by category or release date	categoryIdreleaseDate	Book[ ]
/books/search	searchBooks( )		Search for books by author, title	searchQuery	Book[ ]
/books/{bookId}	viewBook( )		View book details	bookId	Book
/carts/{cartId}	viewCart( )		View the current cart and total	cartId	Cart
/carts/{cartId}	clearCart( )		Remove all books from the customer's cart	cartId	Cart
/carts/{cartId}/items	addItemToCart( )		Add a book to the customer's cart	cartId	Cart
/carts/{cartId}/items/{cartItemId}	removeItemFromCart( )		Remove a book from the customer's cart	cartIdcartItemId	Cart
/authors	getAuthorDetails( )		Retrieve the details of an author	authorId	BookAuthor

图 7.5 将 API 配置文件的操作列表迁移到新的以设计为中心的表格中

7.2.2 步骤 2：将 API 操作映射到 HTTP 方法上

步骤 2 旨在确定对于每个操作，哪种 HTTP 方法适用。第 6 章概述了每个 HTTP 方法可被赋予的 3 种安全性分类：安全、幂等或不安全。表 7.1 所示为常见 HTTP 方法的安全性分类。

表 7.1 常见 HTTP 方法的安全性分类

HTTP 方法	方法描述	安全性分类	安全性说明
GET	返回请求的数据	安全	没有进行状态变更
POST	用于各种情况，从计算到创建新资源	不安全	无法保证用相同输入进行多次调用时有相同的结果
PUT	来自客户的表征格式，用于替换资源	幂等	保证具有相同输入的多个调用得到相同的结果，因为客户端提供了整个资源的表征格式
PATCH	对资源进行部分更新	不安全	因为客户端仅提供了资源的部分表征格式，所以不能保证具有相同输入的多个调用得到相同的结果
DELETE	从服务器删除一个资源	幂等	删除同一个资源的多个调用仍将导致该资源被删除（即使它不存在）

在建模过程中，常见的动词很可能在 API 配置文件的操作名称和/或描述中被识别出来。这些动词通常提供了与该操作最匹配的 HTTP 方法的线索。将表 7.1 所示的 HTTP 方法的安全性分类与表 7.2 所示的操作映射相结合，便可以选出合适的 HTTP 方法。

表 7.2　将在操作名称/描述中找到的常见动词映射到 HTTP

常见的动词	典型的 HTTP 方法+资源示例
List、Search、Match、View All	GET resource collection GET /books
Show、Retrieve、View	GET resource instance GET /books/12345
Create、Add	POST resource collection POST /books
Replace	PUT resource instance or collection PUT /carts/123 PUT /carts/123/items
Update	PATCH resource instance PATCH /carts/123
Delete All、Remove Al、Clear、Reset	DELETE resource collection DELETE /carts/123/items
Delete	DELETE resource instance DELETE /carts/123/items/456
Search、Secure Search	POST custom search action on the resource collection POST /carts/search
	POST as a custom action on a resource collection or instance POST /books/123/deactivate

把表 7.2 以及之前在步骤 1 中创建的资源 URL 路径列表作为参考，根据预期的用途将合适的路径和 HTTP 方法分配给每个操作。如果该操作与一个特定的资源实例进行交互，请在路径中包含资源标识符。结果如图 7.6 所示。

Resource Path	Operation Name	HTTP Method	Description	Request	Response
/books	listBooks( )	GET	List books by category or release date	categoryIdreleaseDate	Book[ ]
/books/search	searchBooks( )	POST	Search for books by author, title	searchQuery	Book[ ]
/books/{bookId}	viewBook( )	GET	View book details	bookId	Book
/carts/{cartId}	viewCart( )	GET	View the current cart and total	cartId	Cart
/carts/{cartId}	clearCart( )	DELETE	Remove all books from the customer's cart	cartId	Cart
/carts/{cartId}/items	addItemToCart( )	POST	Add a book to the customer's cart	cartId	Cart
/carts/{cartId}/items/{cartItemId}	removeItemFromCart( )	DELETE	Remove a book from the customer's cart	cartIdcartItemId	Cart
/authors	getAuthorDetails( )	GET	Retrieve the details of an author	authorId	BookAuthor

图 7.6　使用前面确定的资源 URL 路径列表，根据预期用法为每个操作分配合适的路径和 HTTP 方法

7.2.3　步骤 3：分配响应代码

API 设计已初具雏形。步骤 3 旨在为每个操作分配预期的响应代码。HTTP 响应代码属于以下 3 个主要的响应代码系列。

- **200 系列代码**：表示请求成功，有些代码更加明确（例如，201 CREATED 与 200 OK）。
- **400 系列代码**：表示请求失败，客户端可能希望修复并重新提交请求。
- **500 系列代码**：表示服务器端的故障，而不是客户端的故障。如果合适，客户端后续可以重试。

要确保出于正确的原因使用正确的代码。如果有疑问，请参阅最新的征求意见稿（Request For Comments，RFC），查找代码的预期用途。如果响应代码系列中没有你需要的特定代码，请使用默认的 200、400 或 500 代码。

不要自己发明响应代码

在过去多年里，API 设计者做过一些奇怪的决定。其中之一就是使用 UNIX 式代码，其中 0 表示成功，1 至 127 表示错误，用于 HTTP 响应代码。切记，请不要自己发明响应代码。HTTP 被设计成分层的架构，这意味着在客户端和服务器端之间可能涉及你不拥有的中间件服务器。自己发明响应代码只会给这些中间层带来问题。

尽管 HTTP 响应代码的列表非常长，但有几个是 API 设计中经常使用的，如表 7.3 所示。

表 7.3 API 设计中常用的 HTTP 响应代码

HTTP 响应代码	描述
200 OK	请求已成功
201 Created	请求已完成，并导致一个新资源被创建
202 Accepted	请求已被接受处理，但是该处理尚未完成
204 No Content	服务器已经完成了请求，但不需要返回正文。这在删除操作中很常见
400 Bad Request	由于语法不规范或输入无效，服务器无法理解请求
401 Unauthorized	请求需要用户身份验证
403 Forbidden	服务器理解请求，但拒绝完成它
404 Not Found	服务器没有找到任何与请求的 URL/URI 匹配的内容
500 Internal Server Error	服务器遇到了一个意外情况，无法完成请求

API 客户端应该为所有类型的响应代码做好准备，但没有必要收集所有可能的响应代码。首先，为每个操作确定至少一个成功的响应代码，以及 API 可能明确返回的任何错误的响应代码。尽管错误列表可能不够全面，但首先要确定可能返回的典型错误代码。图 7.7 所示为购物 API 可能的成功和错误响应代码。

Resource Path	Operation Name	HTTP Method	Description	Request	Response
/books	listBooks( )	GET	List books by category or release date	categoryIdreleaseDate	Book[ ] 200
/books/search	searchBooks( )	POST	Search for books by author, title	searchQuery	Book[ ] 200
/books/{bookId}	viewBook( )	GET	View book details	bookId	Book 200, 404
/carts/{cartId}	viewCart( )	GET	View the current cart and total	cartId	Cart 200, 404
/carts/{cartId}	clearCart( )	DELETE	Remove all books from the customer's cart	cartId	Cart 204, 404
/carts/{cartId}/items	addItemToCart( )	POST	Add a book to the customer's cart	cartId	Cart 201, 400
/carts/{cartId}/items/{cartItemId}	removeItemFromCart( )	DELETE	Remove a book from the customer's cart	cartIdcartItemId	Cart 204, 404
/authors	getAuthorDetails( )	GET	Retrieve the details of an author	authorId	BookAuthor 200, 404

图 7.7　扩展购物 API 设计,在表格的响应列中收集的成功和错误响应代码

7.2.4　步骤 4：记录 REST API 设计

步骤 3 完成后，概要 API 的设计工作就完成了。根据目前完成的工作，是时候进行步骤 4——使用 API 描述格式来记录 API 设计了，这样才能在团队内部和跨团队间共享 API 设计，以获取反馈。

企业通常有其首选的 API 描述格式，例如 OAS 或 API Blueprint。如果还没有选定或标准化的格式，请参考第 13 章的内容，以了解更多关于各种可用格式的详细信息。无论选择哪种格式，结果都是要有一个计算机可读的 API 设计版本，用于审核、呈现 API 参考文档和工具支持。

为了演示 API 设计阶段文档的关键部分，我们在本章中的示例使用的是 OpenAPI 规范 v3（OAS v3）。使用 Swagger Editor 来显示 OAS v3 说明文件，以便并排展示渲染结果。

我们利用在整个 API 建模和设计过程中收集的有关 API 的详细信息来记录流程。需要记录的包括 API 名称、描述和其他关于 API 的详细信息。描述应该引用与该 API 合作使用的任何其他 API。还需总结 API 的目的以及提供的操作种类。避免引用现 API 实现的内部细节，因为这些细节可以存储在 API 描述之外的维基百科或类似的协作工具中，以供将来的开发者参考。图 7.8 所示为在 OAS v3 中收集这些细节的结果。

接下来要做的是，收集每个操作的详细信息。对于 OAS v3，从路径开始，然后是路径上支持的每种 HTTP 方法。我们建议在每个操作中添加一个 operationId 属性。使用第 6 章中定义的 API 配置文件中的操作名称，会让文档编制过程毫不费力，并

有助于将 OAS 描述映射回 API 配置文件。

```
1  openapi: 3.0.0
2  info:
3    title: Bookstore Shopping API - REST Example
4    description: |
5      Supports the shopping experience of an online bookstore, including browsing and searching
         for available books and shopping cart management.
6
7      The Order Creation API is used to convert the shopping cart into an order that is prepared
         to accept shipping details, payment, and fulfillment tracking.
8
9      The API includes the following shopping operations by capability:
10
11     | Capability          | Operation                                |
12     |---------------------|------------------------------------------|
13     | List Recent Books   | List Recent Books In Store               |
14     | List Recent Books   | Search for a book by topic or keyword    |
15     | List Recent Books   | View Book Details                        |
16     | Place an Order      | Create Cart                              |
17     | Place an Order      | Add Book to Cart                         |
18     | Place an Order      | Remove Book from the Cart                |
19     | Place an Order      | Modify Book in Cart                      |
20     | Place an Order      | View Cart with Totals                    |
21
22   contact: {}
23   version: '1.0'
24 servers:
25 - url: https://{defaultHost}
26   variables:
27     defaultHost:
28       default: www.example.com/shop
```

图 7.8 从名称、描述和其他重要细节开始，将购物 API 设计纳入 OpenAPI 规范 v3

利用第 3 章中创建的相关任务用例中收集的细节，写下 API 的摘要，以帮助读者了解其目的。使用第 6 章中的 API 配置文件收集的信息，以扩展描述字段中的细节。此外，请确保收集所有路径参数和查询参数，如图 7.9 所示。

```
29 paths:
30   /books:
31     get:
32       tags:
33       - Books
34       summary: Returns a paginated list of available books
35       description: "Returns a paginated list of available books based on the
           search criteria provided. If no search criteria is provided, books are
           returned in alphabetical order. \n"
36       operationId: ListBooks
37       parameters:
38       - name: q
39         in: query
40         description: A query string to use for filtering books by title and
             description. If not provided, all available books will be listed.
             Note that the query argument 'q' is a common standard for general
             search queries
41         style: form
42         explode: true
43         schema:
44           type: string
45       - name: daysSinceBookReleased
46         in: query
47         description: A query string to use for filtering books released within
             the last number of days, e.g. 7 means in the last 7 days. The
             default value of null indicates no time filtering is applied.
             Maximum number of days to filter is 30 days since today
48         style: form
49         explode: true
50         schema:
51           type: integer
52           format: int32
53       - name: offset
54         in: query
55         description: A offset from which the list of books are retrieved,
             where an offset of 0 means the first page of results. Default is an
             offset of 0
56         style: form
```

图 7.9 扩展购物 API 设计文档，以包括每个操作

最后，在 OAS v3 描述的架构定义部分中收集资源表征的所有架构元素。使用在 API 建模期间创建的资源模型，如第 6 章所述。图 7.10 展示了这一点，其中 ListBooksResponse 收集了 ListBooks 操作的响应。

```
344  components:
345    schemas:
346      ListBooksResponse:
347        title: ListBooksResponse
348        type: object
349        properties:
350          books:
351            type: array
352            items:
353              $ref: '#/components/schemas/BookSummary'
354            description: ''
355        description: "A list of book summaries as a result of a list or filter
             request. The following hypermedia links are offered:\n  \n  - next:
             (optional) indicates the next page of results is available\n  -
             previous: (optional) indicates a previous page of results is
             available\n  - self: a link to the current page of results\n  - first:
             a link to the first page of results\n  - last: a link to the last page
             of results"
356      BookSummary:
357        title: BookSummary
358        type: object
359        properties:
360          bookId:
361            type: string
362            description: An internal identifier, separate from the ISBN, that
                 identifies the book within the inventory
363          isbn:
364            type: string
365            description: The ISBN of the book
366          title:
367            type: string
368            description: The book title, e.g. A Practical Approach to API Design
369          authors:
370            type: array
371            items:
372              $ref: '#/components/schemas/BookAuthor'
373            description: ''
374        description: "Summarizes a book that is stocked by the book store. The
             following hypermedia links are offered:\n  \n  - bookDetails: link to
             fetch the book details"
```

图 7.10　最终确定购物 API 设计文档，以包括架构定义

注意，如图 7.10 所示，ListBooks 操作返回一个图书摘要实例数组，其中包含搜索结果中每本书的基本细节。添加一些架构定义（用来包装数组响应或限制每个操作请求/响应有效负载的可接受属性）通常是必要的。创建或更新资源的操作也可能需要单独的架构定义，以防只读字段被提交，如图 7.11 所示。

请使用序列图来验证 API 设计是否满足在创建任务用例、事件风暴和 API 建模期间收集的需求。图 7.12 所示为使用带有简化的 HTTP 形式的序列图，用于展示典型的交互模式，以产生所需的结果。

一旦 API 设计被记录在 API 描述格式中，团队就可以与其他人分享生成的文档和序列图，以获取对设计的反馈。这是 API 设计流程中的最后一步。

```
427     NewCart:
428       title: NewCart
429       required:
430       - bookId
431       - quantity
432       type: object
433       properties:
434         bookId:
435           type: string
436           description: The book that is being added to the cart
437         quantity:
438           minimum: 1
439           type: integer
440           description: The number of copies of the book to be added to the
                cart
441           format: int32
442       description: Creates a new cart with the initial cart item added
443     NewCartItem:
444       title: NewCartItem
445       required:
446       - bookId
447       - quantity
448       type: object
449       properties:
450         bookId:
451           type: string
452           description: The book that is being added to the cart
453         quantity:
454           minimum: 1
455           type: integer
456           description: The number of copies of the book to be added to the
                cart
457           format: int32
458       description: Specifies a book and quantity to add to a cart
459     ModifyCartItem:
460       title: ModifyCartItem
```

图 7.11 某些操作可能需要自定义架构定义，以排除特定操作不允许的特定字段，或包装仅包含摘要信息的搜索响应

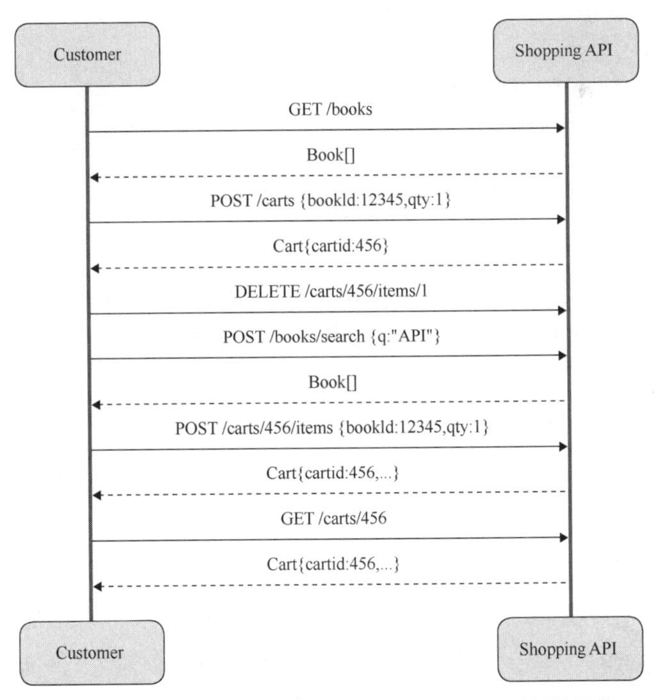

图 7.12 使用序列图以验证 API 设计是否满足之前建模的需求

7.2.5 步骤5：分享并收集反馈

步骤5是最后一步，旨在分享API设计以获得反馈。这些反馈来自直接团队、企业的API架构师以及计划在准备好后立即集成API的内部/外部团队。

一旦API被正式发布和集成，API设计就会被锁定，只能进行非破坏性变更，例如添加新的终点、在现有资源表征中添加新字段等。但是重命名或修改现有端点会影响现有的API消费者，从而导致客户不满，甚至导致客户流失。一次就把API设计做好是很重要的。应尽早分享API设计以获得反馈，这有助于避免发布后进行重大的设计变更。

API的模拟实现也有助于探索API设计。由于阅读API文档只能提供对API的基本了解，因此模拟实现为开发者提供了一个可以体验API是如何使用模拟数据进行工作的机会。已有一些工具可以接受API描述格式（例如OAS），并在不写一行代码的情况下生成模拟的API实现。

有关其他API生命周期的技术参见第16章。即使在开发和部署API之后，获得反馈也是有益处的，例如有助于弥补不足或API的迭代。

7.3 选择一种表征格式

截至目前，对资源设计的讨论一直集中在资源名称和属性上，其实还需要确定API资源的表征格式。选择一种表征格式是一个重要的步骤。

对某些企业来说，首选表征格式已经被确定为API样式指南和标准的一部分。在这种情况下，既然已经做出决定，就无须采取进一步的行动。但是，如果是一个新的API产品，或新的API程序或API平台的第一批API之一，就需要做更多的努力来完成设计工作。

只要有可能，就选择单一格式作为默认表征格式，统一在所有API中提供。当开发者与企业其他现有和未来的API集成时，使用单一格式可确保一致性。

随着时间的推移，其他格式可能会被添加到操作中，从而使现有的API可以慢慢迁移到新格式，而不会破坏现有的集成。多格式方法需要使用内容协商，这是HTTP

中提供的一种技术，可以让客户指定所需的首选表征格式。我们将在附录 A 给出的 HTTP 入门知识中进一步讨论内容协商。

表 7.4 所示总结了 4 类可用的表征格式。每个类别都建立在上一个类别的基础之上，为表征资源和消息格式添加了更多选项。但是，选择更多往往意味着更复杂。我们将解释每个类别，并辅以示例来说明选择过程。

表 7.4 API 表征格式的类别

类别	概述
资源序列化	该表征格式支持把资源序列化为各种格式，例如 JSON、XML、Protocol Buffers 和 Apache Avro
超媒体序列化	一种序列化表征格式，支持嵌入式超媒体控制
超媒体消息传递	一种通用的消息格式，支持带有超媒体控制的资源属性
语义超媒体消息传递	一种通用的消息格式，支持超媒体控制语义字段映射

7.3.1 资源序列化

资源序列化这一 API 表征格式十分常见。其将资源的每个属性及其值直接映射到所需的格式中，通常为 JSON、XML 或 YAML，二进制格式（例如 Protocol Buffers 和 Apache Avro）也逐渐被接受。

这些表征格式需要显式的代码，以处理资源和目标格式之间的序列化。这种映射逻辑可以通过代码生成器或人工编码来创建。可以使用一些格式化器和表示层的库，这些库通常有助于管理代码中的目标格式与表示资源的对象或结构之间的一些映射。

解析和映射代码对每个资源来说都是唯一的，因为它必须知道预期的字段和所有嵌套结构。清单 7.1 显示的是一个使用 JSON 的序列化表征格式的图书资源示例。

清单 7.1 使用 JSON 的序列化表征格式

```
{
   "bookId": "12345",
   "isbn": "978-0321834577",
   "title": "Implementing Domain-Driven Design",
   "description": "With Implementing Domain-Driven Design, Vaughn has made
an important contribution not only to the literature of the Domain-Driven
Design community, but also to the literature of the broader enterprise
application architecture field.",
   "authors": [
```

```
      { "authorId": "765", "fullName": "Vaughn Vernon" }
    ]
}
```

基于资源序列化的格式仅提供使用键值对的资源属性。

7.3.2　超媒体序列化

超媒体序列化与资源序列化类似，但增加了有关如何表示超媒体链接的规范。它还可以包含以统一的方式表示相关和/或嵌套资源的规范，称为嵌入式资源（embedded resources）。

诸如HAL之类的格式[①]使资源序列化格式可以用超媒体进行扩展，几乎无须更改。这样可以在将现有的基于序列化的API迁移到包括超媒体控制时，避免破坏现有的API客户端。这就是为什么在向超媒体API迁移时，HAL逐渐成为一个流行的选择。清单7.2所示的是一个基于HAL的表征格式的示例，它使用超媒体链接和相关作者资源列表来扩展清单7.1。

清单7.2　使用HAL的超媒体序列化表征格式

```
{
   "bookId": "12345",
   "isbn": "978-0321834577",
   "title": "Implementing Domain-Driven Design",
   "description": "With Implementing Domain-Driven Design, Vaughn has made
an important contribution not only to the literature of the Domain-Driven
Design community, but also to the literature of the broader enterprise
application architecture field.",
   "_links": {
       "self": { "href": "/books/12345" }
   },
   "_embedded": {
     "authors": [
       {
         "authorId": "765",
         "fullName": "Vaughn Vernon",
         "_links": {
           "self": { "href": "/authors/765" },
           "authoredBooks": { "href": "/books?authorId=765" }
         }
```

① Mike Kelly, “JSON Hypertext Application Language”, 2016.

```
            }
          ]
        }
      }
```

并非所有超媒体格式都能提供相同的功能。Mike Amundsen 创建了一个清单，并将其命名为 H-因子，支持对不同格式的超媒体支持的水平和复杂性进行推理论证。

7.3.3 超媒体消息传递

超媒体消息传递与资源序列化不同，因为其提出了一种统一的基于消息的格式，以收集资源属性、超媒体控制和嵌入式资源。这使得在以消息格式表示的所有资源中使用单一的解析器变得很容易，而无须为每种资源类型使用独特的映射代码来解析 JSON 或 XML 等序列化格式。

尽管资源序列化和基于消息的格式之间存在细微差别，但实际上团队将不再需要争论 JSON 或 XML 有效载荷应该是什么样子，而只需要专注于消息格式本身的资源表征、关系和超媒体控制，也不需要召开更多会议来决定基于 JSON 的响应是否需要一个数据包装器。

超媒体消息格式包括 JSON:API 和 Siren。这两种格式都提供了单一的结构化消息，其足够灵活，可以包括简单或复杂的资源表征和嵌入式资源，并且都提供了超媒体控制支持。

Siren 的消息传递功能与 JSON:API 类似，但它还添加了元数据，可用于以最少的定制工作来创建基于 Web 的用户界面。

JSON:API 是一种有些“武断”的规范，它去掉了对 API 样式指南中通常包含的许多设计选项的需求。表征格式、何时使用不同的 HTTP 方法，以及如何通过响应构建和获取相关资源来优化网络连接，只是 JSON:API 提供的一些决策。

清单 7.3 所示的是基于 JSON:API 消息的表征格式的示例。

清单 7.3　基于 JSON:API 消息的表征格式

```
{
  "data": {
    "type": "books",
    "id": "12345",
        "attributes": {
        "isbn": "978-0321834577",
```

```
        "title": "Implementing Domain-Driven Design",
        "description": "With Implementing Domain-Driven Design, Vaughn has
made an important contribution not only to the literature of the DomainDriven
Design community, but also to the literature of the broader enterprise
application architecture field."
    },
    "relationships": {
      "authors": {
          "data": [
            {"id": "765", "type": "authors"}
          ]
        }
    },
    "included": [
      {
        "type": "authors",
        "id": "765",
        "fullName": "Vaughn Vernon",
        "links": {
          "self": { "href": "/authors/765" },
          "authoredBooks": { "href": "/books?authorId=765" }
          }
        }
    }
}
```

7.3.4　语义超媒体消息传递

语义超媒体消息传递是最全面的类别，因为它添加了语义配置文件和链接数据支持，使API成为语义网络的一部分。

通过链接数据应用资源属性的语义，我们可以为每个属性赋予更多的意义，而无须使用明确的名称。链接数据通常依赖于Schema项目官方网站或其他资源的共享词汇表。随着数据分析和机器学习技术的发展，将数据与共享词汇表联系起来可以使得自动化系统轻松地从API提供的数据中获取价值。支持语义超媒体消息传递的常见格式包括Hydra[①]、UBER[②]、Hyper[③]、JSON-LD和OData。清单7.4显示了UBER语义超媒体消息传递表征格式。

① Markus Lanthaler, “Hydra Core Vocabulary: A Vocabulary for Hypermedia-Driven Web APIs”. Hydra W3C Community Group, 2021.

② Mike Amundsen and Irakli Nadareishvili, “Uniform Basis for Exchanging Representations (UBER)”, 2021.

③ Irakli Nadareishvili and Randall Randall, “Hyper - Foundational Hypermedia Type”, 2017.

清单 7.4 UBER 语义超媒体消息传递表征格式

```
{
  "uber":
  {
    "version": "1.0",
    "data": [
      {
        "rel": ["self"], "url": "http://example.org/" },
        {"rel": ["profile"], "url": "http://example.org/profiles/books" },
          {
           "name": "searchBooks",
           "rel": ["search", "collection"],
           "url": "http://example.org/books/search?q={query}",
           "templated": "true"
          },
          {
            "id": "book-12345",
            "rel": ["collection", "http://example.org/rels/books"],
            "url": "http://example.org/books/12345",
            "data": [
              {
                "name": "bookId",
                "value": "12345",
                "label": "Book ID"
              },
              {
                "name": "isbn",
                "value": "978-0321834577",
                "label": "ISBN",
                "rel": ["https://schema.org/isbn"]
              },
              {
                 "name": "title",
                 "value": "Example Book",
                 "label": "Book Title",
                 "rel": ["https://schema.org/name"]
              },
              {
                 "name": "description",
                 "value": "With Implementing Domain-Driven Design, Vaughn
has made an important contribution not only to the literature of the DomainDriven
Design community, but also to the literature of the broader enterprise application
architecture field.",
```

```
        "label": "Book Description",
        "rel": ["https://schema.org/description"]
      },
      {
        "name": "authors",
        "rel": ["collection", "http://example.org/rels/authors"],
        "data": [
          {
            "id": "author-765",
            "rel": ["http://schema.org/Person"],
            "url": "http://example.org/authors/765",
            "data": [
              {
                "name": "authorId",
                "value": "765",
                "label": "Author ID"
              },
              {
                "name": "fullName",
                "value": "Vaughn Vernon",
                "label": "Full Name",
                "rel": "https://schema.org/name"
              }]}]}
    ]}]}}
```

请注意与更紧凑的资源序列化表征格式相比，语义超媒体消息传递表征格式的大小是如何增加的。随着表征格式大小的增加，添加了链接数据，以及与 API 客户端更强大的交互。这些表征格式提供了更多关于如何浏览相关资源并利用新操作的洞见，包括在构建客户端时还无法使用的操作。

这样做的目的是使通用客户端能够与 API 进行交互，而无须自定义代码或用户界面。实际上，客户端可以与它从未见过的 API 进行交互，所有这些都使用一个语义的、基于消息的资源表征中提供的详细信息。

记住，将其他详细信息纳入消息中总比强迫客户编写更多推断行为的代码要好。这就是HTML如此出色的原因，因为浏览器不需要为每个网站实现自定义代码。浏览器实现渲染逻辑，HTML消息则被精心设计，以提供所需的结果。尽管这可能会导致消息更加冗长，但会让API客户端更有弹性，从而避免了硬编码行为。

7.4 常见的 REST 设计模式

REST API 设计模式不属于本书讲解范畴，但在本节中，我们仍会介绍一些基于 REST 的 API 设计中经常遇到的基本模式。我们就以下每个模式给出概述，说明应该在什么时候使用它们，以帮助 API 设计者应对经常遇到的设计要求。

7.4.1 创建-读取-更新-删除

基于 CRUD 的 API 可以提供包含资源实例的集合。这些资源实例将提供部分或全部的创建、读取、更新和删除生命周期模式。

CRUD 模式可以围绕一个资源集合及其实例以思路对齐的方式提供完整或部分的 CRUD 生命周期。CRUD 模式遵循如下常见的模式。

- GET/articles——列表/分页/过滤可用文章的列表。
- POST/articles——创建一篇新文章。
- GET/articles/{articleId}——检索一个文章实例的表征格式。
- PUT/articles/{articleId}——替换一个现有的文章实例。
- PATCH/articles/{articleId}——更新文章实例的特定字段（选择性更新）。
- DELETE/articles/{articleId}——删除一个特定的文章实例。

请尽量避免基于细粒度的 CRUD API，这种方式会导致跨越事务边界的多个 API 调用。这不但会迫使客户在细粒度的资源上协调多个 API 请求，而且当客户在随后的 API 请求中遇到失败时，将无法回滚之前的请求。应围绕数字功能而不是基于后端数据模型来设计资源。

7.4.2 扩展资源生命周期支持

发现超越典型 CRUD 模型的状态过渡并不罕见。由于 HTTP 方法的选择有限，设计者必须找到新的方法来扩展资源的生命周期，同时遵守 HTTP 规范。

假设有一个管理文章资源实例集合的内容管理系统，该系统需要在标准的 CRUD

生命周期之外添加基本的审查和批准工作流程。可以通过提供额外的操作来支持工作流程，如下所示。

- POST/articles/{articleId}/submit。
- POST/articles/{articleId}/approve。
- POST/articles/{articleId}/decline。
- POST/articles/{articleId}/publish。

使用这种功能操作方法，文章资源实例能够支持必要的工作流程。此外，它还具有以下一些优势。

- 可以在API管理（API Management，APIM）层执行细粒度的访问控制，因为每个特定操作都是一个独特的URL，可以分配不同的授权要求。这就避免了当一个字段的状态发生变化时，将特定的授权逻辑编码到单一的更新操作，例如PUT或PATCH。
- 超媒体控制用于向客户发出信号，说明基于用户授权范围的可用操作。
- API支持的工作流程更加明确，因为客户端不必查看PATCH端点文档即可了解可用的有效状态值，并为每个API客户端重新创建状态机规则。

对那些不喜欢为资源实例或集合进行这种风格的功能操作的团队来说，还有一种方法，那就是支持超媒体控制，这些控制能够引用相同的PUT或PATCH操作，但根据所采取的操作类型支持不同的消息结构。

7.4.3　单例资源

单例资源代表资源集合之外的单一资源实例。单例资源可能代表一个虚拟资源，用于与集合中现有的资源实例（例如，用户的唯一配置文件）直接交互。

当父资源与其子资源（例如，用户的配置）之间的关系中存在一个且仅有一个实例时，API也可以提供嵌套的单例资源。以下示例说明了单例资源可能的用途。

- GET /me——用来代替get/users/{userId}，避免消费者知道自己的用户标识，或因不安全的安全配置而访问到其他用户数据的风险。
- PUT/users/5678/configuration——用于管理一个特定账户的单一配置资源实例。

单例资源应该是已经存在的，因此不应该要求客户提前创建它们。尽管单例资源可能无法像基于集合的兄弟资源那样提供完整的CRUD生命周期，但是仍然可能提供GET、PUT和/或PATCH的HTTP方法。

7.4.4 后台（队列）作业

HTTP 是一个请求/响应协议，要求对已提交的任何请求都要有响应。对于需要很长时间才能完成的操作，这种方式可能并不是最佳选择，因为应用程序会被阻塞在一个开放连接中等待响应。

HTTP 为此提供了 202 Accepted 响应代码。

假设存在一个 API 操作，支持批量导入用户账户。API 客户端可以提交以下有效请求：

```
POST /bulk-import-accounts
Content-Type: application/json

{
    "items": [
        { ... },
        { ... },
        { ... },
        { ... }
    ]
}
```

服务器可以返回以下响应，以表明该请求是有效的，但无法完全处理该请求：

```
HTTP/1.1 202 Accepted
Location: https://api.example.com/import-jobs/7937
```

然后，客户可以通过向位置标头中提供的 URL 提交请求，以跟进确定状态：

```
HTTP/1.1 200 OK

{
    "jobId": "7937",
    "importStatus": "InProgress",
    "percentComplete": "25",
    "suggestedNextPollTimestamp": "2018-10-02T11:00:00.00Z",
    "estimatedCompletionTimestamp": "2018-10-02T14:00:00.00Z"
}
```

这称为 fire-and-follow-up 模式。如果客户端不需要监视工作状态，那么可以忽略提供的 URL 并继续执行其他任务，这被称为 fire-and-forget 模式。

7.4.5 REST中的长期运行事务支持

有时候，一个事务需要多个API操作才能完成。在“SOAP时代”，WS-Transaction规范用以管理一个或多个请求的事务。这通常需要一个事务管理器，在许可和集成工作方面的成本都很高。为了避免基于REST的API也有类似的需求，团队可以应用构造器设计模式来支持类似的语义。

假设有一个API，用于为音乐会或体育赛事预订座位。该API会要求用户必须在特定的时间范围内付款，如果用户没有及时付款，API就会把座位再设置为可预订的状态。seats资源可用于搜索最受欢迎的高级区域的4人一组的座位：

```
GET /seats?section=premium&numberOfSeats=4
```

也许有4人一组的座位可预订，但是我们不能使用seats资源来保留座位，因为这需要4个单独的API调用，而这些调用无法封装在一个事务中：

```
PUT /seats/seat1 to reserve seat #1
PUT /seats/seat2 to reserve seat #2
PUT /seats/seat3 to reserve seat #3 < - 这个请求失败了。现在怎么办?
PUT /seats/seat4 to reserve seat #4
```

对这种情况，应该考虑创建一个代表交易的预订资源：

```
POST /reservations {   "seatIds": [ "seat1","seat2", "seat3", "seat4"] }
```

如果成功，就会创建一个新的预订，以供用户完成付款过程。这个API也可以用来进一步定制带有附加要求、团体用餐计划等的预订。如果超出了时间限制，预订就会失效或被从系统中删除，API客户端会重新开始。

寻找更多的模式?

这里介绍的只是对REST和其他API样式有用的众多设计模式中的几个。读者如感兴趣，请参阅GitHub上的API Workshop示例，以获取更多的模式资源。

7.5 小结

谈到基于 REST 的 API，许多人会把使用 JSON 的基于 CRUD 的 API 与 REST 架构风格混为一谈。然而，REST 定义了一系列的架构约束，可以帮助 API 模仿网络的最佳方面。当然，REST API 可以应用包括 CRUD 在内的各种设计模式，为资源生成一个容易理解的交互模型。

通过应用 REST API 设计流程的 5 个步骤，我们创建了一个基于资源的 API 设计。该设计将 REST 约束应用于在 API 建模过程中创建的 API 配置文件。将设计映射到计算机可读的 API 描述中，可以用工具生成文档，供团队和将使用 API 的开发者查看。

如果 REST 不是 API 建模过程中确定的某些或所有 API 的正确 API 样式，该怎么办？我们将在第 8 章探讨当 REST 可能不是最佳选择或需要使用新的交互方式来扩展时，可以使用 GraphQL 和 gRPC 这两种 API 样式。

第8章 RPC和基于查询的API设计

要给基于网络的应用程序选择正确的架构样式，需要了解问题领域，还要了解应用程序的通信需求，以及认识各种架构样式及其可解决的特定问题。

——Roy Fielding

虽然基于 REST 的 API 样式足以满足目前市场上大多数 API 产品的需求，但情况并非总是如此。基于 REST 的 API 样式也不一定是每个 API 的最佳选择。作为 API 设计者，重要的是要了解可用的选项和每种 API 样式，对之进行权衡，以确定最适合使用相应 API 的目标开发者。

基于 RPC 和基于查询的 API 样式是基于 REST 之外的另外两种 API 样式。基于 RPC 的 API 已经存在几十年了，引入 gRPC 之后，这种 API 样式再次变得流行起来。由于引入了 GraphQL，基于查询的 API 越来越受欢迎，成为许多希望对 API 响应形式有更多控制权的前端开发者的选择。

鉴于有多种 API 样式，了解每种 API 样式的优缺点非常重要。对于某些 API 产品和平台，单一的 API 样式可能就足够了。对于其他产品，由于产品的预期用途不同，且负责集成 API 的开发者有使用偏好，因此可能需要混合使用各种 API 样式。

在本章中，我们将探讨基于 RPC 和基于查询的 API 样式，以及如何将它们作为基于 REST 的替代或补充（见图 8.1），还将根据第 6 章中概述的在定义阶段创建的 API 配置文件，定义基于 RPC 和基于查询的 API 样式的设计流程。

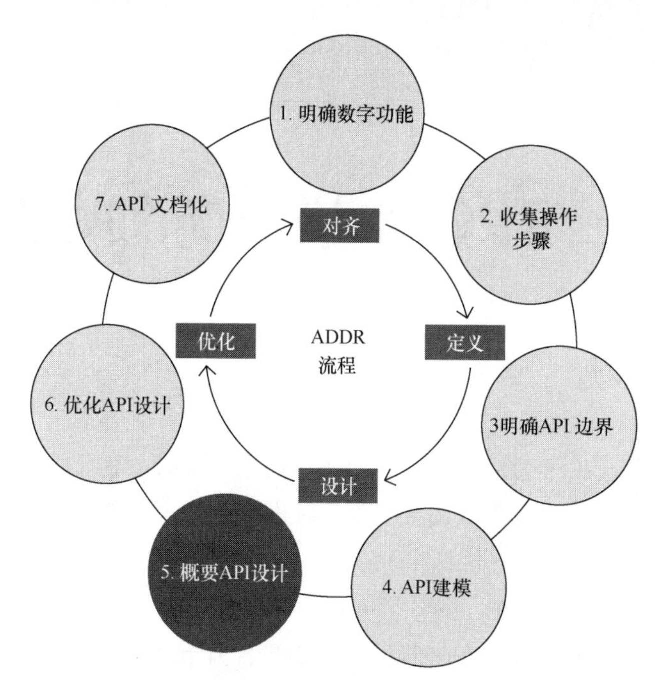

图 8.1 设计阶段为 API 样式提供了几种选择。本章将详细介绍基于 REST 的 API 的替代方案

8.1 什么是基于 RPC 的 API?

基于 RPC 的 API 在网络上执行一个代码单元（过程），就像在本地执行一样。客户端会得到一个可以在服务器端调用的可用过程的列表。每个过程都定义了一个类型化和有序的参数列表，以及响应的结构。

重要的是要认识到，客户端与服务器端的过程是紧耦合的。如果服务器端的过程被修改或删除，那么开发者有责任适应这些更改，包括修改客户端代码，以使客户端和服务器能够再次正确通信。这种紧耦合往往可以带来更好的性能。

基于 RPC 的 API 必须遵循支持目标编程语言的程序调用规范。在 Java 发展早期，使用远程方法调用（Remote Method Invocation，RMI）库来支持 Java 到 Java 的通信，Java 的对象序列化功能被用作 Java 进程之间交换的二进制格式。其他流行的 RPC 标准有 CORBA、XML-RPC、SOAP RPC、XML-RPC、JSON-RPC 和 gRPC 等。

以下是一个通过 HTTP 调用 JSON-RPC 的示例。注意，这里明确提及了方法（过程）和有序的参数列表，从而导致了客户端和服务器端的紧耦合：

```
POST https:// /calculator-service HTTP/1.1
Content-Type: application/json
Content-Length: ...Accept: application/json

{"jsonrpc": "2.0", "method": "subtract", "params": [42, 23], "id": 1}
```

大多数基于 RPC 的系统利用辅助库和代码生成工具来生成负责网络通信的客户端和服务器存根。熟悉分布式计算谬论的人会认为，只要代码是远程执行的，就可能会发生故障。虽然 RPC 的目标之一是使远程调用表现得好像在调用本地过程一样，但网络中断和其他故障处理支持经常被纳入客户端和服务器端存根中，并作为错误被提出。

远程过程是用接口定义语言（Interface Definition Language，IDL）来定义的。代码生成器使用 IDL 生成客户端存根和服务器存根框架，并准备好下一步的具体实施。基于 RPC 的 API 在设计和实施上通常更快，但对于方法重命名和参数重新排序的适应性较差。

8.1.1 gRPC

gRPC 是由 Google 于 2015 年创建的，旨在通过使用 RPC 和代码生成来加速服务的开发。gRPC 最初是内部的一个倡议，后来被许多组织以及包括 Kubernetes 在内的开源计划发布和采用。

gRPC 基于 HTTP/2 传输和用于序列化的 Protocol Buffers 构建，还利用了 HTTP/2 提供的双向流，使客户端可以将数据流式传输到服务器，而服务器可以将数据流式传输到客户端。图 8.2 显示了多种编程语言如何使用生成的客户端存根与基于 Golang 的服务中的 gRPC 服务器进行通信。

在默认情况下，gRPC 使用 Protocol Buffers 提供的 proto 文件格式来定义每个服务、提供的服务方法以及交换的消息。清单 8.1 显示的是一个基于 RPC 定义减法操作的 IDL 文件。

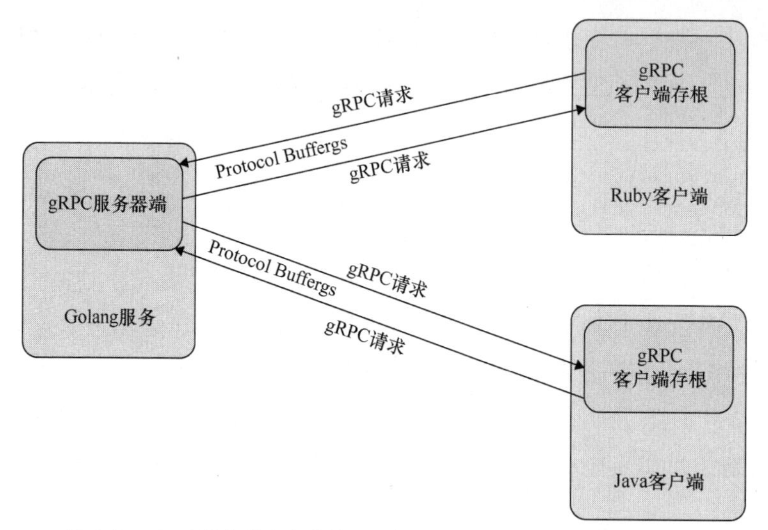

图 8.2 gRPC 服务器和多种编程语言生成的客户端存根协同工作概况

清单 8.1 基于 gRPC 定义减法操作的 IDL 文件

```
// calculator-service.proto3
service Calculator {
  // Subtracts two integers
  rpc Subtract(SubtractRequest) returns (CalcResult) {}
}

// The request message containing the values to subtract
message SubtractRequest {
     // number being subtracted from
  int64 minuend = 1;
     // number being subtracted
  int64 subtrahend = 2;
}
// The response message containing the calculation result
message CalcResult {
  int64 result = 1;
}
```

8.1.2 使用 RPC 时应该考虑的因素

基于 RPC 的 API 通常会以更紧密的耦合为代价来换取更好的性能。许多 RPC 协议（例如 gRPC）提供的代码生成功能，可以自动生成客户端存根，并生成用于服务器实现的骨架代码，以加快开发过程。这些因素导致团队在同时拥有 API 客户端和服务器端时，会选择基于 RPC 的 API，从而改进开发时和运行时的性能。

但是，使用基于 RPC 的 API 样式有如下几个缺点，团队在继续使用之前应该考虑。

- 客户端和服务器端的集成是紧耦合的。一旦投入生产，如果不破坏 API 客户端，就无法更改字段的顺序。
- 用于过程调用的打包和解包程序的序列化格式是固定的。与基于 REST 的 API 不同，基于 RPC 的 API 无法使用多种媒体类型，因此也无法使用基于 HTTP 的内容协商。
- 一些 RPC 协议（例如 gRPC）需要自定义中间件与浏览器一起使用，并在通过单一 URL 进行操作时，强制执行授权和基于角色的访问。

最后，记住 gRPC 依赖于 HTTP/2，并且需要覆写默认的安全限制，以对 HTTP 请求头进行大量的自定义。浏览器无法原生支持 gRPC。相反，诸如 grpcweb 之类的项目提供了一个库和网关，以将 HTTP/1 请求转换为基于 gRPC 的过程调用。

总之，当企业同时拥有 API 客户端和服务器时，基于 RPC 的 API 是更好的选择。API 团队将基于 RPC 的服务或 API 公开出来，供企业中的其他团队根据需要使用，但必须努力使他们的客户端代码与最新的更改保持一致。

8.2 RPC API 设计流程

如第 6 章中所述的，RPC 设计流程利用了 API 建模期间创建的 API 配置文件。由于 API 配置文件已经确定了操作和基本的输入/输出详细信息，因此 RPC API 设计流程是一个快速的 3 步过程。虽然本章提供的示例使用的是 gRPC 和 Protocol Buffers 3，但该流程也适用于其他基于 RPC 的协议，仅需少量修改或无须修改。

8.2.1 步骤 1：确定 RPC 操作

步骤 1 要做的是，将操作列表（包括其描述和请求/响应详细信息）迁移到一个新的表格中，以收集概要设计，如图 8.3 所示。

尽管不是必需的，但是请遵循“动词-资源”这一操作命名模式，例如 listBooks()，这有助于基于 RPC 的 API 更以资源为中心，让那些用过基于 REST 的 API 的人感觉更熟悉。

Operation Name	Description	请求	响应
listBooks( )	List books by category or release date		
searchBooks( )	Search for books by author, title		
viewBook( )	View book details		
viewCart( )	View the current cart and total		
clearCart( )	Remove all books from the customer's cart		
addItemToCart( )	Add a book to the customer's cart		
removeItemFromCart( )	Remove a book from the customer's cart		
getAuthorDetails( )	Retrieve the details of an author		

图 8.3　根据第 6 章中的 API 配置文件示例收集初始 RPC 操作

8.2.2　步骤 2：细化 RPC 操作

步骤 2 要做的是，使用 API 建模期间收集的资源定义和字段来扩展每个操作的请求和响应详细信息。就像本地方法调用一样，大多数 RPC 协议支持字段的参数列表。在这种情况下，要把请求中的输入参数和将在响应中返回的值列出来。

对于使用 Protocol Buffers 的基于 gRPC 的 API，请务必将参数列表纳入消息的定义中。要确保每个请求都有一个相关的消息类型定义，包括每个输入参数。同样，每个响应将返回一个消息、一系列消息或一个错误状态响应。图 8.4 显示了一个完整的 gRPC 设计，包含请求和响应的基本信息细节。

Operation Name	Description	Request	Response
listBooks( )	List books by category or release date	ListBookRequest -categoryId -releaseDate	LiatBookResponse -Book[ ] or google.rpc.Status + ProblemDetails
searchBooks( )	Search for books by author, title	SearchQuery -query	SearchQueryResponse -Book[ ] or google.rpc.Status + ProblemDetails
viewBook( )	View book details	ViewBookRequest -bookId	Book or google.rpc.Status + ProblemDetails
viewCart( )	View the current cart and total	ViewCartRequest -cartId	Cart or google.rpc.Status + ProblemDetails
clearCart( )	Remove all books from the customer's cart	ClearCartRequest -cartId	Cart or google.rpc.Status + ProblemDetails
addItemToCart( )	Add a book to the customer's cart	AddCartItemRequest -cartId -quantity	Cart or google.rpc.Status + ProblemDetails
removeItemFromCart( )	Remove a book from the customer's cart	RemoveCartItemRequest -cartId -cartItemId	Cart or google.rpc.Status + ProblemDetails
getAuthorDetails( )	Retrieve the details of an author	GetAuthorRequest: -authorId	BookAuthor or google.rpc.Status + ProblemDetails

图 8.4　一个完整的 gRPC 设计，包含请求和响应的基本信息细节

对错误响应类型进行标准化是很重要的，这样客户端才能以对齐的方式处理服务器端的错误。对于 gRPC，不妨使用 google.rpc.Status 消息类型，因为它支持内嵌的详细信息对象，并包含客户端可能需要处理的任何其他详细信息。

8.2.3 步骤 3：记录 API 设计

步骤 3 要做的是，使用前两个步骤中的设计详细信息，为基于 RPC 的 API 编写 IDL 文件。对于 gRPC，IDL 文件使用 Protocol Buffers 进行描述。清单 8.2 显示的是基于 gRPC 的购物车 API 的骨架代码，以演示文档化流程。

清单 8.2 购物车 API 的基于 gRPC 的 IDL 文件

```
// Shopping-Cart-API.proto3

service ShoppingCart {
  rpc ListBooks(ListBooksRequest) returns (ListBooksResponse) {}
  rpc SearchBooks(SearchBooksRequest) returns (SearchBooksResponse) {}
  rpc ViewBook(ViewBookRequest) returns (Book) {}
  rpc ViewCart(ViewCartRequest) returns (Cart) {}
  rpc ClearCart(ClearCartRequest) returns (Cart) {}
  rpc AddItemToCart(AddCartItemRequest) returns (Cart) {}
  rpc RemoveItemFromCart(RemoveCartItemRequest) returns (Cart) {}
  rpc GetAuthorDetails() returns (Author) {}
}
message ListBooksRequest {
  string category_id = 1;
  string release_date = 2;
}
message SearchBooksRequest {
  string query = 1;
}
message SearchBooksResponse {
  int32 page_number = 1;
  int32 result_per_page = 2 [default = 10];
  repeated Book books = 3;
}
message ViewBookRequest {
  string book_id = 1; }
message ViewCartRequest {
  string cart_id = 1; }
message ClearCartRequest {
  string cart_id = 1;
```

```
}
message AddCartItemRequest {
  string cart_id = 1;
  string book_id = 2;
  int32 quantity = 3;
}
message RemoveCartItemRequest {
  string cart_id = 1;
  string cart_item_id = 2;
}
message CartItem {
  string cart_item_id = 1;
  Book book =2;
  int32 quantity = 3;
}
message Cart {
  string cart_id = 1;
  repeated CartItem cart_items = 2;
}
```

就这么简单！这个基于RPC的API现在已经有了一个概要设计。现在我们可以添加详细信息以完成API，并使用代码生成器来启动开发和集成工作。我们还建议使用诸如protoc-gen-doc之类的工具来生成人们可读的文档。

记住，由于RPC与代码的紧耦合，许多代码更改将对基于RPC的API设计产生直接影响。换句话说，当代码被更改时，基于RPC的API设计将被替换而不是修改。

注意，大部分工作是在API建模步骤进行的。使用API建模技术作为设计工作的基础，连接客户所需结果的工作很容易被映射到基于RPC的设计中。如果需要其他API样式（例如REST），可以重新应用相同的API建模工作，以实现该API样式的设计工作。

8.3 什么是基于查询的API?

基于查询的API可以提供强大的查询功能和响应构造。它们支持通过各种方式来获取完整的资源表征，如标识符、资源集合分页列表，以及使用简单和高级的过滤表达式来进行资源集合的过滤。大多数基于查询的API样式也支持可变数据，支持完整的基于 CRUD 的生命周期以及自定义操作。

大多数基于查询的 API 样式还提供响应整形（response shaping），使 API 客户端可以指定响应中包含的字段。响应整形还支持资源图的深层和浅层获取。深度获取可以让嵌套的资源与父资源同时被获取，避免客户端上为了重新创建大图而进行多个 API 调用。浅层获取可以防止这种情况发生，以免在响应中发送不必要的数据。响应整形通常用于移动应用程序，与可以在单个屏幕中呈现更多信息的 Web 应用程序相比，此时需要的数据量较少。

8.3.1 了解 OData

比较流行的两种基于查询的 API 样式是 OData 和 GraphQL。OData 是一种基于查询的 API 协议，由 OASIS 进行标准化和管理。它建立在 HTTP 和 JSON 的基础上，并使用基于资源的方式，熟悉 REST 的人对这种方式不会感到陌生。

OData 查询是通过特定的基于资源的 URL 使用 GET 进行的。它还支持超媒体控制，用于跟踪相关资源和数据链接，在创建或更新操作中，使用超媒体链接而不是标识符来表达资源关系。OData 支持自定义操作，该操作可能以超出标准 CRUD 模式的方式改变数据。它还支持函数，用来支持计算。清单 8.3 显示的是使用 OData 查询，通过 GET 来查找位于美国加利福尼亚州旧金山市的机场。

清单 8.3　OData 查询：使用 GET 查找位于旧金山市的机场

```
GET /OData/Airports?$filter=contains(Location/Address, 'San Francisco')

{
   "@odata.context": "/OData/$metadata#Airports",
   "value": [
       {
          "@odata.id": "/OData/Airports('KSFO')",
          "@odata.editLink": "/OData/Airports('KSFO')",
          "IcaoCode": "KSFO",
          "Name": "San Francisco International Airport",
          "IataCode": "SFO",
          "Location": {
              "Address": "South McDonnell Road, San Francisco, CA 94128",
              "City": {
                  "CountryRegion": "United States",
                  "Name": "San Francisco",
                  "Region": "California"
```

```
                    },
                    "Loc": {
                        "type": "Point",
                        "coordinates": [
                            -122.374722222222,
                            37.6188888888889
                        ],
                        "crs": {
                            "type": "name",
                            "properties": {
                                "name": "EPSG:4326"
                            }
                        }
                    }
                }
            }
        ]
    }
```

一些开发者发现，对简单的 API 来说，采用 OData 规范过于复杂。但是，将基于 REST 的 API 设计与强大的查询选项相结合，使 OData 成为大型 API 产品和平台的热门选择。

OData 得到了 Microsoft、SAP 和 Dell 等公司的大量支持和投资。Microsoft Graph API[①]就是一个 OData 的优秀范例，它将 Office 365 平台统一在单一的 API 下，展示了如何构建以数据为中心的基于 REST 的 API，并具有高级查询支持。

8.3.2 探索 GraphQL

GraphQL 是一种基于 RPC 的 API 样式，支持数据的查询和突变。该规范是在 2012 年由 Facebook（已更名为 Meta）内部开发的，后于 2015 年公开发布。GraphQL 最初旨在克服支持网络和移动客户端的挑战，这些客户端需要通过 API 在不同的粒度级别获取数据，并且可以选择检索深度嵌套的图结构。随着时间的推移，GraphQL 已成为前端开发者的主流选择——他们需要把后端数据存储与单页面应用程序（Single-Page Application，SPA）和移动应用程序连接起来。

所有 GraphQL 操作通过单一的 HTTP URL 来进行 POST 或 GET 请求。请求使用 GraphQL 查询语言在单个请求中指定所需字段和任何嵌套资源的响应。突变支持修

① Microsoft, “Overview of Microsoft Graph,” June 22, 2021.

改数据或执行计算逻辑，并使用类似查询的语言来表达数据输入，以进行修改或计算请求。所有资源结构被定义在一个或多个架构文件中，以确保客户端可以在设计时或运行时对资源进行内部检查。清单 8.4 显示的是一个 GraphQL 查询的示例。

清单 8.4　通过 IATA 代码获取机场（位于旧金山市）的 GraphQL 查询

```
POST /graphql

{
  airports(iataCode : "SFO")
}

{
  "data": {
    {
      "Name": "San Francisco International Airport",
      "iataCode": "SFO",
      "Location": {
        "Address": "South McDonnell Road, San Francisco, CA 94128",
        "City": {
          "CountryRegion": "United States",
          "Name": "San Francisco",
          "Region": "California"
        },
        "Loc": {
          "type": "Point",
          "coordinates": [
            -122.374722222222,
            37.6188888888889
          ]
        }
      }
    }
  }
}
```

GraphQL 不仅在前端开发者中很受欢迎，也受到了企业的青睐，因为它可以将多个 REST API 拼接成单一的基于查询的 API。它还有助于与现有基于 REST 的 API 一起开发仅可查询的报表 API，为 API 平台提供一个最佳方式。

关于 GraphQL 的挑战多集中在它选择通过单一端点进行请求，而不是利用 HTTP 的全部功能，这使得它无法使用 HTTP 内容协商来支持 JSON 以外的多种媒体类型。GraphQL 也不支持使用 HTTP 条件标头提供的并发控制和乐观锁定。基于 SOAP 的服务也面临类似的挑战，SOAP 的设计是为了跨越多种协议，包括 HTTP、简单邮件传送协议（Simple Mail Transfer Protocol，SMTP）和基于 Java 消息服务（Java Message Service，JMS）的消息代理。

实施授权也是一个挑战，因为传统 API 网关希望通过 URL 来强制执行访问控制，但对单一的 GraphQL 操作来说，这种方式受到了限制。不过，一些 API 网关正在扩展其功能，包括围绕基于 GraphQL 的查询和突变的授权执行。同样，通常与路径和 HTTP 方法的组合相关的速率限制也需要被重新考虑，以适应这种新的交互样式。

8.4 基于查询的 API 设计流程

设计基于查询的 API 的流程与其他 API 设计样式（如 RPC 和 REST）的流程类似。主要区别在于，需要先设计资源和图结构。为了演示这个流程，我们根据第 6 章所示的 API 建模工作设计了一个基于 GraphQL 的 API。

8.4.1 步骤 1：设计资源和图结构

就基于查询的 API 而言，第一个也是最重要的步骤是设计所有资源和图结构。如果第 6 章中概述的 API 建模工作完成了，就意味着资源和图结构设计好了。如果 API 建模工作还没有完成，请先完成 API 建模工作。图 8.5 和图 8.6 所示重新审视了第 6 章中为书店示例确定的资源和关系。

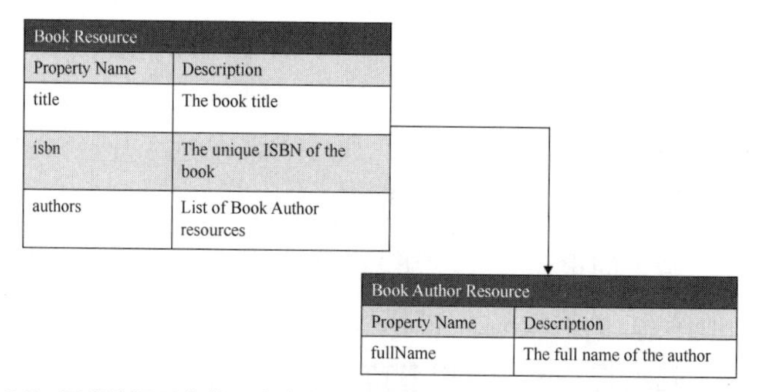

图 8.5　图书资源是在第 6 章中建模的购物车 API 需要支持的第一个顶级资源

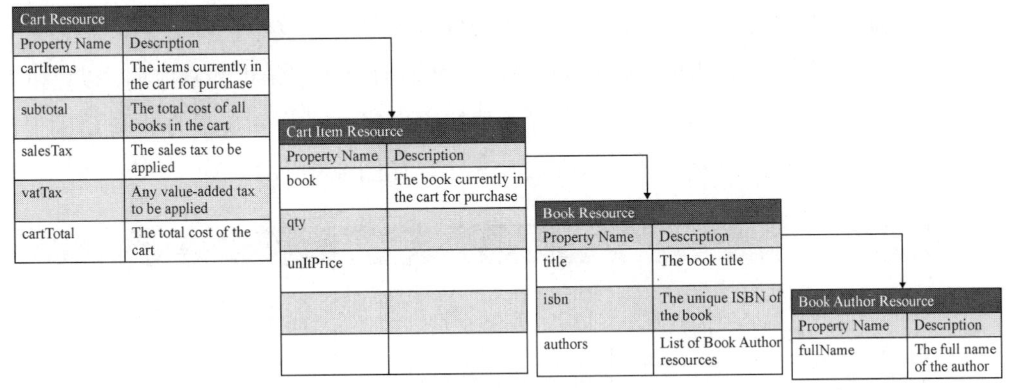

图 8.6　购物车资源是在第 6 章中建模的购物车 API 需要支持的第二个顶级资源

一旦确定了所有顶级资源以及相关资源，团队就可以执行步骤 2，即设计查询和突变操作。

8.4.2　步骤 2：设计查询和突变操作

步骤 2 要做的是，在第 6 章中的 API 建模期间迁移 API 配置文件中收集的所有操作。API 配置文件收集了每个操作，并包括安全、幂等或不安全的安全性分类。将每个标记为安全的操作分类为查询，标记为幂等或不安全的操作分类为突变。对于购物车 API，既有查询操作也有突变操作，如图 8.7 所示。

Operation Type	Operation Name	Description	Request	Response
Query	listBooks( )	List books by category or release date		
Query	searchBooks( )	Search for books by author, title		
Query	viewBook( )	View book details		
Query	viewCart( )	View the current cart and total		
Mutation	clearCart( )	Remove all books from the customer's cart		
Mutation	addItemToCart( )	Add a book to the customer's cart		
Mutation	removeItemFromCart( )	Remove a book from the customer's cart		
Query	getAuthorDetails( )	Retrieve the details of an author		

图 8.7　将在第 6 章中建模的购物车 API 配置文件迁移到一个表中，有助于设计基于查询的 API

如果所选的协议仅支持查询操作，就必须使用其他 API 样式来处理突变操作。

GraphQL 同时支持两者，因此设计可以在同一 API 定义中包括查询和突变操作。

一旦收集了基本的操作详细信息，API 就可以扩展请求和响应列，以提供有关输入值和输出值的更多细节。这些输入值和输出值已经在第 6 章的 API 建模工作中确定了。将这些值迁移到新的 API 设计表中，如图 8.8 所示。

Operation Type	Operation Name	Description	Request	Response

Query	listBooks( )	List books by category or release date	query {
			 Book (categoryId, releaseDate) {
			 …
			 }
			}
				Book[ ]

Query	searchBooks( )	Search for books by author, title	query {
			 Book (searchQuery) {
			 …
			 }
			}
				Book[ ]

Query	viewBook( )	View book details	query {
			 book(bookId) {
			 …
			 }
			}
				Book

Query	viewCart( )	View the current cart and total	query {
			 cart(cartId) {
			 …
			 }
			}
				Cart

Mutation	clearCart( )	Remove all books from the customer's cart	mutation clearCart {
			 cartId
			}
				Cart

Mutation	addItemToCart( )	Add a book to the customer's cart	mutation addItemToCart {
			 cartId
			 bookId
			quantity
			}
				Cart

Mutation	removeItemFromCart( )	Remove a book from the customer's cart	mutation removeItemFromCart {
			 cartId
			 cartItemId
			}
				Cart

Query	getAuthorDetails( )	Retrieve the details of an author	query {
			 BookAuthor (authorId) {
			 …
			 }
			}
				BookAuthor

图 8.8　购物车 GraphQL API 设计已得到扩展，增加了有关查询和突变操作的其他详细信息

8.4.3　步骤 3：记录 API 设计

最后，使用所选协议的首选格式记录 API 设计。对 GraphQL 来说，使用一个架构来定义可用的查询和突变操作，如清单 8.5 所示。

清单 8.5　购物车 API 被收集为 GraphQL 架构

```
# API Name: "Bookstore Shopping API Example"
#
```

```
# The Bookstore Example REST-based API supports the shopping experience of
an online bookstore. The API includes the following capabilities and operat
ions...
#

type Query {
    listBooks(input: ListBooksInput!): BooksResponse!
    searchBooks(input: SearchBooksInput!): BooksResponse!
    viewBook(input: GetBookInput!): BookSummary!
    getCart(input: GetCartInput!): Cart!
    getAuthorDetails(input: GetAuthorDetailsInput!): BookAuthor!
}
type Mutation {
    clearCart(): Cart
    addItemToCart(input: AddCartItemInput!): Cart
    removeItemFromCart(input: RemoveCartItemInput!): Cart
}
type BooksResponse {
    books: [BookSummary!]
}
type BookSummary {
    bookId: String
    isbn: String!
    title: String!
    authors: [BookAuthor!]
}
type BookAuthor {
    authorId: String!
    fullName: String!
}
type Cart {
    cartId: String!
    cartItems: [CartItem!]
}
type CartItem {
    cartItemId: String!
    bookId: String!
    quantity: Int!
} input ListBooksInput {
    offset: Int!
    limit: Int!
}
input SearchBooksInput {
    q: String!
    offset: Int!
```

```
    limit: Int!
}
input GetAuthorDetailsInput {
    authorId: String!
}
input AddCartItemInput {
    cartId: String!
    bookId: String!
    quantity: Int!
}
input RemoveCartItemInput {
    cartId: String!
    cartItemId: String!
}
```

我们建议使用诸如 graphql-docs 之类的工具生成可读的文档。请务必用 GraphQL Playground 提供一个交互式界面，使开发者在编写集成代码之前能直接在浏览器中测试请求。

本章提供的所有示例均基于 GitHub 上提供的 API Workshop 示例。

8.5 小结

REST 并不是唯一可用的 API 样式。基于 RPC 和基于查询的 API 提供了其他的交互方式，可帮助开发者快速与 API 产品或平台集成。团队也可以将其与基于 REST 的 API 结合使用，为报表以及快速代码生成选项提供强大的查询操作。

虽然每种 API 样式的设计流程略有不同，但是所有样式都建立在将业务、客户和开发者的需求相统一的投资之上。设计流程的下一步是确定是否有一个或多个异步的 API 可使 API 消费者受益。对于这个话题，我们将在第 9 章中详细讨论。

第 9 章　用于事件和流的异步 API

安全的关键在于封装。可扩展性的关键在于消息传递的实际完成方式。

——Alan Kay

围绕基于 Web 的 API 的大多数讨论集中在基于 REST、基于查询和基于 RPC 的 API 所共有的同步请求/响应交互方式上。对于开发者和 HTTP 经验不多的非开发者，这些都是易于理解的。

但是，同步 API 有其局限性。API 服务器无法通知有关各方资源表征的变化，也无法通知多方之间的工作流程时间安排。客户如果要接收任何通知，都要启动与 API 服务器的交互。

异步 API 充分发挥数字产品或平台的全部潜力，从而将 API 对话从客户端扩展到服务器端，使客户可以对事件做出反应，而不是启动一个对话。团队可以基于单一类型的事件通知来构建新功能。所有这些可以在拥有 API 的团队不参与的情况下完成。

将异步 API 设计作为整个 API 设计工作的一部分，便于团队基于通知或数据流制订新的解决方案。但要充分发挥异步 API 的全部潜力，还需要考虑一些因素。在本章中，我们将介绍有关设计异步 API 的一些挑战和设计模式，还将演示如何在 API 建模步骤的基础上设计和记录异步 API（见图 9.1）。

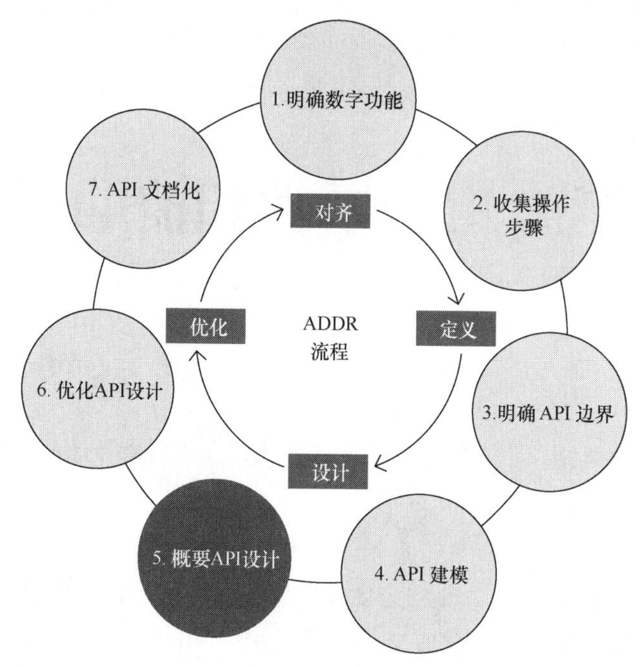

图 9.1 设计阶段为 API 样式提供了几种选择，本章介绍的是异步 API 设计

9.1 API 轮询的问题

如果 API 客户端希望知道什么时候有新数据，就必须定期检查服务器，以查看是否有任何新资源被添加或现有资源被修改，这种模式称为 API 轮询（API polling）。对需要了解新资源或现有资源修改情况的客户端来说，是一个常见的解决方案。

API 轮询很灵活，可以由客户端在使用请求/响应样式的任何 API 之上实现。但是，API 轮询并不是理想的解决方案。开发检测和跟踪修改所需的逻辑代码是复杂的、不经济的，并且可能导致用户体验不佳。API 客户端必须将 GET 请求发送到资源集合，以获取最新的资源列表，将该列表与 API 客户端检索的最后一个列表加以比较，以确定是否有任何新内容被添加。有些 API 提供了一个操作，即根据自上次请求以来的时间戳来提供最新的更改，但这需要 API 客户端继续执行 API 轮询以确定什么时候进行了更改。

但是，许多开发者被迫构建 API 轮询代码，以不断检查服务器端状态的变化。

构建轮询代码给开发者带来了额外的挑战，如下所示。

- API 以默认的、非最佳的排序（例如，从最旧的到最新的）发送响应。然后消费者必须请求所有条目，以找出是否有新的内容，通常客户端会保留一个 ID 列表，以通过对比来确定哪些条目是新的。
- 速率限制可能会阻碍按所需的时间间隔提出请求（以便及时检查变化）。
- API 提供的数据没有提供足够的详细信息，导致客户端难以确定是否发生了特定的事件，例如资源修改。

理想的情况是让服务器将关于新数据或最近事件的信息通知给所有相关的 API 消费者。但是，对于 HTTP 这种常见的传统请求/响应 API 样式，这是不可能的，因为 API 客户端必须在 API 服务器端传达任何更改之前提交请求。

异步 API 有助于解决上述问题。当服务器上的某些内容发生变化时，并不是由 API 客户端不断进行轮询和实施变更检测规则，而是由服务器向相关的 API 客户端发送异步推送通知。与传统的植根于 HTTP 请求/响应的基于 Web 的 API 相比，这开辟了一系列全新的可能性。

9.2 异步 API 创造新的可能性

如第 1 章中所讨论的，一般来说，API 通过 HTTP 为数据和行为提供接口，以交付数字功能，例如客户资料搜索、客户注册以及将某个客户资料添加到某个账户。团队需要汇总这些数字功能，以创建 API 产品和 API 平台，从而使企业内部以及合作伙伴和客户之间的业务单元能够创建新的成果。

异步 API 也是一种数字功能。它超越了传统的基于 REST 的 API，为数字业务开辟了以下新的可能性。

- **对业务事件做出实时反应**：解决方案可以在内部状态变化和关键业务事件发生时做出反应。
- **使用消息流扩展解决方案的价值**：让现有解决方案和 API 释放额外的价值。新的机会出现了，可以利用内部事件，将其与 API 提供的功能一起呈现出来。新的解决方案是通过事件驱动的交互样式建立在现有 API 之上的。

- **提高API效率**：不再需要持续的API轮询来检查状态变化。将状态变更事件推送给感兴趣的人，减少支持API所需的资源，从而降低基础设施成本。

> **案例研究：GitHub Webhooks创建了一个新的CI/CD市场**
>
> GitHub Webhooks可以在将新代码推到GitHub托管存储库时通知团队。尽管Git支持编写脚本来处理源代码存储库中的此类事件，但GitHub是最早将这些基于脚本的"钩子"变成Webhooks的供应商之一。所有在GitHub上托管代码的个人或组织都可以通过基于HTTP的POST请求，在有新的代码可用时得到通知，并触发新的构建流程。
>
> 随着时间的推移，以前仅限于本地安装的CI/CD工具现在可以通过SaaS的模式来提供。这些解决方案会被授予相关的权限，以接收基于Webhooks的通知，并启动新的构建流程。
>
> 这种异步API通知最终创造了整个托管CI/CD工具的SaaS市场，这就是异步API的威力。

在充分发挥异步API的全部潜力之前，了解消息传递的基础知识很重要。

9.3　回顾消息传递的基础知识

消息包含生产者发布给接收者的数据。接收者可以是一个本地函数或方法、同一主机上的另一个进程、远程服务器上的一个进程或中间件，如一个消息代理。

常见的消息分为3种类型：命令消息、回复消息和事件消息。

- **命令消息**：请求立即或在将来完成工作。命令消息通常是强制性的，如CreateOrder、RegisterPayment等。命令消息有时也称为请求消息。
- **回复消息**：提供命令消息的结果。回复消息通常会添加后缀Result或Reply，以区别于对应的命令，如CreateOrderReply、RegisterPaymentResult等。回复消息又称为响应消息。并非所有命令消息都会产生回复消息。

- **事件消息**：告诉接收者过去发生的事情。很多事件名称使用过去时态来表示行动已然发生，如 OrderCreated、PaymentSubmitted 等。事件消息通常在业务事件发生、工作流程状态改变或数据被创建或修改时使用。

消息是不可变的

重要的是，要注意消息是不可变的。消息一旦得以发布，就不能被修改。因此，需要修改的消息必须作为新消息重新发布。如果有必要，请添加相关的标识符，将新消息映射到原始消息。

图 9.2 所示为上述 3 种消息及其提供的上下文的示例。

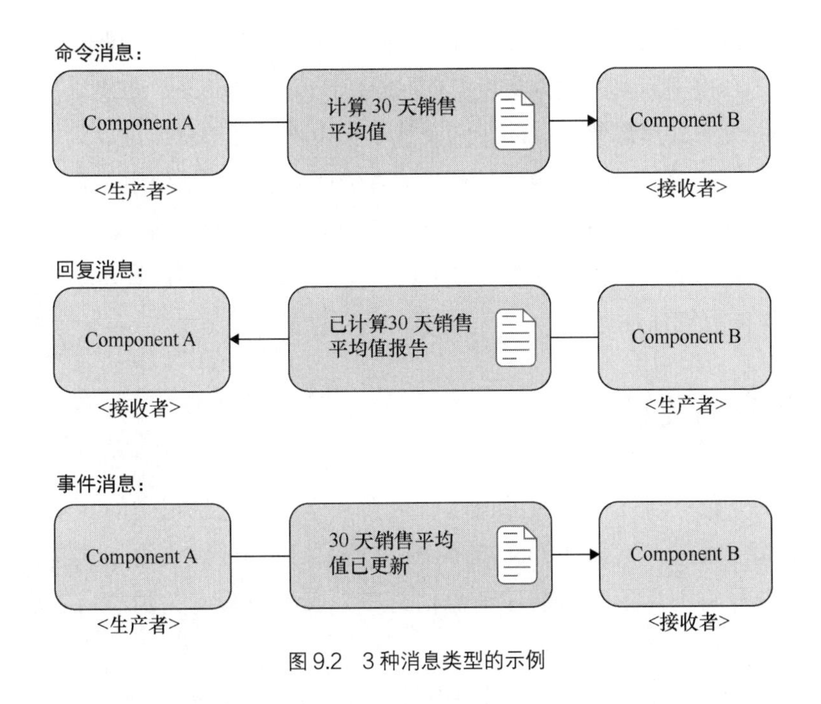

图 9.2 3 种消息类型的示例

9.3.1 消息传递的样式和位置

应用程序或服务可以选择一种或多种消息传递的样式，如下所示。

- **同步消息传递**：生产者发送消息，等待接收者处理并回复。

- **异步消息传递**：可以让生产者和接收者在自己的时间内运行，而不是彼此等待。生产者将消息发送给接收者，但接收者可能无法立即予以处理。生产者可以在等待接收者的回复时，自由执行其他任务。此外，它们可能会在不同位置交换消息。
- **本地消息传递**：假设在同一进程中发送和接收消息，那么编程语言和托管主机将是相同的。SmallTalk 编程语言就是为了支持对象之间的消息发送和接收而出现的。基于 Actor 的框架，例如 Vlingo，也支持这种消息传递。有一个“邮箱”位于产生消息的代码和将处理消息的代码之间。消费者代码会尽快处理每条消息，有时会使用线程或专用 CPU 内核来并行处理多个消息。
- **进程间消息传递**：在不同的进程之间传递消息，但在同一主机上，例如 UNIX 套接字和动态数据交换（Dynamic Data Exchange，DDE）。
- **分布式消息传递**：涉及两个或多个主机进行消息传递。消息通过网络使用所需的协议进行传输。分布式消息传递的示例包括使用 AMQP、MQTT、基于 SOAP 的 Web 服务、基于 REST 的 API 的消息代理。

同步和异步消息传递样式的组合，以及消息传递的位置，决定了基于消息的解决方案的可能性。

9.3.2 消息的要素

出现有关消息设计的讨论时，大多数是有关消息正文的。消息正文通常采用结构化的格式（例如 JSON 或 XML），但二进制或纯文本格式也是有效的。有些企业选择将消息正文封装在消息信封中，其中包含有关消息内容和消息发布者的有用元数据。

但是，消息的内容不仅仅是消息正文。消息还可能包括传输协议语义。有些网络协议，如 HTTP、MQTT 和 AMQP，包含了消息标头等细节，其中包括创建时间戳、生存时间（Time To Live，TTL）、优先级/服务质量等。消息如果没有包含所有必要的信息——足以通过协议处理消息，就不是充分描述的。图 9.3 所示为一个 REST API 示例，显示了 API 客户端和 API 服务器端之间为基于 REST 的 API 交换的每个消息的要素。

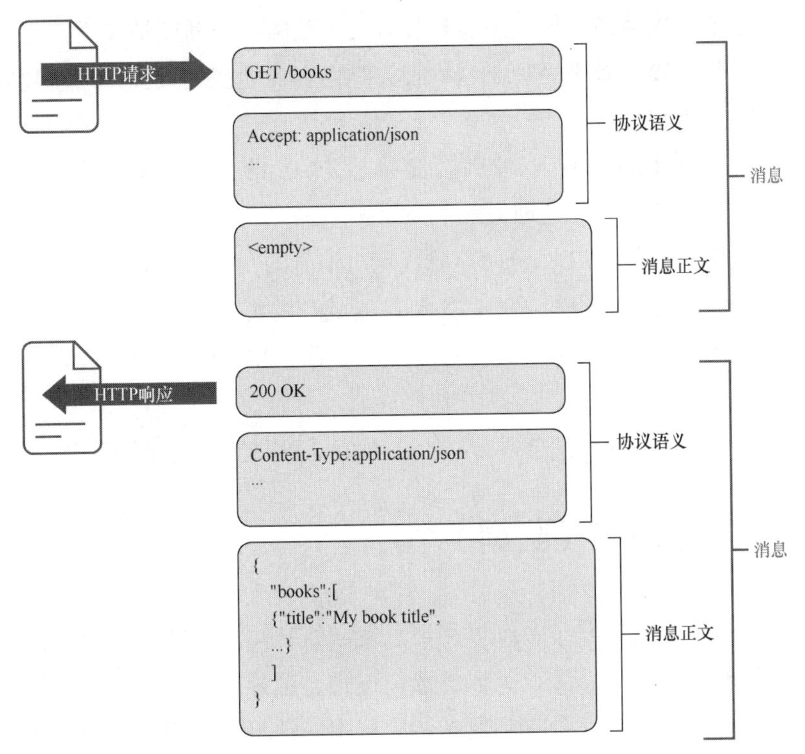

图 9.3　一个 REST API 示例，显示了 API 客户端和 API 服务器端之间的请求消息和响应消息的要素

9.3.3　了解消息代理

消息代理充当生产者和接收者之间的“中间人”，这是一种松耦合设计，生产者只感知消息代理，而不感知最终接收消息的组件。

消息代理的示例包括 RabbitMQ、ActiveMQ 和 Jmqtt 等。消息代理还提供以下附加功能。

- **事务边界**：确保消息只有在事务提交后才被发布或标记为已交付。
- **持久订阅**：在分发到消息接收者之前存储消息。若消息无法交付，也许是因为消息接收者处于离线状态，会以客户端的名义将之存储，直到客户端重新连接（存储和转发模式）。
- **客户端确认模式**：规定了客户端如何确认收到消息，以在平衡性能和故障恢复方面提供灵活性。消息在以下情况下被认为是成功分发的：要么在交付时自动派发，要么在客户端确认该消息被成功处理。

- **消息处理故障**：在原始消息接收者发生故障或中断的情况下，通过将消息分配给其他接收者来处理。这种行为是由客户端在连接到代理时建立的客户确认模式控制的。
- **死信队列（DLQ）**：存储因接收者无法恢复的错误而无法处理的消息。可以自动或手动审查和处理失败的消息传递。
- **消息优先级和 TTL**：协助消息代理对消息的交付进行优先级排序，如果超过特定的时间段而没有处理，则删除未处理的消息。
- **基于标准的连接**：通过 AMQP，以及通过 JMS 和其他语言绑定的 Java 优化协议实现。

消息代理提供两种消息分发方法：点对点消息分发和扇出消息分发。

9.3.4 点对点消息分发（队列）

点对点消息分发让发布者可以将消息发送给从注册订阅者池中选择的单一订阅者。消息代理负责通过循环或类似的选择过程，选择对接收已发布消息的订阅者进行处理。只有一个订阅者会收到发布到队列中的消息。如果订阅者未能在给定的超时时间内处理消息，那么消息代理会选择一个新的订阅者来处理消息。图 9.4 所示为一个点对点队列的示例。

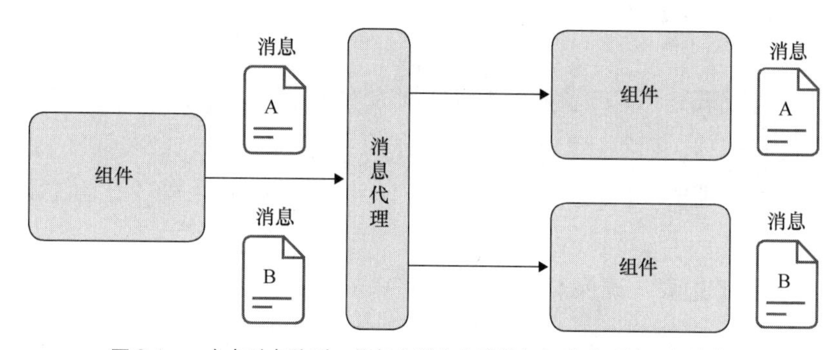

图 9.4 一个点对点队列：将每个消息分配给订阅该队列的一个接收者

点对点队列对于发布命令消息很有用，这些消息一次只能让一个消费者处理，以确保一致性和可预测性，可避免重复的消息处理。这是后台作业处理的一种常见模式，其中每个作业应仅由一个工作池处理一次。

9.3.5 扇出消息分发（主题）

扇出消息分发可以将发布给一个主题的每个消息分发给当前注册的每个订阅者（见图 9.5）。代理不关心所有或部分订阅者是否处理了该消息。与点对点消息分发不同，在这种方法中，一条消息将被所有订阅者处理。

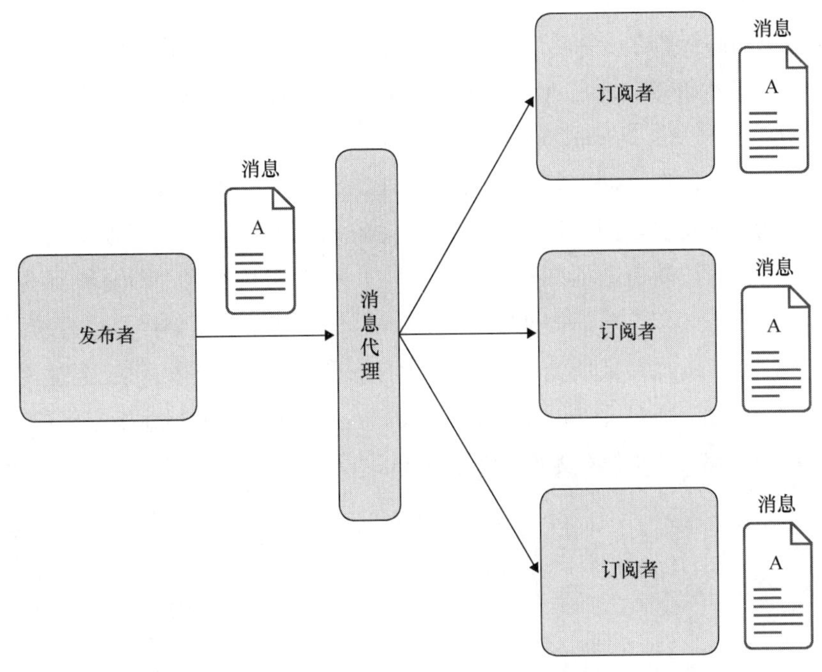

图 9.5 扇出消息分发，将每条消息分发给所有订阅的消息接收者

所有主题订阅者将收到每个已发布消息的副本。这种分发方法支持对每个已发布的事件消息进行独立或并行的处理逻辑。订阅者不知道彼此的存在，也不知道发布者的存在，只知道有新的消息发送过来了，需要对其进行处理。

关于消息代理术语的说明

本章中使用的术语“队列”（queue）和“主题”（topic）在有关分布式消息传递的资源中很常见。有些供应商，如 RabbitMQ，为主题提供了更多不同的选项。选项范围从一般的消息广播（称为 fanout）到选择性的广播（称为 topic）。请务必仔细阅读供应商文档，以了解供应商为达到所需目标而偏好的术语。

9.3.6 消息流基础知识

消息代理通常是事务性的，旨在管理持久性订阅的状态，以从离线接收者的故障中恢复。虽然这对许多应用程序和集成解决方案有用，但事务性支持和其他特点限制了传统消息代理的可扩展性。

消息流建立在消息代理几十年的知识积累之上，但会将一些职责从服务器端转移出来，同时添加新的功能，以解决当今复杂的数据和消息传递需求。它使用扇出消息分发方法将新消息向一个或多个订阅者推送，就像消息代理的主题一样。流服务器的示例包括 Apache Kafka、Apache Pulsar 和 Amazon Kinesis 等。

与消息代理不同，订阅者可以在任何时候从主题的可用消息历史中请求消息，因此可以重新发送消息或简单地接续之前的处理。与消息代理不同，大多数流服务器将状态管理从服务器端转移到客户端，客户端负责跟踪最后看到的消息。错误恢复也被推送到客户端，迫使客户端在最后一个已知消息处恢复处理消息。

对这种交互样式的支持是通过将消息管理从传统的队列或主题转换为仅附加日志来实现的。这些日志可能存储所有消息，也可能有限制地指定保留期的消息历史。图 9.6 所示为由两个消费者消费的分布式日志的主题流。

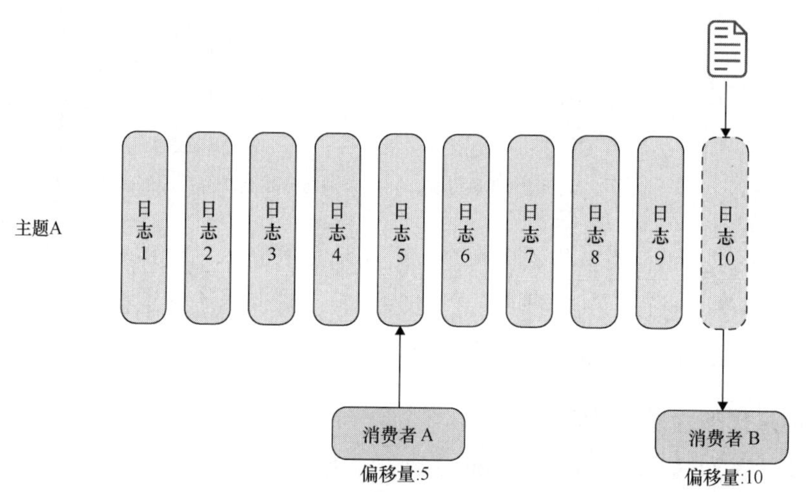

图 9.6 一个由分布式日志组成的主题流，由两个不同的消费者消费，它们用两个不同的偏移量来反映其当前的消息

由于能够指定从预期起始点的偏移量，客户端可以使用消息代理不可能实现的

解决方案来处理新类型的问题，如下所示。

- 由于消息流服务器的高可扩展性和低延迟设计，一旦从其他系统或第三方收到传入数据，就可以立即实现接近实时的数据处理和数据分析。
- 在将新代码推向生产环境之前，用历史消息来验证代码更改的结果。
- 对历史消息执行实验性数据分析。
- 不再需要订阅所有消息代理队列和主题，存储由消息代理处理的所有消息，以进行审计。
- 将数据推入“数据仓库”或“数据湖”，以供其他系统使用，而不需要传统的提取-转换-加载（Extract-Transform-Load，ETL）流程。

消息流的高可扩展性使得数据的管理和共享方式发生了转变。每个新的或修改的数据事件消息会被推送到一个主题流，而不是共享对数据存储的访问或复制数据存储。随后，任何消费者都可以处理数据更改，包括将其存储在本地以用于缓存或做进一步分析。

> 在如下情况下，消息流可能不是最好的选择。
>
> - **重复的消息处理**：订阅者必须跟踪重复的消息在流中的当前位置，进而加以处理。如果在发生故障之前无法存储当前位置，就可能出现这种情况。
> - **消息过滤**：消息代理支持根据特定的值在队列或主题上过滤消息。消息流不支持这种“开箱即用”的过滤，而是要求接收者处理给定偏移量的所有消息，或应用第三方解决方案，如 Apache Spark。
> - **授权是受限的**：因为消息流相对较新，对如今的解决方案来说，细粒度的授权控制和过滤是受限的或不存在的。请先确保验证所选供应商满足授权需求。已经有些解决方案将流与 REST 连接起来，这或许可以让 API 网关采用更严格的授权策略。

9.4 异步 API 样式

异步 API 是一种 API 交互样式，服务器可以在事情发生变化时通知消费者。有多种 API 样式支持异步 API：Webhooks、服务器发送事件（Server-Sent Events，SSE）和 WebSocket 是最常见的。

9.4.1 使用 Webhooks 的服务器通知

Webhooks 可以让 API 服务器在事件发生时向其他相关服务器发布通知。与传统的回调（在同一代码库中发生）不同，Webhooks 在网络上使用 HTTP POST。Jeff Lindsay[①]于 2007 年创造了“Webhooks”一词。之后，REST Hooks 模式被开发出来，提供了一种标准的管理方式，可用于管理和保护 Webhooks 订阅和通知。

API 服务器向希望接收回调的系统提供的 URL 发送 POST 请求，就会触发 Webhooks。例如，感兴趣的订阅者可以在他们提供的特定 URL 上注册接收新任务事件通知，例如 https://myapp/callbacks/new-tasks。随后，API 服务器向每个订阅者的回调 URL 发送一个 POST 请求，其中包含事件的详细信息。完整流程如图 9.7 所示。

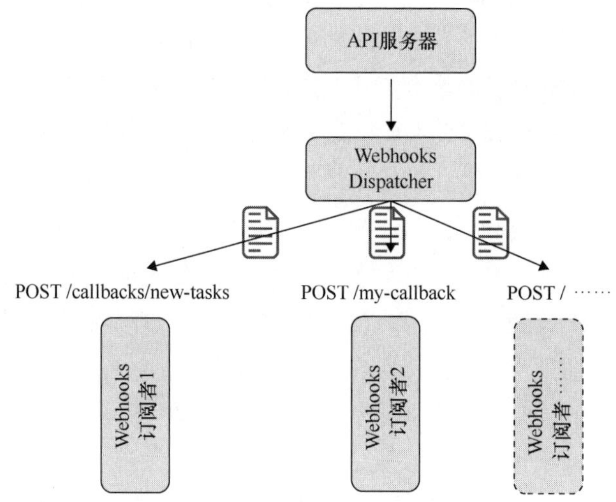

图 9.7 一个 API 服务器的 Webhooks 调度程序，向每个希望使用 HTTP POST 接收回调的注册 URL 发送一个消息

Webhooks 必须能够被 API 服务器通过网络访问，并且必须能够托管自己的 API 服务器以接收 POST 请求。因此，Webhooks 非常适合系统之间的服务器到服务器的通信，但不适用于浏览器和移动应用程序。

① Jeff Lindsay, “Webhooks to Revolutionize the Web” (blog), Wayback Machine, 2007.

有效地实施 Webhooks

Webhooks 需要考虑各种因素，包括处理发送失败，确保客户端和服务器端的通信安全，以及需要太长时间确认通知的回调。与有效实施 Webhooks 服务器有关的提示，请参阅 REST Hooks 文档。

9.4.2 使用服务器发送事件的服务器推送

SSE 基于 EventSource 浏览器接口，由 W3C 标准化为 HTML5 的一部分。SSE 定义了使用 HTTP 支持更长寿命的连接，以支持服务器将数据推回给客户端。这些传入消息包含对客户端有用的事件的详细信息。

SSE 是一个简单的解决方案，支持服务器推送通知，同时避免了 API 轮询的挑战。尽管 SSE 最初被设计为支持向浏览器推送数据，但是正成为向浏览器和服务器端订阅者混合推送数据的一种更流行的方式。

SSE 使用标准的 HTTP 连接，但可以在较长的时间内保持连接，而不是立即断开连接。当连接可用时，SSE 允许 API 服务器端向客户端推送数据。

该规范为返回数据的格式列出了一些选项，可以使用事件名称、注释、单行或多行文本数据以及事件标识符。

订阅者使用 text/event-stream 的媒体类型向 SSE 操作提交 GET 请求（见图 9.8）。因此，现有的操作能够同时使用 JSON、XML 的标准请求/响应交互，以及使用内容协商支持的其他媒体类型。有兴趣使用 SSE 的客户端可以通过在 Accept 请求头中指定 SSE 媒体类型，而不是 JSON 或 XML 来做到这一点。

一旦连接后，服务器端就会推送新事件，并由换行符分隔。即便由于某些原因丢失了连接，客户端可以重新连接以开始接收新事件。客户端可以提供 Last-Event-ID 请求头，以恢复自客户端看到最后一个事件 ID 以来错过的任何事件。这对于故障恢复是很有用的。

数据字段的格式可以是任何基于文本的内容，从简单的数据点到单行的 JSON 有效载荷，也可以使用多个带有 data 前缀的行。

SSE 适用于以下几种情况。

- 向浏览器或移动应用程序等前端应用发出状态变化通知，使用户界面与最新的服务器端状态保持同步。

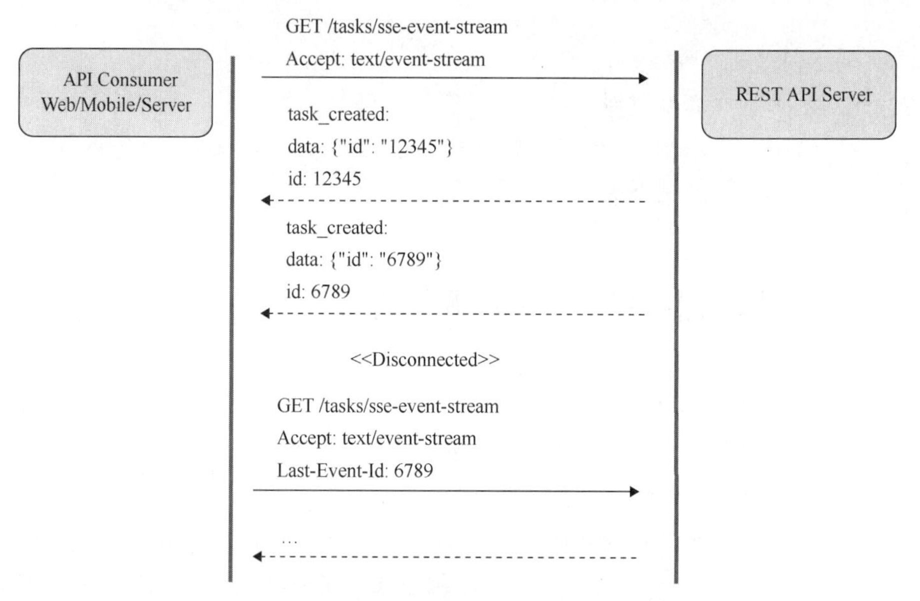

图 9.8 使用 SSE，API 服务器可以通过长时间的连接将事件推送到客户端。可以使用 Last-Event-ID 请求头来恢复连接

- 通过 HTTP 接收业务事件，而无须访问内部消息代理或流平台，如 RabbitMQ 或 Kafka。
- 通过流式传输长期运行的查询或复杂的聚合结果，使客户能够逐步处理数据，而不是一次全部处理。

SSE 可能不适用于以下几种情况。

- API 网关无法处理长期运行的连接，或有一个短暂的超时期（例如，少于 30s）。虽然这不是什么大问题，但它会要求客户端更频繁地重新连接。
- 一些浏览器不支持 SSE。有关更多信息，请参阅 Mozilla 的兼容浏览器列表[①]。
- 客户端和服务器端之间需要双向通信。在这种情况下，WebSocket 协议可能是更好的选择，因为 SSE 只是服务器推送。

W3C 的 SSE 规范易于阅读，并提供了其他的规范和示例。

9.4.3 通过 WebSocket 的双向通知

WebSocket 支持在使用 HTTP 启动的单个传输控制协议（Transmission Control

① MDN Web Docs, “Server-Sent Events,” last modified 2021.

Protocol，TCP）连接中，对一个名为 subprotocol（子协议）的全双工协议隧道化。因为它是全双工的，所以 API 客户端和服务器端之间的双向通信成为可能。客户端可以通过 WebSocket 连接向服务器端推送请求，而服务器端能够将事件和响应推送回客户端。

WebSocket 是一个标准化协议，由互联网工程任务组（Internet Engineering Task Force，IETF）以 RFC 6455①的形式进行维护。大多数浏览器支持 WebSocket，因此在浏览器到服务器、服务器到浏览器和服务器到服务器等场景，比较容易使用。由于 WebSocket 连接通过 HTTP 连接隧道，因此它还可以克服某些企业中的代理限制。

需要记住的一个重要因素是，尽管 WebSocket 使用 HTTP 来启动连接，但它的行为与 HTTP 不同——必须选择一个子协议。在互联网数字分配机构（Internet Assigned Numbers Authority，IANA）②正式注册的子协议有很多。WebSocket 支持文本和二进制格式的子协议。图 9.9 所示为一个使用纯文本子协议的 WebSocket 交互示例。

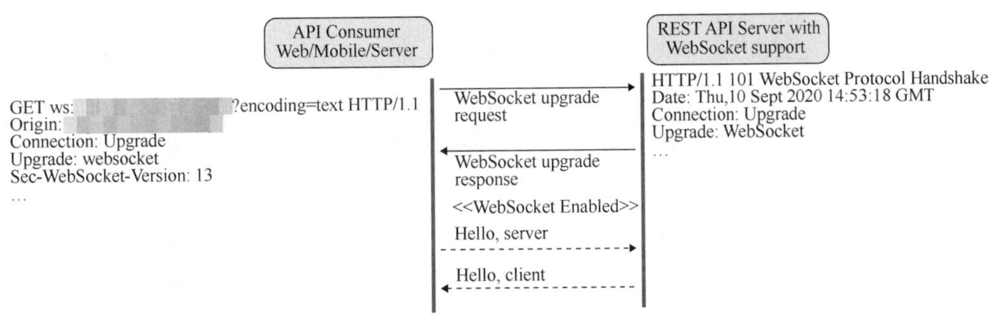

图 9.9 一个 API 客户端和服务器之间的交互示例，使用 WebSocket 和纯文本子协议创建一个聊天应用程序

WebSocket 的实现更为复杂，但支持双向通信。这意味着它可以让客户端将数据发送到服务器端，并使用相同的连接接收从服务器端推送的数据。尽管 SSE 更易于实现，但客户端无法在同一连接上发送请求，因此当需要完整的全双工通信时，WebSocket 是更好的选择。在选择异步 API 样式时，请牢记这一点。

9.4.4 gRPC 流

TCP 针对长寿命的双向通信进行了优化。HTTP/1.1 是建立在 TCP 之上的，但需要多个连接来让客户端实现并发。尽管这种多连接的要求很容易实现负载均衡，也很容易扩展，但它对性能有相当大的影响，因为每个连接都需要建立一个新的 TCP 套

① Internet Engineering Task Force (IETF), The WebSocket Protocol (Request for Comments 6455, 2011).
② Internet Assigned Numbers Authority (IANA), WebSocket Protocol Registries, last modified 2021.

接字连接和协议。

HTTP/2 是一个新的标准，建立在 Google 的 SPDY 协议的工作上，以优化 HTTP/1.1 的部分内容。部分优化内容包括请求和响应多路复用。在响应多路复用中，HTTP/2 连接被用于一个或多个同时的请求，从而避免了为每个请求创建新连接的开销，类似于 HTTP/1.1 支持 keep-alive 连接的方式。但是，HTTP/2 多路复用可以一次性发送所有请求，而不是按顺序使用 keep-alive 连接。

此外，HTTP/2 服务器可以将资源推送到客户端，而不是要求客户端启动请求。这与 HTTP/1.1 传统的基于 Web 的请求/响应的交互方式相比，有相当大的转变。

gRPC 利用 HTTP/2 的双向通信支持，消除了在 HTTP/1.1 之上单独支持请求/响应的需求，以及 WebSocket、SSE 或其他基于推送的方法的必要性。由于 gRPC 支持双向通信，因此可以使用相同的基于 gRPC 的协议，设计异步 API 并与传统的请求/响应 RPC 方法集成在一起。

与 WebSocket 一样，gRPC 可以通过单个全双工连接发送与接收消息和事件。与 WebSocket 不同的是，由于 gRPC 默认使用 Protocol Buffers，因此无须支持子协议。但是，浏览器没有内置的 gRPC 支持。grpc-web 项目正在将 gRPC 与浏览器连接起来，但有一些限制。因此，gRPC 流通常仅限于服务到服务之间的交互。

图 9.10 显示了 3 种可用的基于 gRPC 的流选项。

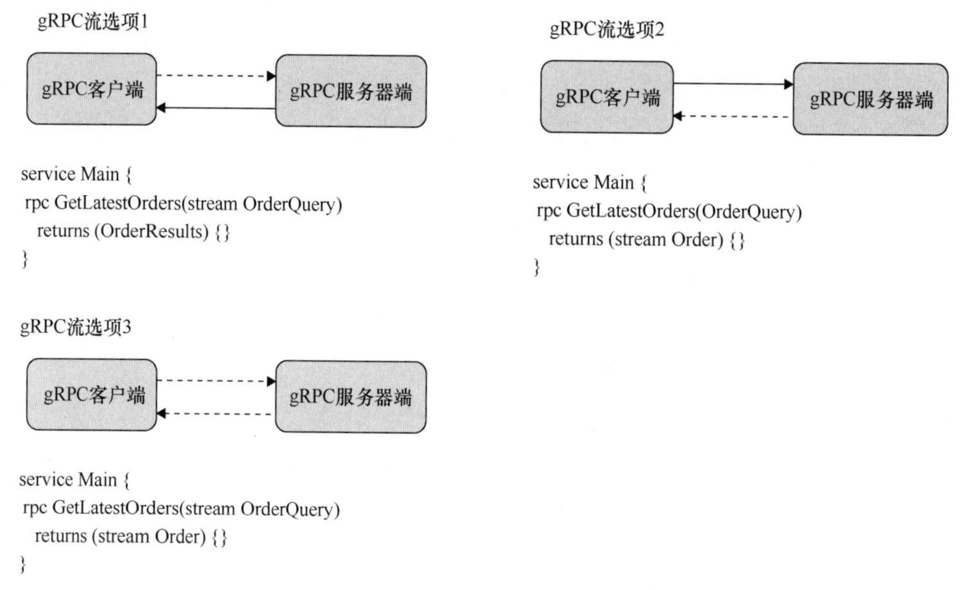

图 9.10　3 种可用的基于 gRPC 的流选项

9.4.5 选择异步 API 样式

虽然异步 API 有多种选择，但必须注意，根据解决方案的情况和限制，某些选择可能要优于其他选择。以下是每种异步 API 样式的一些注意事项，有助于团队确定哪种样式可能是 API 的最佳选择。

- **Webhooks**：Webhooks 是唯一可以由服务器端发起的异步 API 样式，也就是说，它不需要客户端先启动连接。由于订阅者需要能够接收基于 POST 的回调，因此在需要服务器端到服务器端的通知时，请使用 Webhooks。Web 浏览器和移动应用程序无法利用 Webhooks 的优势，因为它们无法建立 HTTP 服务器来接收回调。被防火墙限制入站通信的订阅者也无法接收回调，因为没有到回调服务器的网络路径。
- **SSE**：SSE 通常在服务器端和客户端最容易实现，但对浏览器的支持有限。它还缺乏客户端和服务器端之间的双向通信。当需要遵循 RESTful API 设计的事件的服务器推送时，请使用 SSE。
- **WebSocket 协议**：由于需要支持一个或多个子协议，因此 WebSocket 的实现更为复杂，但它支持双向通信。WebSocket 在浏览器中也得到了广泛的支持。
- **gRPC 流**：gRPC 充分利用了 HTTP/2 的优势，因此所有基础设施和订阅者必须能够支持这个更新的协议，才能充分利用 gRPC 流。与 WebSocket 一样，它提供双向通信。并非所有浏览器都支持 gRPC，因此 gRPC 流最适合服务到服务的通信，或管理和配置基础设施的 API。

9.5 设计异步 API

设计异步 API 的过程类似于使用基于 REST、基于 RPC 或基于查询的样式来设计传统的请求/响应 API。从 API 建模步骤中确定的资源开始，如第 6 章中所述。在收集每个 API 配置文件的操作详细信息时，请重新审视已确定的事件，然后确定哪些命令和事件会对 API 消费者有益。

9.5.1 命令消息

命令消息包含请求另一个组件执行一个工作单位需要的所有详细信息。在设计异步 API 的命令时，重要的是要使用足够的详细信息来设计命令消息以处理请求。命令消息还可能包括一个目标位置，在那里可以发布结果消息。这个目标位置可能是一个发布结果的 URL、一个指向消息代理主题的 URI，也可能是一个指向共享对象存储的 URL（例如 Amazon S3）。

在设计命令时，使用内置的语言机制（例如对象序列化）可以简化命令生产者和消费者的开发。但是，这将限制能够消费和处理这些命令的系统。应该设法使用一种与语言无关的消息格式，例如 UBER 超媒体格式、Apache Avro、Protocol Buffers、JSON 或 XML。

下面是一个基于 JSON 的命令消息示例，用来请求异步更新客户的账单地址：

```
{
  "messageType": "customerAddress.updated",
  "requestId": "123f4567",
  "updatedAt": "2020-01-14T02:56:45Z",
  "customerId": "330001003",
  "newBillingAddress": {
      "addressLine1": "...",
      "addressLine2": "...",
      "addressCity": "...",
      "addressState": "...",
      "addressRegionProvince": "...",
      "addressPostalCode": "..."
  }
}
```

可以提供一个额外的带有回调 URL 的 replyTo 字段，或者让其他订阅者可以监听 customerAddress.updated 事件以对变化做出反应，比如更新第三方系统中的账单地址。

9.5.2 事件通知

事件通知，有时被称为“薄事件”，用于通知订阅者一个状态变更或业务事件已经发生。其力求仅提供必要的信息，就足以使订阅者确定该事件是否有意义。

事件订阅者负责通过 API 获取详细信息的最新表示，以避免使用过时的数据。提供超媒体链接作为事件通知的一部分，有助于集成 API 操作，以检索最新资源表征的 API 操作与事件等异步 API。这显示在以下事件有效载荷的示例中：

```
{
  "eventType": "customerAddress.updated",
  "eventId": "123e4567",
  "updatedAt": "2020-01-14T03:56:45Z",
  "customerId": "330001003",
  "_links": [
    { "rel": "self", "href": "/events/123e4567" },
    { "rel": "customer", "href": "/customers/330001003" }
  ]
}
```

事件通知用于与频繁更改的资源相关的事件，迫使事件订阅者检索最新的资源表征，以避免使用过时的数据。事件通知也可以包括有关发生更新时特定属性的详细信息，以帮助消费者确定该事件是否有意义，但这不是必需的。

9.5.3 事件承载的状态转移事件

事件承载的状态转移事件包含事件发生时的所有可用信息。有了它，我们不再需要通过与 API 联系来获得完整的资源表征——尽管可以使用其他 API 来获取更多订阅者所需的数据，以执行任何处理操作。

以下几个原因可以说明为什么事件承载的状态转移事件可能比事件通知更受欢迎。

- 订阅者需要的是与事件相关的资源快照，而不是事件通知提供的少数细节和相关的超媒体链接。
- 数据状态更改使用的是消息流来支持重放消息历史，这需要用到资源的完整时间点快照。
- 通过异步 API 的消息传递被用于服务间通信，需要发布完整的资源表征，以避免增加 API 流量和服务之间的耦合度。

这种消息设计样式通常会尽可能地模仿 API 表征格式。如果必须在更新事件上提供所有修改过的属性的新旧值，就会经常出现偏差。

最后，请使用嵌套结构（而不是扁平结构）将相关属性进行分组，这种方式适用于中大型的有效载荷。这有助于推动可演化性，因为属性名称被限制在父属性的范围内，避免了为明确关系而使用相冲突的属性名称或使用长的属性名称这些情况。以下是一个扁平结构，展示了对事件承载的状态转移消息样式：

```
{
  "eventType": "customerAddress.updated",
  "eventId": "123e4567",
  "updatedAt": "2020-01-14T03:56:45Z",
  "customerId": "330001003",
  "previousBillingAddressLine1": "...",
  "previousBillingAddressLine2": "...",
  "previousBillingAddressCity": "...",
  "previousBillingAddressState": "...",
  "previousBillingAddressRegionProvince": "...",
  "previousBillingAddressPostalCode": "...",
  "newBillingAddressLine1": "...",
  "newBillingAddressLine2": "...",
  "newBillingAddressCity": "...",
  "newBillingAddressState": "...",
  "newBillingAddressRegionProvince": "...",
  "newBillingAddressPostalCode": "...",
  ...
}
```

下面这个示例展示了一种更加结构化的方法：

```
{
  "eventType": "customerAddress.updated",
  "eventId": "123e4567",
  "updatedAt": "2020-01-14T03:56:45Z",
  "customerId": "330001003",
  "previousBillingAddress": {
      "addressLine1": "...",
      "addressLine2": "...",
      "addressCity": "...",
      "addressState": "...",
      "addressRegionProvince": "...",
      "addressPostalCode": "..."
  },
  "newBillingAddress": {
      "addressLine1": "...",
      "addressLine2": "...",
      "addressCity": "...",
      "addressState": "...",
      "addressRegionProvince": "...",
      "addressPostalCode": "..."
```

```
        },
    ...
}
```

当把结构化组合应用于事件承载的状态转移样式时，消费者能够重复使用值对象来包含每个嵌套对象的详细信息，并轻松检测字段差异，抑或将来在用户界面中对更改进行可视化。如果没有这种样式，就需要一个大的值对象和额外的编码工作来关联扁平化的字段，以执行一些操作，如检测新旧地址之间的差异。

9.5.4 事件批处理

虽然大多数异步 API 被设计为在每个消息可用时通知订阅者，但是有些设计可能会受益于事件批处理这一方式。事件批处理要求订阅者在每个通知中处理一个或多个消息。一个简单的示例是用数组来包装通知，并将每个消息包装在响应中，即使当时只有一个事件消息：

```
[
  {
     "eventType": "customerAddress.updated",
     "eventId": "123e4567",
     "updatedAt": "2020-01-14T03:56:45Z",
     "customerId": "330001003",
     "_links": [
       { "rel": "self", "href": "/events/123e4567" },
       { "rel": "customer", "href": "/customers/330001003" }
     ]
  },
...,
...
]
```

另一个设计选项是提供一个信封，用来包装每批事件以及相应事件的其他元数据：

```
{
  "meta": {
    "app-id-1234",
    ...    },
  "events": [
   {
     "eventType": "customerAddress.updated",
```

```
        "eventId": "123e4567",
        "updatedAt": "2020-01-14T03:56:45Z",
        "customerId": "330001003",
        "_links": [
          { "rel": "self", "href": "/events/123e4567" },
          { "rel": "customer", "href": "/customers/330001003" }
        ]
      },
      ...,
      ...
    ]
  }
```

记住，批处理消息或事件可以根据特定的时间范围、每批事件的数量或其他因素进行分组。

9.5.5　事件排序

大多数基于事件的系统在可能的情况下提供有序的消息，但是情况并非总是如此。事件接收者可能会脱机、必须恢复丢失的消息，同时也要接收新的入站消息。也可以说，消息代理无法保证消息传递是有序的。在复杂的分布式系统中，有可能将多个代理和/或消息样式组合使用，从而使消息难以保持有序。

如果需要对事件进行排序，就必须考虑消息的设计。对于单个消息代理，代理可以使用收到消息的时间戳，提供消息序列号或基于时间戳的排序。在分布式架构中，时间戳是不可信的，因为每个主机的系统时间可能有轻微的不同——称为时钟偏移（clock skew）。这就要求使用集中式序列生成技术，并应用于每个消息。

请确保将有序的需求纳入消息设计以及各种架构决策中。有必要研究和理解分布式同步，使用诸如 Lamport Clock 之类的技术，以克服分布式节点的时钟偏移问题，同时确保跨主机间消息的正确顺序。

9.6　记录异步 API

AsyncAPI（异步 API）规范是一个用于捕捉异步消息传递通道定义的标准。AsyncAPI

支持传统的消息代理、SSE、Kafka 和其他消息流，以及物联网（Internet of Things，IoT）消息传递，如 MQTT。作为定义消息模式和消息驱动协议的协议绑定细节的单一解决方案，该标准日趋变得流行。重要的是要注意，这个规范与 OAS 无关，但受到了它的启发，并努力遵循类似的格式，以便更易被采用。

清单 9.1 显示的是一个 AsyncAPI 的描述文件，其中包含了在第 6 章中模拟的购物 API 的通知事件的消息定义。

清单 9.1 AsyncAPI 对购物 API 事件的定义

```
#
# Shopping-API-events-v1.asyncapi.yaml
#
asyncapi: 2.0.0
info:
  title: Shopping API Events
  version: 1.0.0
  description: |
    An example of some of the events published during the bookstore's shopping
cart experience...
channels:
  books.searched:
    subscribe:
      message:
        $ref: '#/components/messages/BooksSearched'
  carts.itemAdded:
    subscribe:
      message:
        $ref: '#/components/messages/CartItemAdded'
components:
  messages:
    BooksSearched:
      payload:
        type: object
        properties:
          queryStringFilter:
            type: string
            description: The query string used in the search filter
          categoryIdFilter:
            type: string
            description: The category ID used in the search filter
          releaseDateFilter:
            type: string
            description: The release date used in the search filter
```

```
CartItemAdded:
  payload:
    type: object
    properties:
      cartId:
        type: string
        description: The cartId where the book was added
      bookId:
        type: string
        description: The book ID that was added to the cart
      quantity:
        type: integer
        description: The quantity of books added
```

记住，AsyncAPI 规范还支持为每个通道的发布和订阅消息添加协议绑定，从而使得在多个消息传递协议中使用相同的消息定义（包括消息代理、SSE 和消息流）成为可能。请访问 AsyncAPI 官方网站，了解有关该规范的更多信息和其他资源，进而掌握此 AsyncAPI 描述格式的用法。关于 AsyncAPI 描述的示例，请参阅 GitHub 上的 API Workshop 示例。

9.7　小结

通过将 API 设计方法从严格的请求/响应 API 转移到思考 API 如何提供同步请求/响应操作和异步事件，团队可以中获益。这些事件使 API 能够向其他团队推送通知，这些团队可以在原始 API 之上构建全新的功能，甚至可以提供产品。这样做有助于推动创新，并设计出更具变革性的 API——作为 API 产品或 API 平台计划的一部分。

第五部分

优化 API 设计

按照 ADDR 流程，我们在对齐阶段确定了结果并获得了数字功能；在定义阶段介绍了这些细节，形成具有限定范围和责任的 API 配置文件；在设计阶段将一种或多种 API 样式应用于 API 配置文件，产生了实现预期结果所需的 API 的概要设计；在优化阶段，要做的就是改善开发者的体验并为交付 API 做准备。

在这一部分，我们要介绍的主题包括将 API 分解为微服务以转移复杂性、采用适当的 API 测试策略，以及提供强大的 API 文档的策略，还将探讨提供辅助库和命令行界面的问题，最后给出为大型组织扩展 ADDR 流程的一些技巧。

第10章　从API到微服务

关于单体（monolith）的最大谬论是：你只能有一个单体。

——Kelsey Hightower

企业都希望尽快交付业务价值。同时，企业还必须确保软件始终如一地按预期运行。加快开发速度可能会导致错误的增加和软件可靠性的降低。软件解决方案变得越宠大，上述风险就越高。

为了降低这些风险，企业需要通过会议协调来减缓软件交付的速度。这些会议旨在优化交付，同时降低整个过程中的风险。软件解决方案越大，为降低相关风险而召开的会议越多。显然，每次会议都会拖慢交付的过程，因此在速度和交付优质软件之间寻求平衡很重要。

将API分解为微服务（见图10.1）是团队应对这种平衡需求的一种选择。在本章中，我们将探讨微服务的主题，包括收益、挑战和微服务的替代方案等。

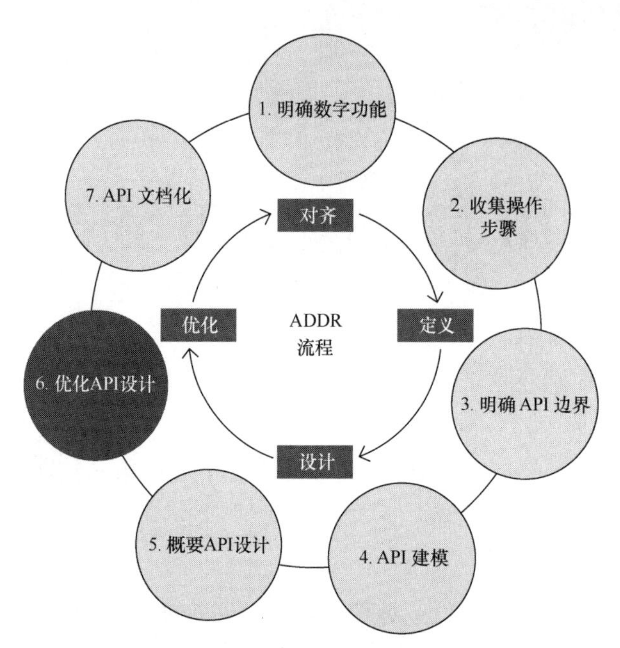

图 10.1　优化 API 设计可能包括将 API 分解为微服务，以降低解决方案的整体复杂性

10.1　什么是微服务?

微服务是独立部署的小型组件，可以提供一个或少数有限的数字功能。每个微服务会提供所需的众多数字功能之一，这样做是为了确保其作用范围有限。当结合在一起时，微服务使用比传统面向服务的方法更小的构建块，来提供高度复杂的解决方案，如图 10.2 所示。

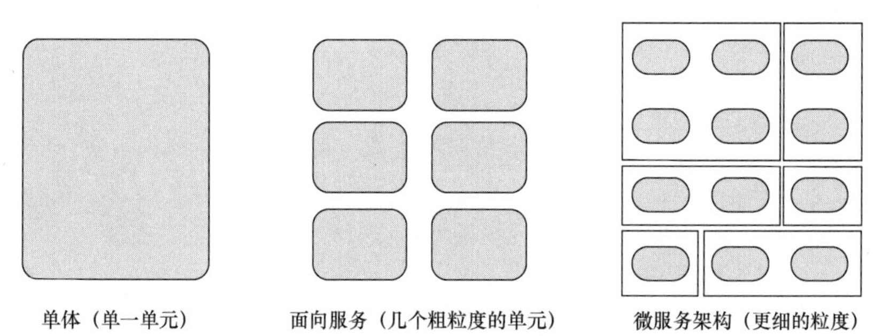

图 10.2　传统的关于单体、面向服务和微服务架构的思考方式。线框代表传统的粗粒度的边界，这些边界会得进一步分解，以降低更多粗粒度服务的复杂性

微服务通常用于将高度复杂的系统分解为独立部署的组件，而不是将复杂性分解到单个代码库中。与理解单个代码库相比，了解单个微服务所需的认知负担减轻了。

测试变得更容易理解，自动化测试套件变得更专注于单个组件（见图 10.3）。

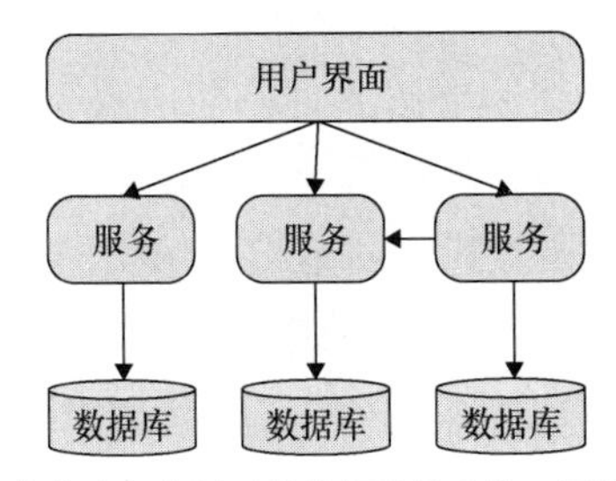

图 10.3 微服务将高复杂性系统分解为较小的、可独立部署的组件

微服务已经存在了十多年，但直到最近才得到广泛使用。在应用微服务的早期，团队不得不权衡构建和维护微服务架构基础设施所需的努力。随着时间的推移，许多问题通过云原生基础设施、DevOps 文化的发展、更好的交付流水线自动化以及使用容器化来生产独立部署包等方法得到了解决。

关于“微服务”一词的忠告

重要的是，必须要认识到，微服务有各种定义和使用范围。例如，有些企业或个人可能将微服务定义为提供 Web API 的单个实体，从而导致服务之间许多不必要的网络调用。当企业笼统地宣布要转向微服务时，请谨慎行事。

首先，请务必了解该术语的含义，明确其定义和意图。其次，不妨找一个参考架构和一个或多个参考应用程序，以展示所需的目标状态。请在必要时提出问题，以确保在转向微服务时对所需目的和结果达成共识；否则，每个人都会对微服务做出自己的定义，从而导致整个组织陷入混乱。

最后，要认识到企业可能会以特定的方式使用“微服务”一词，而其他企业则只是简单地使用这个术语来表示团队应该把现有的大型孤岛系统“想得更小”。在转向微服务时，如果不遵循这些建议的步骤来统一双方的定义和目标，请不要假设已理解这个术语。

10.2　微服务降低协调成本

如今，随着许多问题的解决，企业默认采用基于微服务的方法。但是，重要的是要了解围绕微服务的架构决策所带来的收益和挑战。无论是技术还是非技术因素，都可能对服务背后的人产生积极或消极的影响，必须在决策中加以考虑。

对于许多团队来说，在同一代码库中工作的协调成本非常高，例如，团队需要召开一次又一次的会议，以确保不引入错误，并且避免合并冲突。大型企业则需要引入其他中层管理人员来进行协调。微服务的最大好处是能减少团队协调。一个独立运作以维护一个或几个微服务的团队，可以在其团队内部进行协调，无须太多团队之外的协调。

根据梅特卡夫定律，团队越小，沟通路径越少。这样做的好处是，当要沟通意图并解决整个企业的问题时，所需召开的会议更少。这样的话，团队有更多时间来设计、编码、测试以及交付服务。

但是，微服务并未完全消除跨团队之间的协调。团队必须对集成进行协调，以确保所有微服务符合解决方案的需求。产品经理、业务和服务团队之间还是需要就具体计划进行协调。因此，较小的团队召开会议的次数可能会增加，而与会者的数量和讨论范围则大大缩减。团队被赋予更多的独立性，会议也更高效，因为协调工作被限制在了团队可交付的范围内。

要实现减少团队协调，请考虑以下3个因素。

- 自助服务、自动化基础设施资源，以确保新服务的快速入门。这些资源通常与自动化工具的DevOps文化以及持续交付流程联系在一起。
- 团队对整个软件开发生命周期服务的所有权，包括增强和支持服务。团队对整个生命周期的所有权催生了一种“你拥有它，就要管理它”的文化，而不是孤立地交付给运营团队，但也可能由软件可靠性工程师和其他角色来增强团队的力量。
- 取消集中的数据所有权，可以让每个服务拥有并管理与其服务相关的数据。

如果考虑这些重要因素，任何向微服务的转变都会面临挑战，例如“臃肿”的微服务、较慢的交付速度甚至是项目失败。

转向微服务的好处与技术选择关系较小，但与微服务对企业的影响关系更大。因为微服务可能会对日常开发和运营产生积极或消极的影响，所以企业应深思熟虑，慎之又慎。

10.3　API 产品和微服务之间的区别

尽管 API 产品和微服务都提供基于网络的 API，但它们之间的差异很大，如下所示。

- API 产品的目标是确保稳定性和可发展性，而微服务可以进行实验。API 的消费者期望契约永远不会被破坏，除非迁移到一个新版本的 API；而微服务是为实验和不断变化而设计的，也就是说，微服务可以随时被分割、合并或删除。
- API 产品提供了一组数字功能，用于集成到解决方案中。微服务将一个解决方案分解为分布式组件。它们不是与开发者确定的超出直接边界的外部契约。如果外部契约成为一种要求，则必须将服务过渡到具有稳定接口的 API 产品。

代码库很小并不意味着就是微服务。微服务是一种内部组件，不应该直接与外部消费者共享。API 产品可以在特定团队内、跨团队、跨企业和/或与合作伙伴/公共开发者共享。

10.4　权衡微服务的复杂性

在考虑微服务时，最重要的因素是解决方案的复杂性。复杂性无法从软件解决方案中完全去除，但是我们可以将其分散到整个解决方案中。微服务可以将复杂性分散到各个组件中，使每个组件更易于构建和管理。但是，将问题分离为分布式组件会引入其他复杂性。

团队和组织都必须考虑解决方案的复杂性，也必须考虑微服务引入的复杂性，以确定转向微服务是会帮助还是会阻碍企业以快速和安全的方式交付解决方案。虽然单个微服务可能会提供较低的复杂性，但在运行时交付、监控和保护服务的基础设施和对自动化的要求也会增加。

如果解决方案的复杂性较低，那么微服务通常是不必要的，甚至可能不利于解决方案的成功。如果解决方案的复杂性未知，请权衡以下因素，然后考虑从平衡这些因素的最小解决方案开始，当复杂性增加时，迁移到微服务。

10.4.1　自助服务基础设施

微服务需要一个自我服务、完全自动化的基础设施。团队必须能够在没有任何人工流程或批准的情况下设计微服务，以及构建并部署代码。没有完全自动化的配置和部署管道的组织将遇到相当大的阻力。如果没有完全自动化的支持，新的代码将被添加到现有的微服务中，以避免人工流程，从而产生一些非常大的孤立服务。

10.4.2　独立的发布周期

微服务必须具有自己的发布周期。有些企业选择使用其已有的发布过程，例如为期两周的冲刺和发布，而不是让微服务在准备就绪时发布。这种一次性协调部署所有微服务的做法导致了大型的发布流程，而不是独立的团队可以根据需要部署他们的微服务。

10.4.3　转向单一团队的所有权

每个微服务都应该由一个团队拥有、监控和管理。团队应该只拥有一个或几个微服务，以保持精力集中。他们必须拥有从定义到设计和交付的服务。他们必须能支持这项服务，就像一个产品一样，在收到其他团队的反馈时寻求改进。

规模较小的企业会发现，挑战不是在少数开发者中共享所有服务的所有权，而是分配单一团队的所有权。开发者在代码库之间移动并应对分布式计算的挑战所花费的时间，远比他们向市场提供解决方案的时间多。

10.4.4　组织结构和文化影响

微服务需要适当的组织支持和组织结构。组织结构和文化可能与微服务团队的所有权和独立性相抵触。报告结构可以针对较大的交付团队进行优化。在协调跨越管理人员的团队之间的服务集成时，可能会出现挑战。喜欢集中监督的企业在将控制权转移到单个团队时，可能会遇到困难。

这些组织挑战可能会造成不健康的紧张关系，使得转向微服务和实现微服务通常承诺的速度和安全性变得更难。在转向微服务之前，请先牢记组织的结构，并获取管理团队和监督服务团队相关管理人员的支持。

提示

不要忽视采用微服务的组织结构和文化影响。从基于产品或项目的所有权，转变为在一定范围内对一个或几个微服务的所有权，将对报告结构和团队协调产生影响。在进行所有权转变之前要计算成本，否则组织可能会用代码的复杂性换取组织的复杂性。

10.4.5 数据所有权的转移

微服务必须拥有自己的数据。这可能是一个具有挑战性的项目，因为在转向微服务时，团队很少会考虑源代码以外的问题。当服务不拥有自己的数据时，底层模式更改的协调成本会影响共享数据的多个微服务。这就可能需要大量的、有待协调的发布工作，以使每项服务都与共享数据源中的破坏性模式变化保持一致。

10.4.6 分布式数据管理和治理

微服务需要大量的数据管理和治理。由于微服务拥有自己的数据，因此团队必须投入一定的精力，以确保有效的数据管理策略用于报告和分析。如今，数据管理通常是通过 ETL 流程来处理的，这些流程将数据迁移到基于联机分析处理（Online Analytical Processing，OLAP）的数据存储中，以优化查询和决策支持。

转向微服务需要转向数据流而不是 ETL 流程，以汇总来自多个服务的数据，达到聚合数据并形成报告的目的。团队需要更重视管理词汇表，以创建强大的本体和分类法来统一分布式数据模型。具有集中式数据模型治理和大型共享数据库的企业，在迁移到微服务架构时必须谨慎行事。最后，请不要低估将单体数据存储分离成每个服务的数据存储所需要的工作量。

10.4.7 分布式系统的挑战

要转向微服务，应对分布式系统有深入的了解。那些不太熟悉分布式跟踪、可观测性、最终一致性、容错性和故障转移等概念的人，在处理微服务时将会遇到更多困难。L. Peter Deutsch 和其他人于 1994 年在 Sun Microsystems 撰写的分布式计算的 8 个谬误[①]，至今仍然适用，是每个开发者都必须了解的。

还有人发现，在最初将服务分解并集成到解决方案中时，需要架构上的监督。无法获得架构支持的团队可能会在设计微服务时因架构考虑欠周而导致边界不清和团队责任归属混乱，产生更多的跨团队协调。请尽量在 ADDR 流程的对齐阶段解决这一问题。

最后，分层架构在单体代码库中很常见，但在微服务中不受欢迎。如果微服务的分层不正确，则对单个微服务的更改可能会波及其他服务，并需要额外的协调工作来同步更改。应用分层方法的微服务必须确保服务更改的影响是有限的。请重新审视 REST 的分层原则，以了解如何使用层来增加组件之间的独立性。

10.4.8 弹性、故障转移和分布式事务

当需要在服务之间进行调用时，微服务越多，复杂性越高。同步微服务需要跨网络的调用链，因此很容易受到网络故障的影响。

请务必让每个微服务保持弹性，以确保在发生临时网络中断的情况下可以进行重试和故障转移。在第 15 章中，我们将进一步讨论服务网格的概念，以解决这些跨领域的问题。但是，服务网格引入了进一步的部署和操作复杂性，而这对简单解决方案来说可能是不必要的。

同步调用链的另一个副作用是，首次调用后的故障需要调用先前的服务来回滚事务。在面向服务的体系结构（Service-Oriented Architecture，SOA）的鼎盛时期，事务管理器通常使用两阶段提交（2PC）事务来创建分布式事务。对于高度分布式的微服务架构来说，这并不是一个好的选择。

取而代之的是，分布式事务经常使用 Saga 模式[②]来实现。请在每个服务调用中应用事务上下文，并在需要回滚时使用补偿性事务来应用相反的操作。每个涉及的

① .Wikipedia, s.v. “Fallacies of Distributed Computing,” last modified 2021.
② Chris Richardson, “Pattern: Saga,” Microservice Architecture, accessed 2021.

资源都需要状态机。事件源通常与 Saga 模式一起使用，以确保所有操作都是由账本支持的原子事务，用于审核和故障排除等目的。

10.4.9　重构和共享代码带来的挑战

重构对微服务来说更具挑战性，因为集成开发环境（Integrated Development Environment，IDE）和其他重构工具只能在单个代码库中进行重构，在多个微服务代码库中重构代码变得更容易出错。

当微服务使用相同的编程语言时，人们倾向于通过共享代码库来编写通用代码。如果在服务之间共享代码会产生协调耦合，这就需要更多的会议，以确保对跨微服务共享的代码进行更改不会对其他服务产生负面影响。在服务之间共享代码时，所有更改必须是可选的，以避免强迫其他团队进行同样的更改。

你真的需要微服务吗？

在权衡了微服务带来的挑战和底层操作的复杂性之后，你可能发现 API 不需要分解为微服务。也许需要的只是一个或多个单体的 API，而不是微服务。你可以将这些单体 API 设计为模块化组件，即模块化单体。

模块化单体在单个代码库中表现出应用松耦合和高内聚的特点，可避免分布式计算的复杂性。随着时间的推移，如果解决方案对单个代码库来说变得过于复杂，则可以将模块化单体分解为微服务。但是，只有在所有重构和重组单个代码库模块的方法都无法解决问题的时候，才可以这么做。

记住，企业并不局限于单一的单体应用。多个模块化单体应用可能足以满足团队的需求。每个单体应用都提供一个或几个 API，以支持单体内包含的有界上下文中的操作。

10.5　同步和异步的微服务

微服务可以设计为同步的或异步的模式。同步微服务采用更传统的请求/响应模型，一般通过 HTTP 使用 REST、RPC 或查询 API 样式。

虽然开发者可能更熟悉同步的、基于请求/响应的 API，但其结果可能是创建出脆弱的集成。如果一个服务出现问题，则在服务之间协调 API 调用的服务可能会失败，这需要对以前成功的 API 调用进行逆转操作。调用其他服务（称为调用链）的服务也可能中途失败，但它们自己无法逆转以前的 API 调用。图 10.4 所示说明了这一问题，因为客户端仅调用了服务 A，这会导致更多的服务调用在下游出错时可能会失败。

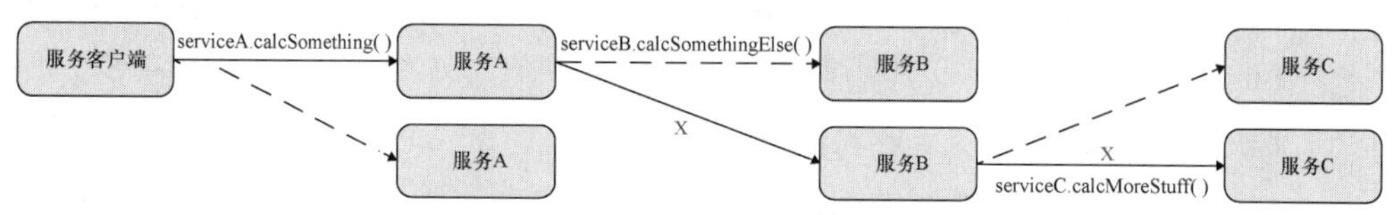

图 10.4　使用同步、请求/响应样式的微服务会导致调用链中在客户端不知情的情况下失败

另外，可以将异步访问模式用于微服务集成。在这种模式中，消息被提交到托管在消息代理或流服务器上的消息队列或主题。若有一个或多个微服务监听消息，则可以依次处理它们，然后发出包含业务事件的消息作为通知，如图 10.5 所示。

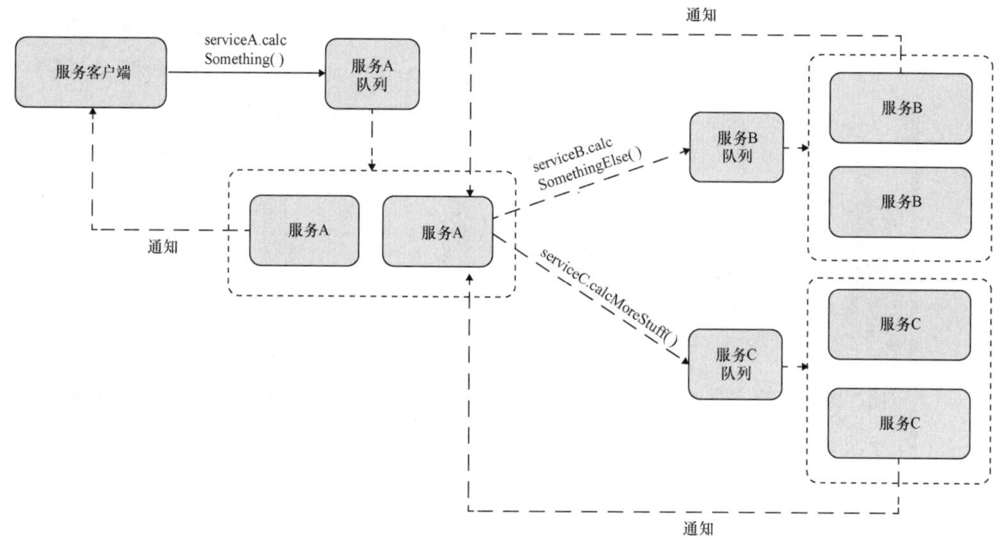

图 10.5　异步微服务能够接收命令消息，并对结果做出响应，而不需要脆弱的调用链

异步微服务有多种优势，其最大的优势是可以在不了解消费者的情况下，将新的微服务上线以替换旧的微服务。新的微服务订阅了相同的主题或队列，并开始处理消息。

此外，消费者可以根据需要灵活地使用以下一种或多种交互模式：fire-and-forget、

fire-and-listen for events 或 fire-and-follow-up，使用提供的响应 URL。

最后，异步错误处理和恢复被置于消息代理和流解决方案中，避免了需要同步调用链的错误恢复，大大简化了对基础设施的要求，减少或消除了对服务网格的需求。

当然，异步集成是一种比标准的请求/响应方式更复杂的互动模式。开发者必须学会与异步服务集成，通过检查错误响应消息来处理失败，并使用死信队列（DLQ）来处理未经处理的消息来处理失败。

10.6 微服务架构的样式

基于微服务的架构不局限于单一的样式或方法。应用微服务有 3 种常见的样式，对于如何使用微服务来减少团队之间的协调，这 3 种样式之间会有些许不同。根据企业需求和文化的不同，有些人会选用其中一种，有些人则会将多种样式组合起来使用。

10.6.1 直接服务通信

在直接服务通信这一样式中，每个服务都使用同步或异步模式直接与其他服务通信。这是微服务早期最常见的样式。使用同步模式的人遇到了挑战，例如服务通信失败和调用链的脆弱。服务网格的引入有助于应对这些挑战，而转向消息驱动的更异步的模式也是如此。图 10.6 所示为这种传统的微服务架构风格。

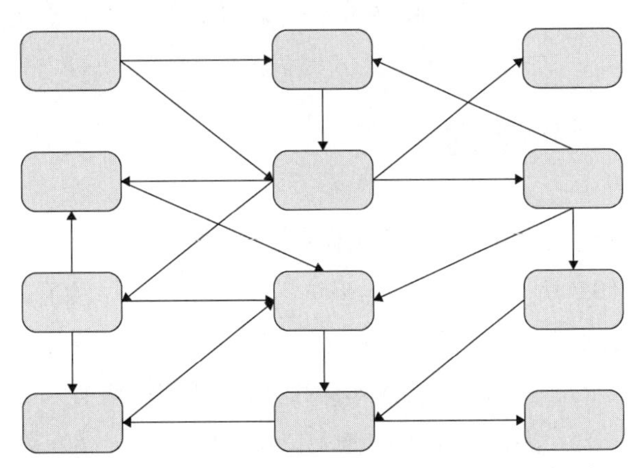

图 10.6 直接服务通信可以让任何服务调用任何其他服务

10.6.2 基于 API 的编排

基于 API 的编排这一样式从设计一个 API 开始，并根据情况将其进一步分解为微服务。API 成为跨越一个或多个微服务的稳定编排层，对外提供更稳定的契约，同时对内支持微服务的实验和拆分，如图 10.7 所示。在直接服务通信样式的一些挑战中挣扎的企业会选择这种样式。许多早期采用微服务的企业正在向这种样式转变。

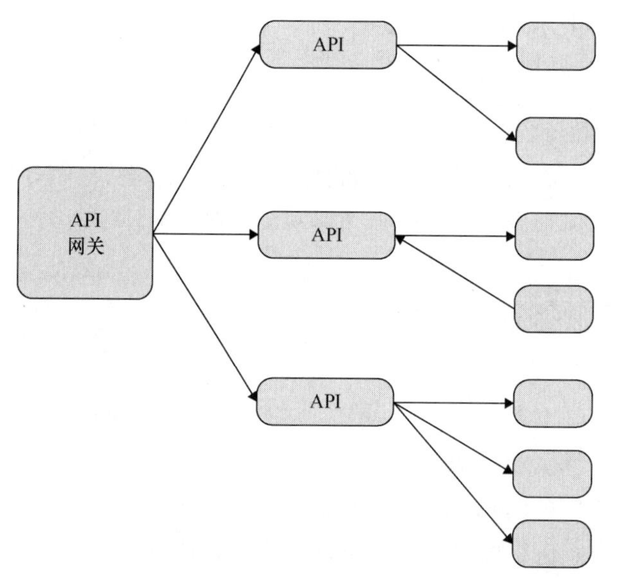

图 10.7 基于 API 的编排样式提供了更高的契约稳定性，同时隐藏了内部微服务

10.6.3 基于单元的架构

基于单元的架构这一样式将前两种样式融合在一起，为微服务带来了更模块化的方法，如图 10.8 所示。每个单元提供一个或多个数字功能，通过同步或异步 API 提供。API 通过网关实现外部化，通过封装隐藏了服务分解的内部细节。单元被组合起来以创建更大的解决方案。这种架构的模块化组合性使得它为其不断发展的系统提供了更好的管理，因此通常出现在大型企业中。

Uber 的技术团队发现微服务增加的复杂度远远超过了其提供的价值，于是将集成众多的微服务的架构样式转化为基于单元的架构样式。Uber 将这种方法称为面向领域的微服务架构（Domain-Oriented Microservice Architecture，DOMA），并在一篇文章[①]中对这种方法进行了阐释。DOMA 有许多类似于基于单元的架构的元素，可以降低大规模微服务架构的复杂性，同时保持了其提供的灵活性和好处。

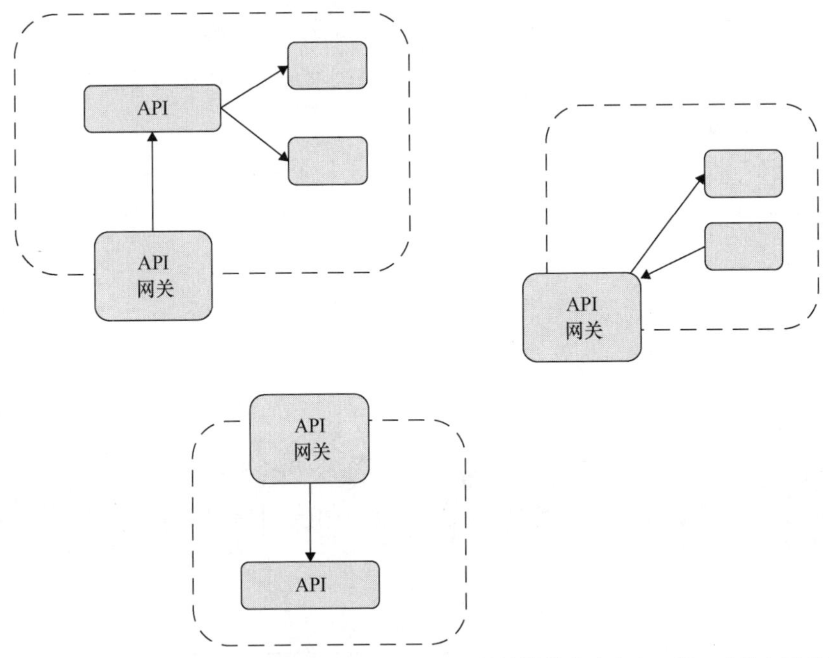

图 10.8 基于单元的架构将直接服务通信样式和基于 API 的编排样式融合在一起，成为大型组织或复杂系统的更模块化的方法

10.7 合理调整微服务的规模

在通往微服务的道路上，企业经常为寻找微服务的合理规模而纠结。团队经常问：“一个微服务的最大允许规模是多大？”这个问题更好的表述是：“根据目前的需要，这个微服务的合理规模应该是多大？”

① Adam Gluck, “Introducing Domain-Oriented Microservice Architecture,” Uber Engineering, 2020.

微服务不是一成不变的，而是会增长，并变得更复杂。随着时间的推移，一个微服务可能需要被分割。在某些时候，两个微服务可能会变得相互依赖，并从合并成单一服务中受益。也就是说，微服务的规模会随着时间的推移发生变化。

同样重要的是，要注意服务往往会随着时间的推移而增长，因此团队需要经常重新评估微服务的边界。只有当服务所有权属于一个团队时，才能有效地完成此操作。跨团队共享的服务需要召开进一步的协调会议。

合理调整微服务的规模需要一个持续的设计和重新评估流程，步骤如下所示。

（1）明确存在事务边界的位置，以找到候选的服务边界。定义边界有助于减少事务跨服务的机会。

（2）根据已确定的边界，设计两个或几个粗粒度的微服务。这个步骤可确保微服务操作在事务边界内保持完整性，并避免在网络上多个微服务调用中回滚事务的挑战。

（3）在发展过程中不断拆分服务，以事务边界的需求为指导，同时保持较低的团队协调成本。

提示

最好将重点放在服务的目的上，而不是过分关注微服务的规模大小。微服务应该尽力使未来的变化更容易，即使这意味着该服务在开始时是很粗粒度的。

10.8　API分解为微服务

如果团队已经确定将API分解为两个或多个微服务是有益的，那么在进入交付阶段前，还需要做一些其他事：使用更多详细信息扩展先前创建的API序列图，明确候选微服务，并收集服务设计细节。

10.8.1　步骤1：明确候选微服务

分解API的第一步是明确候选微服务。首先扩展在API建模和设计阶段创建的API序列图，将外部系统和数据存储涵盖其中，以便明确服务之间的自然边界。

图 10.9 所示为扩展的购物 API Web 序列图，加入了一个支持基本和高级查询的外部搜索引擎。

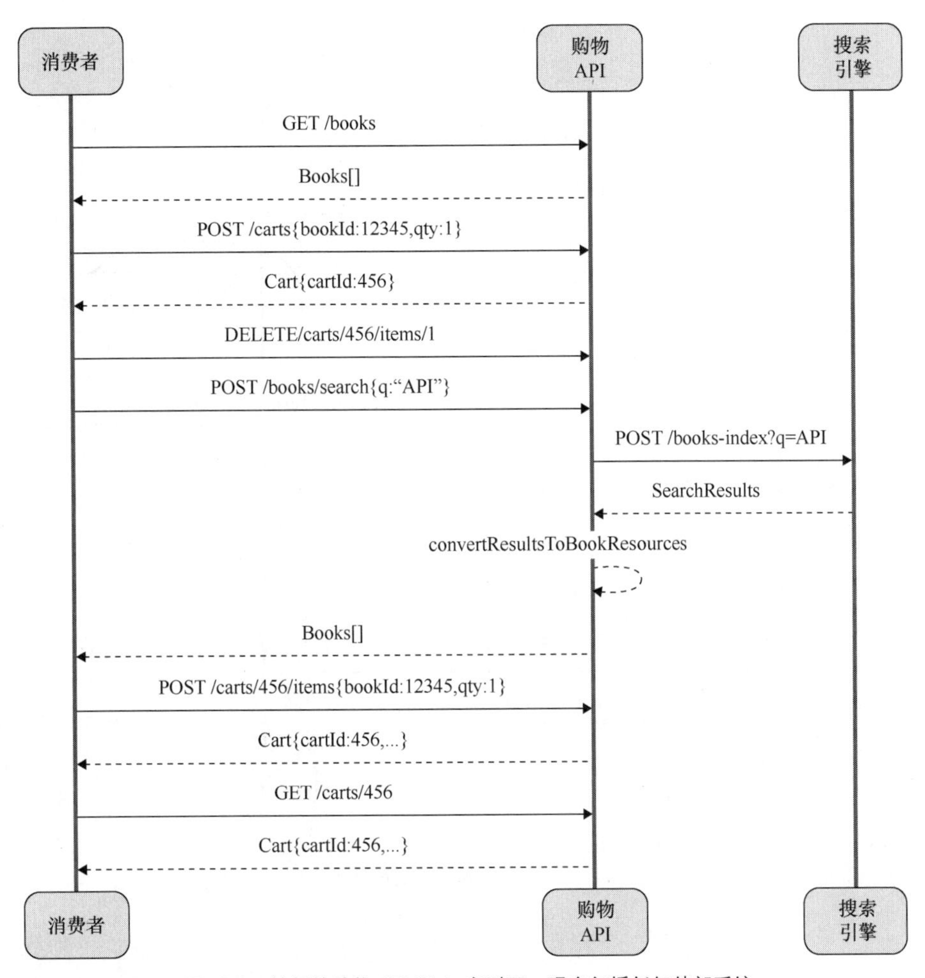

图 10.9 扩展的购物 API Web 序列图，现在包括任何外部系统

搜索引擎集成在购物 API 的搜索图书操作中是只读的，因此这是一个很好的分解成独立服务的“候选者”。拥有这个候选微服务的团队将负责确保搜索引擎的性能并为客户提供需要的搜索功能。图 10.10 所示为支持图书搜索的候选微服务的边界。

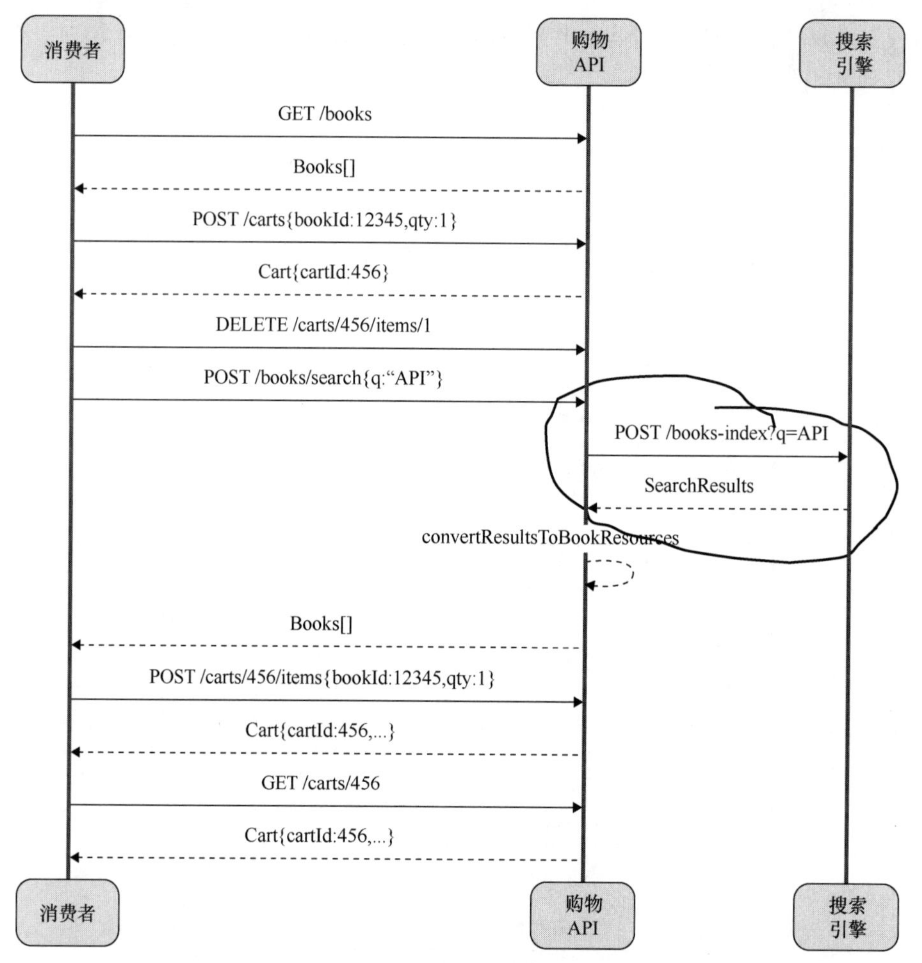

图 10.10　搜索引擎的集成将需要有关如何正确索引和搜索实体的专业知识，因此搜索图书操作是一个单独微服务的良好候选

10.8.2　步骤 2：将微服务添加到 API 序列图中

步骤 2 要做的是修改序列图，以显示候选微服务的引入。确定集成是应该使用同步 API（如 REST）还是异步服务会更好。购物 API 更新的序列图如图 10.11 所示。

查看更新，并确定候选微服务是否做得太多，若是，则应该做出进一步分解。若该微服务做得太少，引入了太多的网络调用，则应该将其合并成一个稍大的服务。

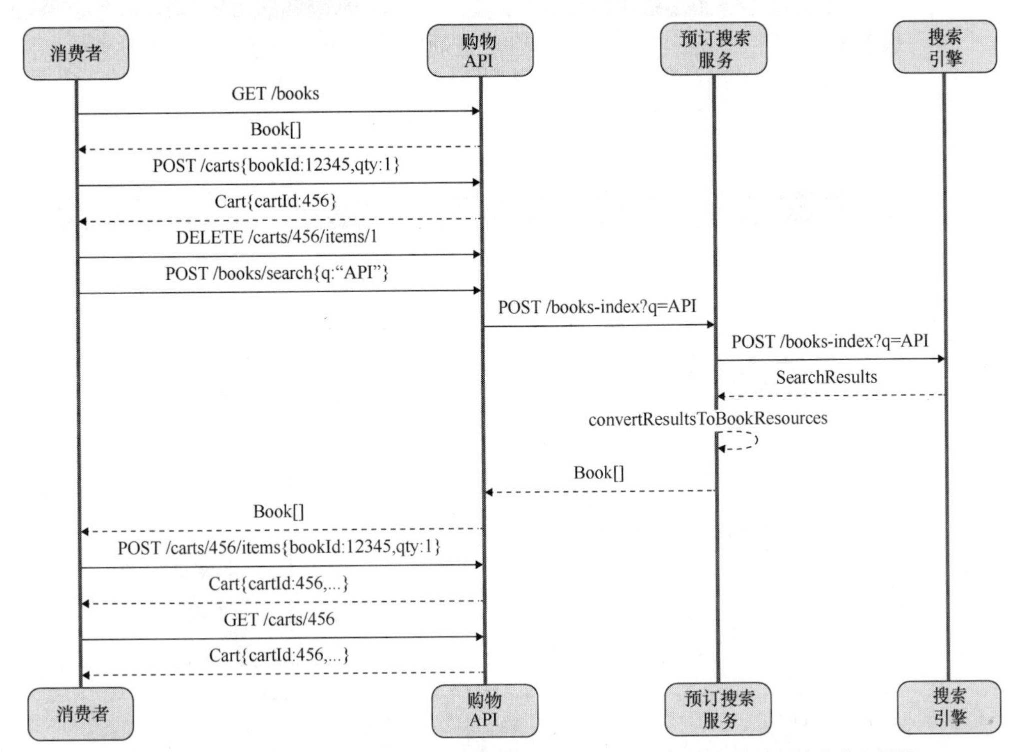

图 10.11　购物 API 更新的序列图，涉及候选的微服务，可以明确可能的网络或事务挑战

10.8.3　步骤 3：使用微服务设计画布，以收集设计细节

最后，收集候选微服务的设计细节。我们建议使用微服务设计画布，因为它有助于将注意力集中在服务将支持的命令、查询和事件上。如果该服务的详细信息无法容纳在单页的微服务设计画布（Microservice Design Canvas，MDC）中，说明它可能负责的内容太多。在这种情况下，请重新审视设计，查看它是否应该被进一步分解，或者它的规模是否满足支持 API 的需求。图 10.12 所示为一个图书搜索服务的 MDC 示例。

在这一点上，MDC 提供了足够的详细信息，可以继续构建服务并将其与一个或多个 API 集成。但是，在此之前，还有一些微服务设计注意事项需要解决。

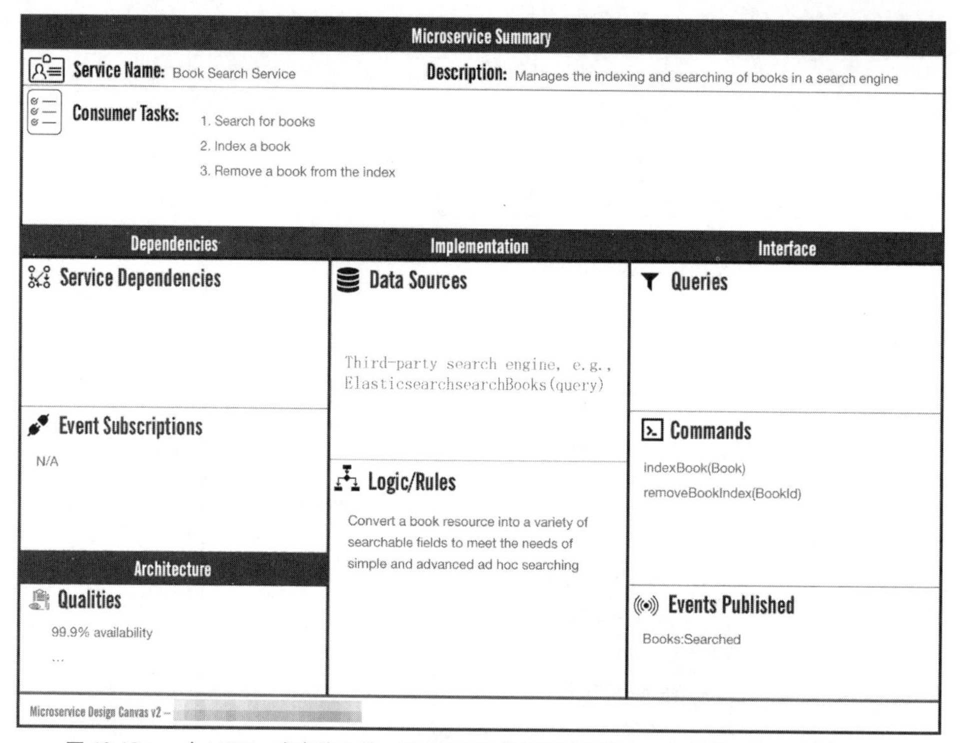

图 10.12 一个MDC，在实施之前，该MDC收集了候选微服务，包括微服务设计注意事项

10.8.4 其他微服务设计注意事项

注意，并非所有API都能从服务分解中受益。每当涉及新的微服务时，都有增加网络延迟的可能，从而对API客户端产生负面影响。

当由于一个同步服务调用另一个服务而产生服务调用链时，网络延迟的增加至关重要。客户端接收响应的总时间是依次执行每个服务调用所需时间的总和。对每个小于10ms的高效服务实现来说，延迟可能不是一个太大的问题。与遗留系统集成的服务，在使用高峰期可能会出现性能下降，导致最终用户的等待时间多达几秒。最后，对于某些微服务生态系统，可能不知道涉及多少服务，也无法预测执行所需的总时间。

在可能的情况下，请将事务保持在单个服务边界内。跨越多个服务调用的事务边界需要额外的设计考虑。如果服务调用失败，则必须将所有先前的服务调用回滚。由于每个服务都管理着自己的事务边界，因此可能需要进行补偿性事务来逆转事务，这就是 Saga 模式的作用。尽可能设法分解微服务，以便保持事务的完整性。

此外，考虑是否有一个专门的团队将拥有该微服务。如果是这样，候选微服务的引入是否减少或增加了跨团队的协调工作量？不是所有关于服务分解的决定都是为了减少代码量。

最后，避免根据 CRUD 生命周期拆分服务，即每个操作创建一个服务（例如，创建项目服务、更新项目服务、读取项目服务、列出项目服务和删除项目服务）。这种模式会让每个服务团队之间产生更多的协调要求。更改项目的资源表征格式需要与拥有该服务的每个团队进行协调。例外的情况是，由于复杂性的增加，需要拆分 CRUD 生命周期的一部分。例如，支付处理集成的复杂性可能要求将这种行为转移到一个单独的微服务。

10.9　过渡到微服务时的注意事项

尽管迁移到微服务有很多好处，但不应轻率地进行过渡。经过一段时间和反思后，一些企业选择简化他们的微服务之旅；另一些企业决定放弃他们的旅程，转而思考较小的问题但不考虑微服务；还有一些企业则继续推进微服务的发展。

首先，验证基于微服务的方法是否被应用于正确的上下文。一些微服务计划是由执行团队决定的，缺乏合适的上下文。这通常由一个高管发起，他授权使用微服务，以便团队可以提高交付速度。但是，在解决方案很简单（例如，一个提供基于 CRUD 的表单以管理数据集的应用程序）时，并没有提供上下文来告知团队以避免微服务的复杂性。其结果是白白浪费时间和精力去把一个简单的解决方案分解为微服务，而这些微服务在运行时管理、故障排除复杂性和分布式事务管理等方面引入了不必要的复杂性。

接下来，请确保企业的汇报架构和文化已经准备好与微服务的转型同时进行。一些企业没有为团队长期维护这些微服务做好准备，而是将其视为已交付的项目，交付之后就不予理会了。构建服务的团队将继续推进其他项目和更高优先级的计划。要想从现有服务的较小变更中受益，团队需要构建自己的服务。

最后，找到构造更小微服务的方法。在单一的代码库中将代码模块化。设计清晰的 API 供消费者使用。只有在高度复杂的情况下，才将 API 分解为微服务。

10.10 小结

微服务是可独立部署的代码单元。通过将微服务组合起来，团队就可以创建分布式系统。转向微服务需要结合新技术并从组织获得自上而下的支持。经过组织慎重思考并实施的微服务转型可能会带来一些收益，主要是降低多个团队的协调成本。

请对一些技术趋势保持警惕，因为它们带来的复杂性可能远远大于所带来的收益。微服务确实为某些企业带来了好处，但并非没有挑战。企业必须估算转向微服务的成本，以确定设计、构建和操作微服务的复杂性是否超过了单一的、单体代码库的复杂性。

有些替代方案，例如模块化单体和基于单元的架构，支持微服务的许多目标，但对减少协调和局部决策优化的支持有所不同。如果有疑问，请遵循敏捷软件开发的“你不需要它”（You Ain’t Gonna Need It，YAGNI）原则，从模块化单体API开始，并在需要时将其分解为微服务。

第 11 章　改善开发者体验

能提供价值的、有用的 API 通常会有众多消费者。这是一种自然的不对称，只会随着时间的推移而增加。

——Mark O'Neill

当团队考虑交付 API 时，主要关注点是必须构建的代码。团队重点关注目标编程语言、辅助构建 API 的框架、CI/CD 流水线以及其他因素。尽管这些都很重要，但它们只涉及 API 供应商，并没有直接赋能给未来使用 API 的几十、数百甚至成千上万名的 API 消费者。

在设计和交付的所有内容中，API 供应商要把 API 消费者放在首位。API 供应商有责任创建一个模拟版的 API，来帮助早期采用者在 API 设计初期提供反馈（见图 11.1）；还需要考虑是否提供辅助库和命令行界面，以缩短不同技能水平的开发者使用 API 的集成时间。

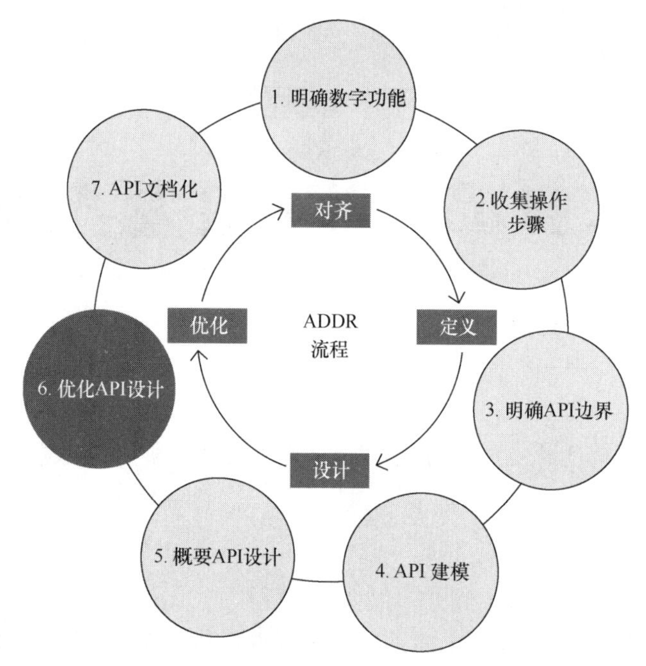

图 11.1 优化 API 设计，例如通过辅助库和命令行界面来改善开发者体验

11.1 创建一个 API 模拟实现

API 设计是一种模式和主观设计决策的混合体。在 API 设计阶段有意义的东西，在开发者集成 API 后可能就没有意义了。API 模拟实现是指创建一个 API 设计的模拟版本，这有助于验证 API 设计是否能满足目标开发者的需求。

模拟实现很快就可以交付，因为其不需要生产就绪的代码，还能绕过后端数据库服务器和遗留系统。模拟版本不仅是 API 设计的具体实现，同时返回静态响应或基于综合数据集的响应。

通过 API 模拟实现，开发者能够在实施开始之前整合 API 的部分内容。团队可以看到 API 设计是否缺少关键功能，以及确定 API 设计中可能缺少的重要数据元素。

API 设计会涉及做出妥协。一旦开发者要集成一个 API，他们会提供有关如何变更的反馈。如果 API 设计“被冻结”，那么这种变更必须等到新版本的 API 发布之后。

模拟实现的集成有助于尽早发现这些问题所在，此时的变更成本要低得多。

还有一个好处是，模拟实现有助于加速交付流程。无须等到整个 API 完成编码后，模拟实现可以用于为前端开发提供 API 集成代码，也可以用于驱动自动测试的构建。随着时间的推移，模拟集成将被实际的 API 替换，直到不再需要模拟并将其完全删除为止。接口保持不变，但模拟实现会随着时间的推移被替换。同时，团队能够并行地进行工作。

API 模拟实现有 3 种主要类型：API 静态模拟、API 原型模拟和基于 README 的模拟。每一种都可以独立使用或组合使用，以在交付前探索 API 设计。模拟实现也可以用于建立一个与生产分开的本地或基于云的学习环境。

11.1.1 API 静态模拟

在编写代码之前，探索 API 设计最简单的方法之一是为预期的 API 请求和响应编写部分或完整的静态版本。静态模拟通过基于 JSON 或 XML 的文件来收集 API 交互细节。这些文件可以与开发者和 API 设计审阅者共享，并提供了一些示例，以便在编码前进行查看并加以改进。

以下的模拟响应使用 JSON:API 规范展示了购物 API 示例的图书资源实例。

```
{
  "data": {
    "type": "books",
    "id": "12345",
        "attributes": {
        "isbn": "978-0321834577",
        "title": "Implementing Domain-Driven Design",
        "description": "With Implementing Domain-Driven Design, Vaughn has
made an important contribution not only to the literature of the Domain-Driven
Design community, but also to the literature of the broader enterprise
application architecture field."
    },
    "relationships": {
      "authors": {
          "data": [
           { "id": "765", "type": "authors" }
          ]
        }
      },
    "included": [
```

```
        {
          "type": "authors",
          "id": "765",
          "fullName": "Vaughn Vernon",
          "links": {
            "self": { "href": "/authors/765" },
            "authoredBooks": { "href": "/books?authorId=765" }
          }
        }
      ]
    }
}
```

可以使用 Web 服务器（例如 Apache 或 nginx）来提供静态模拟，让前端开发者将模拟的 API 响应集成到用户界面中。随后，当开始解析并将静态模拟集成到代码中时，他们就能尽早并经常提供反馈。

重要的是，要注意静态模拟不包含任何实现，因此模拟集成仅限于基于 GET 的操作。但是，为检索资源表征的 API 操作创建一个静态模拟是比较容易的且非常有用，并提供了大量反馈的机会。

11.1.2　API 原型模拟

与 API 静态模拟相比，实现用完即弃的 API 原型模拟可为 API 设计提供更好的验证。与静态模拟不同的是，静态模拟通常仅限于 GET 的操作，而 API 原型支持所有类型的操作，包括那些创建或修改资源状态的操作。

但是，API 原型需要花费更多的精力来手动制作。通常，团队会选择自己偏好的编程语言和框架——该框架已为快速交付进行了优化。Ruby、Python、PHP 和 Node.js 是流行的选择，因为它们开发速度较快，而且有丰富的库可用于生产 API 和综合数据集。

> **注意**
>
> 团队可能希望选择不被企业支持用于生产的语言和框架。这样做是为了确保被抛弃的 API 原型不会突然成为生产代码。

使用 API 模拟工具，通常基于 API 描述格式（例如 OAS），这可以让团队省去大部分或所有开发工作。这些工具可生成简单的模拟实现，可以为常见的基于 CRUD 的操作临时存储数据。有些工具可以为模拟实现生成代码，有些工具则可以随时创建模拟 API。

一开始，请尽量让 API 原型保持简单。根据需要扩展 API 原型，以深入研究任何有争议的领域——这些领域需要进一步的探索，或者可以鼓励并行开发。

11.1.3 基于 README 的模拟

基于 README 的模拟提供了另一种原型样式，且无须编写代码。团队需要创建一个 README 文件，以演示如何使用 API 来完成一个或多个所需的结果。基于 README 的模拟通过分享 API 的使用意图以产生期望的结果，有助于在实施开始之前来验证 API 设计。

大多数基于 README 的模拟会使用 Markdown，从而使文本和代码示例的组合可以在浏览器中轻松生成和呈现。诸如 GitHub 和 GitLab 之类的工具有内置的 Markdown 支持，尽管也可以使用 Jekyll 或 Hugo 等静态站点生成工具。

以下是一个基于 README 的模拟，演示了如何检索图书的详细信息，然后使用 JSON:API 媒体格式将图书添加到购物车中。

```
1. Retrieve Book Details

GET /books/12345 HTTP/1.1
Accept: application/vnd.api+json

HTTP/1.1 200 OK
Content-Type: application/vnd.api+json
...

{
  "data": {
    "type": "books",
    "id": "12345",
        "attributes": {
        "isbn": "978-0321834577",
        "title": "Implementing Domain-Driven Design",
        "description": "With Implementing Domain-Driven Design, Vaughn has
made an important contribution not only to the literature of the Domain-Driven
Design community, but also to the literature of the broader enterprise
application architecture field."
    },
    "relationships": {
      "authors": {
```

```
          "data": [
            { "id": "765", "type": "authors" }
           ]
        }
    },
    "included": [
      {
        "type": "authors",
        "id": "765",
        "fullName": "Vaughn Vernon",
        "links": {
          "self": { "href": "/authors/765" },
            "authoredBooks": { "href": "/books?authorId=765" }
          }
        }
      ]
    }
}

2. Add Book to Cart

POST /carts/6789/items HTTP/1.1
Accept: application/vnd.api+json

HTTP/1.1 201 Created
Content-Type: application/vnd.api+json
...

{
  "data": {
    "type": "carts",
    "id": "6789",
        "attributes": {
        ... truncated for space ...
    }
  }
}

3. Remove a Book from a Cart

...
```

使用这种方法，团队将有时间思考API设计，以及获得想要的结果——不需要编写或更改代码。这种方法还提高了文档和有关设计的对话的质量。基于README的模拟可以视为使用行为驱动开发（Behavior-Driven Development，BDD）框架（例如 Cucumber）的验收测试的手写版本。

11.2 提供辅助库和 SDK

客户端辅助库将 HTTP 连接管理、错误检测、JSON 封装和其他问题都封装在单一编程语言中。有些开发者更喜欢辅助库，因为用它可以避免处理低级 HTTP 问题的需要，有助于加速开发。辅助库还可以用于在流行的集成开发环境中实现代码补全，这是直接使用 HTTP 所不能的。

软件开发工具包（Software Development Kit，SDK）是一种打包的解决方案，其中包括辅助库、文档、示例代码、参考应用程序和其他可供开发者使用的资源。尽管 SDK 可能由 API 供应商分发，但 API 开发者门户网站的发展已经取代了打包完整 SDK 的需求。

许多开发者倾向于替换着使用这些术语，但是 SDK 和辅助库之间存在明显的区别。重要的是要明确发行版中提供的内容，以便让开发者建立合理的期望。

但是，不要指望所有开发者都会利用辅助库。熟悉 HTTP 的人通常更喜欢直接使用 HTTP 而不是辅助库，他们认为辅助库不够灵活、缺少某些功能，可能无法满足开发者用例的确切需求。

11.2.1 提供辅助库的选项

提供辅助库的选项有以下 3 种。

- **供应商支持**：供应商支持的辅助库是由 API 供应商构建和维护的。供应商拥有 API、管理 API，当 API 操作被添加或增强时，通过手动编码或代码生成来保持它们的同步。
- **社区贡献**：与供应商支持辅助库不同，社区为 SDK 提供贡献。这可能适用于所有编程语言，也可能适用于当前不支持的编程语言。供应商可能会选择让社区成员贡献的辅助库自行发展、与作者合作以使其变得更好，或者最终提出接手维护。注意，随着时间的推移，社区贡献的 SDK 可能会让贡献者或维护者失去兴趣，并可能被放弃。与贡献者保持沟通至关重要，因为许多开发者可能会认为这些SDK是API供应商支持的，如果它们不再被维护，就会给他们带来诸多不便。

- **消费者生成**：随着Swagger、RAML、Blueprint等API定义格式的增长，API消费者越来越容易从这些格式中生成自己的客户端库。这种辅助库为消费者提供了最大的灵活性，让他们可以选择在HTTP层上创建一个轻量级的包装器，也可以生成一个强大的具有模拟API资源的对象/结构的库。

API团队必须明确如何提供辅助库、计划支持哪些编程语言，以及社区或消费者生成的辅助库如何影响他们的开发者支持计划。

11.2.2 对辅助库版本化

辅助库有着自己的版本号方案，这可能会使开发者感到困惑。当辅助库对它们将API展示为对象的方式进行破坏性变更时，版本控制是很常见的。

例如，辅助库的版本1可能会返回包含资源属性的名称/值的键值对的哈希，但最终这种方法被弃用了，而改成返回对象。API可能仍然是版本1，但是Ruby的辅助库可能已经是版本2.1.5，而Python模块可能是版本1.8.5。

将SDK语言和版本号放在所有请求的User-Agent标头中有助于实现版本控制，但是最重要的是确保在客户端和服务器端都有完整的日志。

当确定使用的语言、辅助库版本和API版本时，支持邮件（support email）会让一切变得更混乱。在整个过程中，如果有社区贡献的辅助库，会导致状况更为混乱。即使是十分有经验的开发者，也会面临这种困扰。

添加一个请求标识符或相关标识符是解决上述问题的常用方法。这些标识符有助于将客户端请求与服务器端的日志关联起来，因为开发者与API支持团队需要进行沟通。应用程序性能管理（Application Performance Management，APM）工具对诊断问题也会很有用。

11.2.3 辅助库文档和测试

开发者在集成API时，不希望在API文档和无文档的辅助库之间来回切换，只想弄清楚如何将他们的想法转化成代码。为了避免这种糟糕的开发者体验，每种编程语言都需要有详尽的辅助库文档。此外，开发者门户中的示例代码应包括每个受支持的编程语言的示例。

对于每个版本，API 团队都需要预备足够的时间来保持所有受支持编程语言的辅助库文档的更新，还必须维护每个辅助库的自动化测试，以确保库在发布时与最新的 API 操作增强功能保持同步。

11.3　为 API 提供 CLI

尽管大多数 API 开发者的目标是将 API 集成到较大应用程序中，但重要的是不要忽视命令行界面（Command Line Interface，CLI），它是另一个开发者用例。封装 API 的 CLI 并不少见，就像辅助库为基于 Web 的 API 提供特定编程语言的封装一样。

与辅助库不同，CLI 提供了一种与远程系统交互的人性化的方法，而且不要求开发者有编码技能。CLI 既是一个 API 消费者，又是一个自动化工具。它可以用于许多目的，如下所示。

- 为自动化工程师提供快速、一次性的脚本。
- 在本地提取数据用于概念验证（Proof Of Concept，POC）。
- 使用 Kubernetes、Heroku、亚马逊网络服务（Amazon Web Services，AWS）、Google Cloud（gcloud）等工具实现基础设施自动化。

有了 CLI 工具，自动化工程师也可以开发 API，他们更擅长编写 Shell 脚本，而不是与 API 集成的应用程序。除 JSON、CSV 或其他支持更好的自动化和工具链的输出格式外，CLI 工具还可以提供人性化的输出。

设计一个封装 API 的 CLI 工具与设计一个 API 本身没有什么不同，也需要先了解所需的结果、活动和 JTBD 所需的步骤，然后着手设计满足这些需求的 CLI 接口。以下代码块显示了如何设计一个 CLI 接口来支持前几章中设计的购物 API。

```
$> bookcli books search "DDD"

| Title                           | Authors         | Book ID        |
|---------------------------------|-----------------|----------------|
| Implementing Domain-Driven ...  | Vaughn Vernon   | 12345          |

$> bookcli cart add 40321834577
```

```
Success!

$> bookcli cart show

Cart Summary:

| Total          | Estimated Sales Tax |
|--------------|---------------------|
| $42.99 USD   | $3.44 USD           |

Cart Items:

| Title                          | Price       | Qty | Book ID        |
|------------------------------|------------|-----|----------------|
| Implementing Domain-Driven ... | $42.99 USD | 1   | 12345          |

$> ...
```

为了提供良好的 CLI 体验，API 团队需要从头学习以人为本的 CLI 设计。有一个优秀的 Command Line Interface Guidelines[①]网站基于约 40 年的跨工具和操作系统的模式与实践，提供了如何设计以人为本的 CLI 的细节。

此外，团队应设法了解*nix 工具（例如 sed、awk 和 grep）中常见的管道和过滤器设计模式，以更好地理解工具链的工作原理；仔细研究 Kubernetes、Heroku 和其他受欢迎的 CLI，帮助团队了解如何设计一个对用户友好的 CLI 来封装远程 API。

使用代码生成器来生成辅助库和 CLI

无论是小团队要快速、连续地交付多个 API，还是企业要扩展其 API 程序，利用代码生成工具都是必不可少的。代码生成工具通过纳入样板代码和常见模式，确保 API 的交付具有一致性和规模性。尽管某些 API 样式（例如 gRPC）在很大程度上依赖代码生成器，但其他 API 样式将代码生成器视为可选的。代码生成器有助于以各种目标编程语言统一生成 SDK 和辅助库。

对于基于 REST 的 API，Swagger Codegen 是最流行的项目之一。该项目为各种编程语言提供开源的客户端代码生成器。另一个流行的选择是 APIMatic，这是一个免费的工具，提供代码生成支持。这些工具都基于 OAS 描述文件来生成客户端代码。最终产生的代码可以由 API 团队打包并分发。

有些企业发现，创建自己的客户端代码生成器是更好的选择。虽然这样做需

① Aanand Prasad, Ben Firshman, Carl Tashian, and Eva Parish, “Command Line Interface Guidelines”, accessed 2021.

> 要更多的投入，但可以根据需要对生成的代码进行定制。例如，可以定制代码以跟踪速率限制、检测特殊错误响应代码，并在适当的情况下进行重试。

11.4 小结

API设计并不仅仅停留在API操作的细节和协议语义上，还需要经过深思熟虑，考虑开发者将如何集成API的问题。尽管某些代码决策对API供应商很重要，但这些都是内部的问题，对使用API的众多消费者并没有直接影响。API越复杂，就需要越多的工具（例如API模拟、辅助库、CLI等）来支持设计和交付流程。

API团队必须考虑他们的决策会对未来的API消费者产生怎样的正面或负面影响，避免做出为少数开发者提供局部优化的决策，而应选择为API的众多当前和未来的消费者进行全局优化。

第 12 章 API 测试策略

消除缺陷是软件开发过程中最昂贵和最耗时的工作之一。

——Caspers Jones

在构建一个 API 产品或平台时，制订 API 测试策略是很重要的。选择正确的 API 测试策略有助于实现 API 程序的可支持性，而且有助于更快交付，同时避免软件开发过程中成本最高的因素之一：消除缺陷。最后，自动化测试面向消费者的性质，为 API 的开发者体验提供了另一个视角。API 测试旨在通过尽早识别 API 的质量问题来优化 API 设计，如图 12.1 所示。

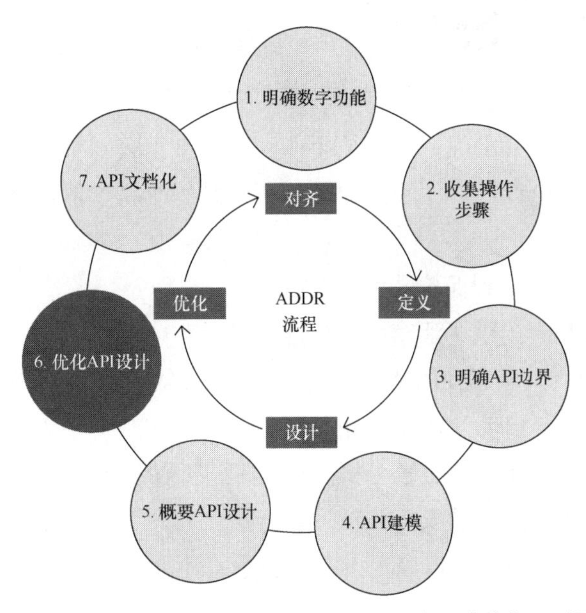

图 12.1　API 测试旨在通过尽早识别 API 的质量问题来优化 API 设计

12.1 验收测试

验收测试，也称为面向解决方案的测试，用于确保API支持所收集的任务用例。验收测试要回答以下问题。

- 该API是否解决了客户遇到的实际问题？
- 该API是否为要完成的工作产生了预期的结果？

验收测试可以验证实现预期结果所需API操作的协作成果。编写验收测试，只需要使用API接口来验证系统是否实现所有预期的端到端功能。在开发过程中，API的内部结构可以而且可能会发生变化，但这不应该影响验收测试的结果。

验收测试是对API最有价值的测试手段之一。编写验收测试的过程有助于明确单个API操作或跨端集成的不良开发者体验。在时间有限的情况下，完成代码测试之后，验收测试应该是花费最多精力的工作。

12.2 自动化安全测试

几乎每周都会出现一则头条新闻，提到某家公司被黑客入侵，其内部信息被泄露。安全是一个过程，而不是产品，而且是一个持续的过程。安全测试的目的是回答以下问题。

- API是否受到保护并免受攻击？
- API是否提供了泄露敏感数据的机会？
- 是否有人恶意使用API并通过数据对商业智能造成损害？

虽然通常与自动化测试不相关，但安全测试是一个主动的流程，其中包括设计时的审查流程、开发时的静态和动态代码分析以及运行时监控。

设计时和开发时的安全测试通常会用到一些策略和工具，旨在通过设计审查来防止敏感数据的泄露，以确定潜在的问题；还涉及针对每个API操作的授权策略，以确保执行正确的访问权限。

可以使用一个 APIM 层来应用运行时监控和执行。授权执行是通过配置来管理的，避免了在 API 实现中实施访问限制的需要。日志分析可用于检测和阻止恶意攻击。更多关于安全保护的详细信息参见第 15 章。

12.3 运维监控

API 可以而且经常为应用程序提供与系统交互的主要接口。由于 API 服务扮演着依赖性角色，因此无论是对于组织内部的其他服务还是外部的合作伙伴和客户，API 服务的可用性至关重要。此外，公司可能与客户和合作伙伴就 API 的性能和正常运行时间达成了 SLA。如果未能达到 SLA，可能会导致亏损，以及会让客户对产品感到不满或失望。

运维监控旨在回答以下问题。

- API 是否可用，且其性能符合预期？
- API 是否保持在预期的 SLA 内？
- 是否需要提供更多的基础设施来达到性能目标？

监控和分析解决方案是 API 运行监控的重要组成部分。分析可以验证 API 在现实世界中的使用量是否与测试中的正确性和性能相匹配。分析评估可以像性能计数器一样简单，也可以像具有广泛监视和可视化支持的第三方库一样复杂。

12.4 API 契约测试

API 契约测试有时也被称为功能测试，用于验证每个 API 操作是否符合预期，并遵守 API 为消费者定义的契约。

API 契约测试旨在回答以下问题。

- 对于所有成功案例，每项操作是否都按照规范实施？
- 是否遵循输入参数要求？如何处理不良输入？
- 是否收到了预期的输出？

- 响应格式是否正确？是否使用了合适的数据类型？
- 错误是否得到了正确处理？它们是否被反馈给了消费者？

在 ADDR 流程中，API 描述文件是在实施之前的设计过程中定义的。这些描述文件可用于验证 API 契约，作为契约测试过程的一部分。一些 REST API 的常见契约规范格式包括 OpenAPI（Swagger）、API Blueprint 和 RESTful API 建模语言（RAML）。GraphQL API 有一个架构定义，有助于驱动契约测试。gRPC API 使用 IDL 文件来定义服务契约。我们将在第 13 章中进一步讨论这个主题。

API 契约测试必须首先确保每个 API 操作的正确性。如果 API 提供的信息或操作不符合 API 的规范，就算每分钟处理数千个客户端也是无意义的。发现和消除错误，找出不一致的地方，并验证 API 是否符合其设计的规范，这些都属于正确性测试的范畴。

接下来，API 契约测试必须关注可靠性。在每次调用操作时，API 应提供正确的信息。对于设计为幂等的操作，重复执行相同的操作应该产生相同的结果。支持分页的 API 操作应该以一种可预测的方式将结果进行分页。

最后，API 契约测试应该提交无效的和缺失的数据，并验证是否收到预期的错误响应。例如，提交字符串值来代替数字值，以及可接受范围之外的值；使用不正确的日期格式，或可接受日期范围之外的日期。

用户界面测试与 API 测试

有些团队成员可能会觉得为 API 构建专门的测试是在浪费时间。他们可能会提出这样的理由：UI 测试已经充分覆盖了 API，因为 UI 已经调用了 API。然而，事实并非如此。UI 测试 API 的范围只限于 UI 对 API 的操作，这意味着如果 UI 正在对用户输入进行客户端验证，则 UI 测试将永远不会验证 API 处理不良数据的能力。有些人可能会说这种测试水平已经足够了，但他们可能忘记了开放式 Web 应用程序安全项目（Open Web Application Security Project，OWASP）的建议，即“不要信任用户的输入”。用户或客户端不会总是以 API 期望的方式提交数据，应该始终验证来自表单以及 HTTP 请求头的数据。API 测试的目标之一是确保 API 能够处理可能在特定 UI 之外提交的众多合法和非法的值。如果我们仅依赖 UI 测试，就不应该认为对 API 进行了充分测试。API 测试的另一个目标是确保如果没有通过测试，就不能将 API 部署到生产环境中。这就要求 API 测试成为持续集成和交付管道的一部分，就像其他所有类型的自动化测试一样。

12.5 选择工具，以加快测试速度

有些企业可能成立了 QA 团队，专门研究自动化测试和手动探索性测试。QA 团队可能由编写代码和使用测试工具的人组成，这些测试工具有助于编写测试自动化套件，而无须编写代码。有些企业可能根本没有专门的 QA 团队，而是依靠开发者编写和维护 API 测试代码。在选择 API 测试工具时，请务必考虑这些因素。

如今，有许多开源和商业的测试工具，可以支持使用 API 规范格式来创建 API 测试，以帮助开始测试过程。有些被设计成支持通过 UI 创建测试，以减少或消除编写测试代码的需要，还有一些被设计为提供一个脚本环境或需要编码的测试库。请务必选择正确的解决方案，以与组织发现的测试偏好和技能相匹配。

有些性能和监控解决方案，作为第三方 API 监控即服务解决方案提供，可以从一系列公司获得，最初通常是免费的，用于少量的测试。开源的监控工具可以在本地或云托管的基础设施上运行。团队可以修改用于执行负载和性能测试而构建的自定义工具，使之以较低的频率和较小的规模运行，达到监控或浸泡测试的目的。

API 测试通常通过代码或测试脚本实现自动化，并在专用的测试环境中执行。自动化这些测试需要较高的基础设施成本，因为需要额外的非生产环境，包含基础设施资源。一定要考虑到如何自动化测试，以及支持这些测试所需的基础设施成本。

最后，考虑如何通过战略性选择 API 测试工具来扩展 TDD。专门的 QA 团队可以构建自动化测试套件，可供开发者在实现 API 时直接采用。负责自己编写 API 测试的开发者可能希望采取类似的方法，就像他们在日常开发过程中应用 TDD 一样。这种方法有助于展示进展，并验证所实现的 API 是否能够处理所有成功、无效和错误的情况。

12.6 API 测试的挑战

在确立 API 测试策略时，不可忽视的挑战之一是对测试数据集的需求。虽然单

元测试可能不需要用到复杂的数据集，但 API 测试的需求完全相反。API 测试通常需要大量的努力来构建一组内聚的数据集，以支持必要的测试用例。

为 API 创建测试数据集有两种常见的方法：现有数据集的快照和洁净室数据集的创建。采用生产系统的快照并清理敏感数据后的数据集通常是最直接的方法。与先选择整个数据存储的快照相比，这种方式需要较少的努力来分离必要的数据。该快照可用于将测试数据恢复到一个已知状态。当已有现成的生产数据时，这是一种很好的方法。

洁净室数据集的创建则更具挑战性，需要大量时间，但是一旦完成，就可以实现更强大的测试用例。洁净室数据集中的数据包括从头开始创建内聚的数据集以支持 API 测试过程。诸如 Mockaroo 之类的工具可以用来合成某些数据，同时提供更多现实世界的值，而不是简单地使用随机值。但是，通常需要手动制作数据元素，以构建代表整个场景的深度嵌套的数据集，而不仅仅是单一的数据表。

例如，JSON 书店将需要图书、购物车、订单和客户，这些元素都不容易随机生成，因此通常由领域专家手动构建，甚至可能会用到电子表格；然后，用一个脚本将这些数据加载到合适的数据存储区，以确保这些元素通过共享标识符、外键和链接表正确连接。最后，测试可以使用 API 来检索客户的相关信息，查看他们的订单，执行新的购物操作，并验证 API 的功能是否符合预期。

有些 API 测试可能依赖于第三方服务，这些服务不提供自己的沙盒或测试环境。在这种情况下，我们可以使用诸如 API 模拟之类的技术来隔离外部依赖关系，并防止将生产系统作为 API 测试套件的一部分。可以创建模拟响应来代替系统，而不是直接连接到系统。当然，这通常需要额外的数据准备工作，以确保模拟数据正确满足要支持的用例。

12.7　让 API 测试不可或缺

很多时候，当时间紧迫时，团队会选择走捷径，这通常导致糟糕的 API 测试或根本没有测试。就像文档一样，测试通常被视为开发过程中可有可无的东西。但是，我们应该把测试和文档看作真正完成 API 并准备部署的必要步骤，否则会为错误“创造”机会，并让错误蔓延到合作伙伴和客户的互动中。更糟糕的是，这可能使企业通过一个或多个 API 受到恶意攻击。

12.8 小结

强大的 API 测试策略是 API 交付的一个重要步骤，并且可以有效防止 API 的回归缺陷。合适的 API 测试策略有助于确保 API 的正确性和可靠性，同时确保可以实现所需的结果。API 测试策略还应该扩展到开发阶段之外，并进入运行时测试，以保持一个安全和高效的环境。在创建、执行和通过所有测试之前，API 不应该被视为“已完成的”。

第 13 章　为 API 设计制作文档

文档是 API 的第三个用户界面，也是最重要的一个界面。

——D. Keith Casey

文档是有关开发者体验一个非常重要的要素。大多数 API 团队会认为有每个操作的参考文档就足够了。但是，这只是 API 文档工作的开始。

优化阶段的最后一步是 API 文档化，将学到的东西重新纳入 API 设计，如图 13.1 所示。

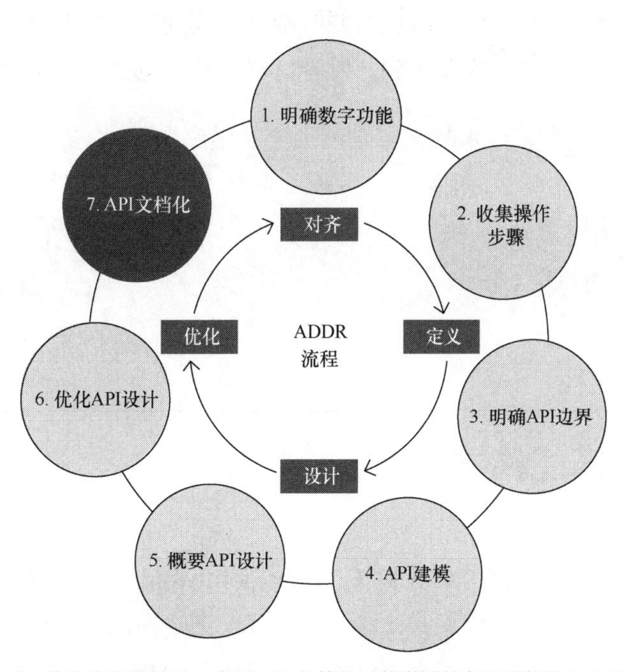

图 13.1　优化阶段的最后一步是 API 文档化，将学到的东西重新纳入 API 设计

制订API文档策略是API设计的一部分。开发者门户网站必须支持各种角色的“到访”。在本章中，我们将概述所有API文档工作的基本信息，并给出有关如何构建和优化API开发者门户网站的建议。

13.1 API文档的重要性

对要集成API的开发者来说，API文档是最重要的用户界面。它是API供应商与许多开发者之间的主要沟通媒介，API供应商的任务是设计和交付API，而开发者的任务是将API集成到应用程序和自动化脚本。

除非API是开源产品的一部分，否则API消费者将永远无法访问源代码。即使他们可以访问源代码，通过阅读源代码来了解API也是不可行的，因为它减慢了开发者的速度，会导致其产生挫败感。最糟糕的是，开发者会转而依赖竞争对手或自己实现所需的功能。

此外，把API文档组织得井然有序也很重要。如果API供应商创建了入门指南和参考文档，开发者就可以在需要时准确地找到所需的内容。即使API文档写得再好，如果没有将其正确发布到开发者门户网站，也会令效果大打折扣。

原则4：对开发者而言，API文档是最重要的用户界面

文档是API供应商与许多开发者之间的主要沟通媒介，API供应商的任务是设计和交付API，而开发者的任务是将API集成到应用程序和自动化脚本。因此，API文档应该是最高优先级的任务，而不是最后一刻的任务。

13.2 API描述格式

传统上，技术文档是以PDF、Microsoft Word文档或普通的HTML格式加以获取和分享的。尽管这些格式比没有文档好，但这样的文档只有人才能看懂。

API描述格式以计算机可读的格式提供了API的详细信息。有些工具可以将描述转换为人们可读的文档，生成客户端库，并通过已成熟的常见模式和实践来生成服务器端代码的“骨架”。

有些 API 描述格式支持添加特定于供应商的扩展。这些可以用于进一步定义授权、路由和配置规则，用于自动化部署流程和 APIM 层配置。

诸如 GraphQL 和 gRPC 之类的 API 样式提供了它们各自的格式。如果是直接构建在 HTTP 之上的基于 REST 的 API 或基于 RPC 的 API，则需要单独的描述格式。本节将概述流行的格式，以帮助团队选择他们希望使用的一种或多种格式，进而推动其 API 描述和文档编写工作。

文档示例参见 GitHub 上的 API Workshop 示例。

13.2.1 OpenAPI 规范

OAS 的前身是 Swagger，它是目前最流行的描述 API 细节的格式之一。它由 Linux 基金会在 OpenAPI Initiative（OAI）的组织下进行管理。Swagger 品牌现在由 SmartBear 拥有，它继续以 Swagger 的名义维护和支持各种开源的 API 项目。

由于 SwaggerUI 项目内置的 try-it-out 功能，OAS 开始流行起来。该项目旨在为开发者生成基于 HTML 的 API 参考文档。try-it-out 功能使开发者和非开发者可以在生成的文档中针对实时服务器探索一个 API。它支持基于 JSON 和 YAML 的格式。

OAS 目前处于规范的第 3 版，但某些组织和开源项目仍在使用 OAS v2。这个工具的生态系统非常庞大，并且还在继续发展，这使其成为任何所有构建 API 的团队的热门选择。清单 13.1 显示的是一个 OAS v3 规范的示例，该示例基于在第 7 章中创建的购物车 API 设计。

清单 13.1 OpenAPI v3 规范的示例

```
openapi: 3.0.0
info:
  title: Bookstore Shopping Example
  description: The Bookstore Example REST-based API supports the shopping
experience of an online bookstore. The API includes the following  capabili
ties and operations...
  contact: {}
  version: '1.0'
paths:
```

```
  /books:
    get:
      tags:
      - Books
      summary: Returns a paginated list of books
      description: Provides a paginated list of books based on the search
criteria provided...
      operationId: ListBooks
      parameters:
      - name: q
        in: query
        description: A query string to use for filtering books by title and
description. If not provided, all available books will be listed...
        schema:
          type: string
      responses:
        200:
          description: Success
          content:
            application/json:
              schema:
                $ref: '#/components/schemas/ListBooksResponse'
        401:
          description: Request failed. Received when a request is made with
invalid API credentials...
        403:
          description: Request failed. Received when a request is made with
valid API credentials towards an API operation or resource you do not have
access to.
components:
  schemas:
    ListBooksResponse:
      title: ListBooksResponse
      type: object
      properties:
        books:
          type: array
          items:
            $ref: '#/components/schemas/BookSummary'
          description: 'A list of book summaries as a result of a list or
filter request...'
    BookSummary:
      title: BookSummary
      type: object
      properties:
```

```
        bookId:
          type: string
          description: An internal identifier, separate from the ISBN, that
identifies the book within the inventory
        isbn:
          type: string
          description: The ISBN of the book
        title:
          type: string
          description: 'The book title, e.g., A Practical Approach to API
Design'
        authors:
          type: array
          items:
            $ref: '#/components/schemas/BookAuthor'
          description: ''
      description: 'Summarizes a book that is stocked by the book store...'
    BookAuthor:
      title: BookAuthor
      type: object
      properties:
        authorId:
          type: string
          description: An internal identifier that references the author
        fullName:
          type: string
          description: 'The full name of the author, e.g., D. Keith Casey'
      description: 'Represents a single author for a book. Since a book may
 have more than one author, ...'
```

13.2.2 API Blueprint

API Blueprint 起源于一家名为 Apiary 的 API 工具供应商，现在隶属于 Oracle 公司。API Blueprint 将使用 Markdown 轻松生成文档的想法与计算机可读的格式结合起来，可以满足代码生成和其他工具需求。

由于 API Blueprint 基于 Markdown，因此任何能够使用 Markdown 格式渲染和编辑文件的工具（例如 IDE）都可以使用这种格式。尽管此工具的生态系统不像 OAS 那样庞大，但得益于 Apiary 的前期努力，它确实有相当多的社区支持。如清单 13.2 所示，它很容易使用，对那些寻求将基于 Markdown 的文档与计算机可读的 API 描述格式相结合的人来说，这是一个不错的选择。

清单 13.2 API Blueprint 示例

```
FORMAT: 1A
HOST: 

# Bookstore Shopping API Example
The Bookstore Example REST-based API supports the shopping experience of an
online bookstore. The API includes the following capabilities and operations...

# Group Books

## Books [/books{?q,offset,limit}]

### ListBooks [GET]
Provides a paginated list of books based on the search criteria provided...

- Parameters
    - q (string, optional)
        A query string to use for filtering books by title and description.
If not provided, all available books will be listed...
    - offset (number, optional) -
        A offset from which the list of books are retrieved, where an offset
of 0 means the first page of results...
        - Default: 0
    - limit (number, optional) -
        Number of records to be included in API call, defaulting to 25 records
at a time if not provided...
        - Default: 25

- Response 200 (application/json)
        Success
    - Attributes (ListBooksResponse)
- Response 401
        Request failed. Received when a request is made with invalid API
credentials...
- Response 403
        Request failed. Received when a request is made with valid API cred
entials towards an API operation or resource you do not have access to.

# Data Structures

## ListBooksResponse (object)
A list of book summaries as a result of a list or filter request...

### Properties
```

```
- 'books' (array[BookSummary], optional)

## BookSummary (object)
Summarizes a book that is stocked by the book store...

### Properties

- 'bookId' (string, optional) - An internal identifier, separate from the
 ISBN, that identifies the book within the inventory
- 'isbn' (string, optional) - The ISBN of the book
- 'title' (string, optional) - The book title, e.g., A Practical Approach to
API Design
- 'authors' (array[BookAuthor], optional)

## BookAuthor (object)
Represents a single author for a book. Since a book may have more than one
author, ...

### Properties
- 'authorId' (string, optional) - An internal identifier that references the
author
- 'fullName' (string, optional) - The full name of the author, e.g., D.
Keith   Casey
```

13.2.3 RAML

RESTful API 建模语言（RESTful API Modeling Language，RAML）在设计时考虑到了完整的 API 设计生命周期。它起源于 MuleSoft，但也有许多来自其他行业领导者为之做出贡献。RAML 的设计旨在支持设计工具以及文档和代码生成工具。RAML 建立在 YAML 格式之上。

虽然 RAML 是在 MuleSoft 的帮助下产生的，但其规范和大部分工具都与供应商无关。RAML 专注于描述资源、方法、参数、响应、媒体类型和其他基于 REST 的 API 常见的 HTTP 结构。但是，它可以用于描述几乎所有基于 HTTP 的 API 格式。清单 13.3 显示的是 RAML v1.0 示例，即使用 RAML 来描述购物车 API。

清单 13.3　RAML v1.0 示例

```
#%RAML 1.0
title: Bookstore Shopping API Example
```

```
version: 1.0
baseUri:
baseUriParameters:
  defaultHost:
    required: false
    default: www.example.com
    example:
      value: www.example.com
    displayName: defaultHost
    type: string
protocols:
- HTTPS
documentation:
- title: Bookstore Shopping API Example
  content: The Bookstore Example REST-based API supports the shopping
experience of an online bookstore. The API includes the following capabilities
and operations...
types:
  ListBooksResponse:
    displayName: ListBooksResponse
    description: A list of book summaries as a result of a list or filter
request...
    type: object
    properties:
      books:
        required: false
        displayName: books
        type: array
        items:
          type: BookSummary
  BookSummary:
    displayName: BookSummary
    description: Summarizes a book that is stocked by the book store...
    type: object
    properties:
      bookId:
        required: false
        displayName: bookId
        description: An internal identifier, separate from the ISBN, that
identifies the book within the inventory
        type: string
      isbn:
        required: false
        displayName: isbn
        description: The ISBN of the book
```

```
          type: string
        title:
          required: false
          displayName: title
          description: The book title, e.g., A Practical Approach to API Design
          type: string
        authors:
          required: false
          displayName: authors
          type: array
        items:
          type: BookAuthor
    BookAuthor:
      displayName: BookAuthor
      description: Represents a single author for a book. Since a book may have
more than one author, ...
      type: object
      properties:
        authorId:
          required: false
          displayName: authorId
          description: An internal identifier that references the author
          type: string
        fullName:
          required: false
          displayName: fullName
          description: The full name of the author, e.g., D. Keith Casey
          type: string
/books:
  get:
    displayName: ListBooks
    description: Provides a paginated list of books based on the search
criteria provided...
    queryParameters:
      q:
        required: false
        displayName: q
        description: A query string to use for filtering books by title and
description. If not provided, all available books will be listed...
        type: string
      offset:
        required: false
        default: 0
        example:
          value: 0
```

```
          displayName: offset
          description: A offset from which the list of books are retrieved,
where an offset of 0 means the first page of results...
          type: integer
          minimum: 0
          format: int32
        limit:
          required: false
          default: 25
          example:
            value: 25
          displayName: limit
          description: Number of records to be included in API call, defaulting
to 25 records at a time if not provided...
          type: integer
          minimum: 1
          maximum: 100
          format: int32
      headers:
        Authorization:
          required: true
          displayName: Authorization
          description: An OAuth 2.0 access token that authorizes your app to
call this operation...
          type: string
      responses:
        200:
          description: Success
          headers:
            Content-Type:
              default: application/json
              displayName: Content-Type
              type: string
          body:
            application/json:
              displayName: response
              description: Success
              type: ListBooksResponse
        401:
          description: Request failed. Received when a request is made with
invalid API credentials...
          body: {}
        403:
```

```
        description: Request failed. Received when a request is made with
valid API credentials towards an API operation or resource you do not have
access to.
        body: {}
```

13.2.4 JSON Schema

JSON Schema 规范提供了一种计算机可读的格式，用于对基于 JSON 格式的结构和验证规则加以规范化。该规范分为核心基础规则和验证规则，是定义需要验证的 JSON 结构的综合解决方案。你可以将 JSON Schema 视为 XML Schema 的 JSON 版本。

虽然独立于任意一种 API 样式，但 JSON Schema 可用于描述基于 REST 的 API 和其他 API 样式的资源表征。JSON Schema 也可以在企业中作为单一格式用于定义整个企业的领域对象的架构格式。

尽管 OAS 的模式定义部分非常灵活，但它缺乏 JSON Schema 提供的一些强大定义支持。OAS v3.1 的最新更新有助于将 JSON Schema 和 OAS 统一，从而让企业可以使用两种格式。鉴于 JSON Schema 在 OAS 描述格式中被接受，它将继续获得工具的支持。清单 13.4 显示的是 JSON Schema 示例。

清单 13.4 JSON Schema 示例

```
{
  "$id": "https://example.com/BookSummary.schema.json",
  "$schema": "http://json-schema.org/draft-07/schema#",
  "description": "Summarizes a book that is stocked by the book store...",
  "type": "object",
  "properties": {
    "bookId": {
      "type": "string"
    },
    "isbn": {
      "type": "string"
    },
    "title": {
      "type": "string"
    },
    "authors": {
      "type": "array",
      "items": {
        "$ref": "#/definitions/BookAuthor"
```

```
          }
        }
      },
      "definitions": {
        "BookAuthor": {
          "type": "object",
          "properties": {
            "authorId": {
              "type": "string"
            },
            "fullName": {
              "type": "string"
            }
          }
        }
      }
    }
```

13.2.5 使用ALPS的API配置文件

ALPS是用于定义应用程序级别和领域语义的描述格式，独立于API样式和可用的协议。ALPS有助于定义一个API的数字功能和消息交换的概况，而不是如何与API进行交互的具体细节。ALPS是一种计算机可读的格式，可用于收集API建模过程中产生的API配置文件（见第6章）。

ALPS旨在为API和服务发现、API目录和工具元数据提供支持，其中API配置文件可以使用一种或多种API样式（包括基于REST、gRPC和/或GraphQL）实现。该规范为XML、JSON和YAML格式提供支持。

ALPS支持两个基本元素的组合：数据（消息）和转换（操作）。当结合在一起时，这两个元素就可以收集API配置文件的操作和消息语义。尽管基于JSON的规范已经在计划中，但ALPS的默认格式为XML。

清单13.5显示的是一个API配置文件示例，可以用来描述任何数量的API样式实现的操作和消息。

清单13.5 API配置文件示例，使用ALPS Draft 02格式的XML

```
<alps version="1.0">
  <doc format="text">A contact list.</doc>
  <link rel="help" href="/help/contacts.html" />
  <!-- a hypermedia control for returning BookSummaries -->
```

```
  <descriptor id="collection" type="safe" rt="BookSummary">
    <doc>
      Provides a paginated list of books based on the search criteria  provided.
    </doc>
    <descriptor id="q" type="semantic">
      <doc>A query string to use for filtering books by title and  description.
</doc>
    </descriptor>
  </descriptor>

  <!--  BookSummary: one or more of these may be returned -->
  <descriptor id="BookSummary" type="semantic">
    <descriptor id="bookId" type="semantic">
      <doc>An internal identifier, separate from the ISBN, that identifies
the book within the inventory</doc>
    </descriptor>
    <descriptor id="isbn" type="semantic">
      <doc>The ISBN of the book</doc>
    </descriptor>
    <descriptor id="title" type="semantic">
      <doc>The book title, e.g., A Practical Approach to API Design</doc>
    </descriptor>
    <descriptor id="authors" type="semantic" rel="collection">
      <doc>Summarizes a book that is stocked by the book store</doc>
      <descriptor id="authorId" type="semantic">
        <doc>An internal identifier that references the author</doc>
      </descriptor>
      <descriptor id="fullName" type="semantic">
        <doc>The full name of the author, e.g., D. Keith Casey</doc>
      </descriptor>
     </descriptor>
   </descriptor>
</alps>
```

13.2.6 使用 APIs.json 改进 API 发现功能

要帮助开发者使用各种工具促进 API 的消费，可能需要多种 API 描述格式。APIs.json 是一种描述格式，可以通过计算机可读的索引文件来改进 API 的发现。它类似于一个网站的站点地图，有助于将搜索引擎的索引器引导到网站的重要区域。

一个 APIs.json 文件可以引用多个 API，因此这种格式可用于将多个独立的 API 描述文件捆绑到一个产品或平台视图中。当与其他计算机可读的格式结合使用时，

API 可以被发现、编入索引，并在公共或私人的 API 目录中列出。

顾名思义，APIs.json 的默认格式是 JSON，但是也可以使用清单 13.6 所示的基于 YAML 的格式。

清单 13.6　APIs.json 示例提供了一个 API 的索引视图，及其各种计算机可读的描述文件

```
name: Bookstore Example
type: Index
description: The Bookstore API supports the shopping experience of an online
bookstore, along with ...
tags:
  - Application Programming Interface
  - API
created: '2020-12-10'
url: /apis.json
specificationVersion: '0.14'
apis:
- name: Bookstore Shopping API
  description: The Bookstore Example REST-based API supports the shopping
experience of an online bookstore
  humanURL:
  baseURL:
  tags:
    - API
    - Application Programming Interface

  properties:
    - type: Documentation
      url: /documentation
  - type: OpenAPI
    url: /openapi.json
  - type: JSONSchema
    url: /json-schema.json
contact:
  - FN: APIs.json
    email: info@apisjson.org
    X-twitter: apisjson

specifications:
  - name: OpenAPI
    description: OpenAPI is used as the contract for all of our APIs.
    url:
  - name: JSON Schema
    description: JSON Schema is used to define all of the underlying objects
used.
```

```
    url: 
common:
  - type: Signup
    url: /signup
  - type: Authentication
    url: /authentication
  - type: Login
    url: /login
  - type: Blog
    url: /blog
  - type: Pricing
    url: /pricing
```

13.3　使用代码示例扩展文档

代码示例为开发者提供了必要的指导，使其能够在实践中应用文档。它们帮助开发者将参考文档和集成 API 的实际工作联系起来。

代码示例有多种形式，从只有几行演示特定操作如何工作的代码，到复杂些的演示一个完整的工作流程的示例。

13.3.1　先写好入门代码示例

最初，开发者必须对 API 有基本的了解，并知道 API 如何帮助他们解决问题。重要的是要记住，在这个阶段开发者只是想看到一些东西能运行。

实现第一个 Hello World 的时间（Time To First Hello World，TTFHW），是确定 API 复杂性的关键指标。让开发者获得第一个“胜利”所需的时间越长，他们就越有可能在 API 中挣扎，甚至会放弃它或建立自己的解决方案。

要帮助开发者快速入门，需要提供简洁的示例，以消除明确编码的需求。请查看下面这个来自 Stripe 的示例：

```
require "stripe"
Stripe.api_key = "your_api_token"
Stripe::Token.create(
```

```
  :card => {
    :number => "4242424242424242",
    :exp_month => 6,
    :exp_year => 2024,
    :cvc => "314"
})
```

注意，在这个示例中，开发者不需要编写任何代码，只需要填写 API 密钥，就可以在沙盒环境中获得一个信用卡令牌。

在这个阶段，请尽量避免需要开发者编写大量代码的示例，让 TTFHW 较短。在第一次尝试 API 时，切勿要求开发者编写代码以完成示例，要让这一切容易上手，并能让开发者看到请求成功工作。

13.3.2 使用工作流示例扩展文档

在开发者使用了一些代码示例尝试 API 之后，下一步是开始演示常见的用例和工作流程。

工作流示例的重点是实现特定的结果。这些示例必须在透彻理解适合生产环境的编码约定后提供。注释有助于解释为什么每个步骤都是必要的。请使用硬编码的值来提高可理解性，选择使代码易于阅读的变量和方法名称。

以下是使用 Stripe 的基于 Ruby 的辅助库向信用卡收费的示例：

```
# Remember to change this to your API key
Stripe.api_key = "my_api_key"

# Token is created using Stripe.js or Checkout!

# Get the payment token submitted by the form:
token = params[:stripeToken]

# Create a Customer:
customer = Stripe::Customer.create(
  :email => "paying.user@example.com",
  :source => token,
)

# Charge the Customer instead of the card:
charge = Stripe::Charge.create(
  :amount => 1000,
  :currency => "usd",
```

```
    :customer => customer.id,
  )

  # YOUR CODE: Save the customer ID and other info
    # in a database for later.

  # YOUR CODE (LATER): When it's time to charge the
    # customer again, retrieve the customer ID.

  charge = Stripe::Charge.create(
    :amount => 1500, # $15.00 this time
    :currency => "usd",
    :customer => customer_id, # Previously stored, then retrieved
  )
```

注意，工作流的代码示例比用于实现较短 TTFHW 的示例更为复杂。这些示例需要足够长，以解释相关概念，但又不能太长，以避免需要大量时间来理解。通常最好是展示那些容易理解并可能映射到客户需求的场景。

13.3.3 错误案例和生产就绪的示例

尽管有些开发者可能比别人更熟悉如何准备好生产就绪的代码，但在 API 集成的最后一步，协助可以让开发者的工作更简单。错误案例和生产就绪的示例可帮助开发者了解如何将 API 集成到他们的生产环境中。

这些示例应该有助于开发者正确解决问题，并在 API 发生故障时应用重试循环。添加演示如何收集和恢复最终用户提供的不良数据的示例也很重要。最后，展示如何获得其账户的当前速率限制，并检测何时超过了速率限制。

13.4 从参考文档到开发者门户网站

API 文档是一个笼统的概念，用于描述一个 API 以及如何使用它。虽然这个概念听起来就像只有一种文档一样，但实际上 API 文档不仅包含参考文档，还包括一个开发者门户网站——该门户网站将 API 消费者需要的所有元素汇总在一起，以成功集成。除开发者以外的其他参与 API 采用过程的角色也会用到该门户网站。

13.4.1 通过开发者门户网站提高API采用率

尽管API开发者门户网站的目标角色通常是开发者，但其他角色也可以从中受益。

- **行政部门**：参与发现、审查和批准新API的流程。
- **业务和产品经理**：寻找利用内部和/或第三方API的方法，以加快新解决方案的交付。
- **解决方案架构师和技术负责人**：定义一个新解决方案，可能会利用一个企业部门的现有API。

开发者门户网站有助于将所需的不同沟通方式结合在一起，以确保可以找到API、了解使用API的好处，并协助开发者整合API。开发者门户网站还在企业的API投资组合中存在的许多底层API之上提供了接口，以便在整个企业内进行宣传。

案例研究：企业开发者门户网站的成功

某大型IT企业集团的API项目倡议起初只有几个关键人物。经过一年的投入，该团队构建了多个API，为业务提供了许多高价值功能。但是，团队只制作了参考文档，没有搭建开发者门户网站。因此，关于如何开始使用API的信息并不容易获得。团队将参考文档扩展为一个完整的开发者门户网站。

修订后的开发者门户网站能够引导开发者了解API的结构和功能，在沙盒环境中进行集成，并通过轻量级的认证计划进行生产访问。

行政部门的人员使用开发者门户网站在整个企业中宣传API计划，从而增加了对使用API的需求。现在，开发者门户网站是一个集中式沟通工具，也是向技术和非技术团队推广该计划的途径之一。

13.4.2 优秀的开发者门户网站的要素

优秀的开发者门户网站由以下要素组成，这些要素可以满足使用API的各种角色的需求。

- **功能发现**：对API的概述解决了诸如收益、功能和定价等问题，以确定潜在客户的资格。

- **案例研究**：强调了使用 API 构建的应用，旨在帮助用户了解如何在其特定的垂直业务领域或特定类型的应用程序中使用 API。
- **入门指南**：有时称为快速入门指南，旨在向开发者介绍 API 所解决的常见用例，并为每种用例提供入门的分步指南。
- **身份验证和授权**：描述了如何获得具有适当授权范围的 API 令牌，以根据需要使用 API。
- **API 参考文档**：关于每个操作的详细信息，包括 URL 路径结构、输入和输出数据结构以及错误数据结构，都会在参考文档中给出。
- **版本说明和更新日志**：每个版本的更新，包括新的操作和对现有操作的改进，都以历史格式进行总结。

除了这些基本要素，开发者门户网站还为以下体验提供信息和服务。

- **轻松入门**：如果 API 难以入门，就很少会被使用。从自行注册到有指导的概览以及 API 令牌的创建，便捷的入门过程有助于开发者应对使用新 API 的挑战。开发者门户网站和负责配置 API 令牌的 API 网关之间的集成，对快速入门非常重要。
- **运维洞察力**：API 是可用的，还是暂时不可用的？如果 API 有问题，开发者和运维人员会看到应用程序中的错误在增加，那么一个简单的反映 API 可用性的状态页面有助于告知他们 API 的状态。
- **实时支持**：包括一个聊天解决方案，无论是嵌入开发者门户网站还是通过 Slack、WebEx 或 Microsoft Teams 等通信平台，都可以直接联系那些可以帮助解决集成问题的人。负责实时支持的团队通常称为*开发者关系*（Developer Relative，DevRel），他们可能同时负责开发者门户网站和开发者支持。

13.5 有效的 API 文档

要撰写出条理清晰、表述准确的文档，重要的是要回答考虑使用 API 的人常问什么问题。这些问题的答案可以通过采访集成 API 的开发者来获得。

尽可能地与他们进行对话是很重要的。与 API 消费者进行讨论将有助于澄清容易引起困惑的内容，从而可以督促 API 供应商改进相关文档。

当无法与 API 消费者进行讨论时，请尽可能找其他开发者来审查文档。通过定义一个模拟场景进行文档审核，然后编写一些代码来调用 API，以制作原型。在此过程中，提出问题，以确定提供的 API 文档需要改进的地方。

13.5.1　问题 1：你的 API 如何解决我的问题？

请确保 API 文档有一个简介，涵盖 API 能解决的问题及其无法解决的问题，并提供 API 已解决的用例。用这些信息为用户提供一个上下文，供他们判断该 API 是否适合自身需求。

13.5.2　问题 2：每个 API 操作都支持什么功能？

添加文档，以明确每个操作的作用以及它可能适用的时间。“获取所有账户”并不是对一个 API 操作的有用描述。添加有关支持哪些类型的过滤器（隐含的或明确的）的详细信息。

请提供一些示例场景，描述何时可以使用 API 操作，或者如何将其与其他操作相结合以实现特定的结果。可以从在 ADDR 流程中创建的任务用例和 API 配置文件中获取上述信息。

13.5.3　问题 3：我如何开始使用 API？

如果 API 提供了自助服务的入门指南，请在文档中指出这个功能，以便更快地启动项目。对于那些需要时间完成合作计划的人，要将计划的详细信息纳入文档。这些信息可确保开发者在开始第一个 Hello World 集成之前，能规划合理的交付时间。

重要的是在 API 文档的各个位置给出指向入门流程的链接，因为并非所有开发者都从开发者门户网站的主页登录。可公开访问的参考文档会被搜索引擎收录，从而为进入开发者门户网站创建入口。请确保在参考 API 文档顶部位置附上指向入门指南的链接。

最后，不要假设所有开发者都能弄清楚如何使用 API。每个开发者都处于他们职业生涯的不同阶段。有些人在使用 Web API 方面的经验可能和其他人一样，也可能多一些，还可能少一些。请花点儿时间，一步一步地解释如何开始使用 API。

13.5.4　技术文档撰写人在 API 文档中的角色

过去，技术文档撰写人专注于为软件提供手册。这些手册通常是 PDF 或 HTML 格式的，包括使用软件的屏幕截图和分步操作指南，还应有对用户界面的全面介绍，以及阐释那些经常被忽略的功能。该角色对于确保最终用户能够有效和高效地使用软件，同时降低支持成本至关重要。技术文档撰写人很少需要深入了解一种或多种编程语言，例如 C/C++、Java 或 Python。

在过去约 10 年中，技术文档撰写人的角色经历了一个转变。在有些企业中，技术文档撰写人被 UX 专家所取代，后者设计的用户界面只需要极少的文档甚至不需要文档。其他企业则用营销和产品经理角色取代了技术文档撰写人，他们可以改进应用程序的副本，以鼓励转换或改善使用指标。

随着 API 的发展，技术文档撰写人的需求量再次增加。他们需要了解如何通过 HTTP 直接使用 API，以及使用 Java、Python、Golang、Ruby、JavaScript、Objective-C、Swift、命令行自动化等进行 API 集成。他们的目标受众包括最终用户、经验丰富的开发者和刚从大学毕业的开发者。基于部署自动化和云基础设施，现在可能每周或每天都会有产品的发布，因此现在的文档工作也不像以前那样集中在每年的几个大版本发布上。

技术文档撰写人对任何产品的价值都是巨大的。对 API 而言，他们的才华是无价的。他们为 API 的设计和文档编写提供了一个“由外而内”的视角，以确保它为目标受众提供价值。围绕每个 API 操作的目的和预期用途提出问题，有助于尽早磨合好 API 设计。

大多数技术文档撰写人面临的挑战是，组建一个团队来处理企业提供的每个 API 的大量工作（包括发布之前、发布中和发布之后）。就一个小型 API 来说，一个技术文档撰写人应该足以维护文档的更新。但如果企业规模很大，并且提供多个 API 甚至可能是 API 产品，挑战就会增加，甚至超出极有才华的技术文档撰写人的能力。

因此，企业拥有一支技术文档撰写人团队是至关重要的。这个团队应该能够为新出现的 API 专门配备一些技术文档撰写人，而其他余成员则专注于维护现有 API 的文档。请勿必在所有 API 设计决策中考虑到技术文档撰写人的作用，并且应让他们自始至终成为所有 API 设计流程的一部分。关于 API 文档工具和流程的所有决定应该由技术文档撰写人做出，而不是开发者强加给他们特定的工具。他们应该被视为重要的团队成员，而不是一个孤立团队，不应该在最后一刻才把 API 实现扔给他们并让他们完成快速和折磨人的文档工作。

记住，API 文档是开发者的“用户界面”。技术文档撰写人可以决定一个 API 的成功与否。对于企业 API 平台也是如此，这些 API 文档的受众是企业的合作伙伴、客户和第三方服务集成商。

13.6　最小可行的门户

最小可行的门户（Minimum Viable Portal，MVP）建立在精益流程中的最小可行产品（minimum viable product）的理念之上，意在建立一种分阶段提供开发者门户的方法。MVP 提供了 3 个阶段的优先级，第 1 个阶段是最小的开发者门户需求。随着团队 API 的成熟，开发者门户可能会得到改进——从最小的文档到一个强大的开发者门户网站。

13.6.1　第 1 个阶段：最小可行的门户

表 13.1 所示的清单列出了在初始 API 开发者门户中需要提供的 5 个最重要的模块，涵盖了要回答的问题和包括的信息。

表 13.1　最小可行的门户需要提供的 5 个最重要的模块

部分	要回答的问题	包括的信息
概述	你有哪种类型的 API?	API 的类型（RESTful、SOAP、gRPC、GraphQL 等）
	用户可以用你的 API 做什么？	使用案例和示例的简介（2 个或 3 个句子）
	用户需要了解所有访问详细信息或限制吗？	Base URL，速率限制
身份验证	如果你的 API 需要一个身份验证令牌或密钥，用户如何获得？	身份验证方式
	令牌/密钥是否过期？	过期时间间隔（如果有的话）
	如果用户的令牌/密钥过期了，该怎么办？	刷新过期的令牌/密钥
	用户如何将身份验证传递给你的 API？	授权标头示例
工作流	对于用户使用你的 API 可以做的 2～3 个最有用的事情，最佳/假定的工作流程是什么？	工作流中提到的每个操作的参考链接

续表

部分	要回答的问题	包括的信息
代码示例	“Hello World”和常见用例的代码是什么样子的？	完整的代码示例和代码片段，用户可以复制和粘贴
参考	用户在使用每个操作时需要知道什么？	对于每个操作：HTTP 方法（GET、PUT、POST、DELETE）。完整的请求 URL。参数（路径和查询）：名称、类型、描述以及是否需要。参数示例请求（包括标头和正文）。示例请求中每个元素的列表，包括类型、描述以及是否需要该元素。示例响应。示例响应中每个元素的列表，包括类型和描述。错误和状态代码列表，包括代码、消息和含义

如果这个清单中的项目都已实现，API 开发者门户就处于良好状态，可以满足 API 设计早期涉及的初始消费者的需求，以及未来也会使用 API 的消费者的需求。根据现有的专业知识和 API 操作的数量，完成这一阶段可能需要 1～3 周。如果有必要，请重点关注 API 解决的常见用例，然后在未来纳入更多的文档。

13.6.2　第 2 个阶段：改进

改进门户的最佳契机取决于 API 的特点。如果 API 发生了变化，有了新的操作，或与以前记录的工作方式不同，那么首要任务是更新文档以将这些变化涵盖其中。但是，如果一切都是最新的，在时间允许的情况下，请考虑表 13.2 所示的一些想法。

表 13.2　改进开发者门户网站

改进类型	建议的改进
快速的（一两天）	添加一个更新日志，以列出 API 的增强功能和修正。 标准化术语——确保在整个文档中始终使用相同的术语来表达相同的意思。 调整用例和示例，以确保它们是面向业务的。 添加基于聊天的支持或公共讨论论坛。 添加一个页面，链接到用户的项目和关于 API 的博客文章（例如，Sunlight Foundation 列出了需要帮助的项目和准备使用的项目）。 创建一个共享的产品路线图
不那么快的（3 天或更多天）	以用户为中心而不是以开发者为中心来修订所有内容。 更新文本，以包含用户可能会搜索的术语。 审查参考文档中是否有遗漏、不完整或容易混淆的信息。 重新组织文档，以改善章节和内容的逻辑顺序。 为非技术或技术水平不高的用户和决策者添加以业务为重点的内容。 实施新的发布工具。 将代码示例扩展为完整的教程。 创建参考应用程序，通过 GitHub 提供，以帮助开发者快速入门

13.6.3　第 3 个阶段：专注于增长

一旦前两个阶段中与团队需求相关的项目完成，请考虑其他一些值得改进的地方，将门户从支持客户转到吸引更多的客户使用 API 上来。

- **添加案例研究**：案例研究通过描述客户如何使用 API 来解决问题、扩大业务，或以某种方式获得成功来证明 API 的价值。案例研究为 API 文档增加了深度和意义，这有助于用户了解 API 如何使他人受益，并且也可以使他们受益。如果“案例研究”听起来有些枯燥或太过学术，请尝试使用“成功故事”或“客户故事”之类的词语。
- **添加入门指南**：了解 API 工作原理的用户可能只需要掌握身份验证的信息就能着手使用了，但是那些经验较少的用户呢？入门指南应该帮助用户建立起信心，让他们相信自己能够使用 API，并激励他们深入研究其他的文档。
- **纳入分析**：分析可帮助门户管理员根据流量模式的真实数据、受众的需求对门户进行量身定制，并帮助用户更顺利地浏览内容。
- **移至单页格式**：考虑将门户网站的某些部分重新组织到单一页面上。这种格式的好处是，用户可以使用链接跳转到所有章节标题的菜单，也可以通过搜索页面上的文本来浏览文档。
- **翻译文档**：随着 API 获得更多的用户，请考虑翻译文档是否会有所帮助。专业翻译是很昂贵的，且需要时间，因此在开始这一旅程之前，必须要有一个明确而有说服力的业务案例。这很少见，但是如果大多数用户在另一个国家，团队就应考虑翻译文档。

最后，不断学习其他拥有成功 API 的公司是如何处理文档的；然后，制订一个计划，将这些新的想法融入开发者门户网站，使客户、合作伙伴和内部开发者受益。

13.7　用来制作开发者门户网站的工具和框架

创建开发者门户网站的挑战之一，是选择一个工具或一系列工具，以帮助制作开发者门户网站。这里概述了一些企业用来制作其开发者门户网站的工具。

- **静态站点生成器**：诸如 Jekyll（用于支持 GitHub Pages）和 Hugo 等工具，是创建和管理开发者门户网站的流行选择。GitHub Pages 是使用 Markdown 或类似的标记撰写的，并存储在代码存储库中。部署通常是自动化的，以确保一旦更改被合并到主分支中，就会发布最新版本的文档。
- **SwaggerUI**：这是为 Swagger API 描述格式而开发的工具，现在作为 OAS 从工具中分离出来。这个开源代码库可以将任何 OAS v2 或 v3 规范以及较旧的 Swagger 规范文件渲染为 HTML 格式的 API 参考文档。
- **MVP template**：我与其他人合作创建了一个 GitHub 项目，用于启动基于 Jekyll 的 API 开发者 MVP。它有助于将静态站点生成器与一些内容的占位符结合在一起，并将 SwaggerUI 或类似的参考文档集成到一个位置中。

无论选择哪种工具，请确保提供任何计算机可读的描述（例如 OAS 文件），作为门户的一部分。这将使开发者能够应用自己的工具（例如自定义代码生成器），以加快集成过程。

最后，一定要研究可以协助创建和管理开发者门户的开源和商业工具。我们将在第 15 章中详细介绍的一些 APIM 层也提供门户管理支持。

13.8 小结

制订 API 文档策略是提供成功的 API 产品、正式的 API 项目或企业 API 平台的一部分。开发者门户网站必须支持各种角色。请确保文档是整个 API 设计和交付生命周期的一部分，这是至关重要的，否则它将成为“最后一刻的任务”，从而导致文档不完善，无法满足目标角色的需求。

请争取将文档和 API 门户更新作为整个交付时间表的一部分。只有当文档与发布版本一起更新时，API 才应被视为已完成。这种处理文档的方法能让 API 更完整，有助于开发者和其他决策者快速上手。

第 14 章　为变更而设计

你必须非常谨慎地对待 API 设计。API 是永久的。一旦 API 公之于众，你也许可以发布新的版本，但只要有用户在用它，就无法将其删除。在 API 设计中保持保守和简约，对构建基本的工具是有帮助的——你可以在此基础上添加更多的功能，而合作伙伴可以在此基础上构建更多的层次。

——Werner Vogels

管理变更并不容易，但这是 API 趋向成熟过程中不可避免的部分。对于在单个代码库中工作的开发者，变更可能是困难的，但也是可以管理的。重构工具和自动测试覆盖率可以评估变更的影响。

如果变更涉及基于 Web 的 API，管理变更就会更具挑战性。有些团队可能与每个 API 消费者有直接的关系，从而在与各方协调的情况下逐步引入变更。但是，情况常常并非如此。大多数 API 的消费者与拥有 API 的团队没有个人关系。要管理 API 设计的变更，以避免客户流失，就需要格外小心。本章将介绍一些需要考虑的因素，以确定变更的影响，以及对 API 设计引入变更策略，从而最大限度地减少对 API 消费者的影响。

14.1　变更对现有 API 的影响

ADDR 流程适用于所有组织，无论是早期阶段的初创公司还是有数百个现有 API 的企业。在整个流程中，客户、合作伙伴和员工所需的结果和操作将会展现出来。

无论团队正在设计他们的第一个还是第五十个 API，这种方法都是有用的。

本书虚构的在线书店的示例，假设在整个流程中所确定的 API 尚未存在，因此这个项目是一个“绿地项目”（greenfield project）[①]。现实情况是，企业在生产环境中已经有用于各种目的的 API，任何 API 设计建议都必须符合需要“棕地开发”（brownfield development）[②]的现实。

这些“棕地开发”的计划必须将 ADDR 流程中的发现与现有的 API 设计相协调，以确定最佳的实现方式。

在本章中，我们将详细介绍当 API 已经存在时处理变更所要注意的一些事项。

14.1.1　进行 API 设计差距分析

团队应该对流程中确定的理想的 API 设计与现在的设计方式进行差距分析，然后必须确定是否遵循与 API 设计相同的样式和设计决策——是保持一致性，还是要将新设计与旧的设计决策混合在一起，抑或考虑其他替代方案。

在进行这种设计差距分析时，需要考虑的因素如下。

- 在设计流程中引入不同的资源和资源属性术语。
- 从以数据为中心到以资源为中心的 API 设计样式的转变。
- 与当今存在的 API 产品相比，愿景和方向有所改变。

将上述因素作为出发点，逐项列出现有 API 与 ADDR 流程创建的理想 API 设计之间的差异。为新的 API 设计提供给 API 消费者的价值和 API 设计变化的影响指定范围。例如，使用 T 恤尺码（例如，小、中、大、超大）可以确保这种测量是评估价值和影响的有效方法，然后确定什么最适合 API 消费者。

14.1.2　确定什么最适合 API 消费者

做出一个 API 设计的决策，尤其是在需要破坏性变更时，不仅会涉及对组织的直接影响，还必须包括什么最适合 API 消费者。

请考虑以下问题，以确定 API 变更对当前和未来 API 消费者的影响。

① “绿地项目”（greenfield project）又称为“绿地开发”，是指在全新环境下开发系统，需要从头开发，即没有遗留代码。

② “棕地开发”（brownfield development）是指在现有或遗留软件系统存在的情况下开发和部署新的软件系统。

- **API 消费者是谁**？在有变更时，内部消费者协调起来可能会更容易一些，而合作伙伴可能会抵制对集成的变更。客户和代表客户的第三方可能会因为有限的或没有可用的开发资源而无法进行变更。
- **与 API 消费者建立了什么样的关系**？与团队认识的内部或外部方就破坏性变更协调起来会更容易，而与没有关系的 API 消费者进行协调可能更具挑战性。在市场上具有很大影响力的 API 消费者，如果他们被迫采用不必要的 API 变更，可能会对当前和未来的客户前景产生负面影响。
- **变更给 API 消费者带来了什么价值**？改善 API 使用的变更可能会受欢迎。变更也可能会发布消费者一直要求的新功能，即使变更是有成本的。对其他的变更来说，这可能会让他们考虑转向其他的供应商，从而导致客户流失。

企业如何与 API 消费者一起管理变更，足以看出企业重视谁及其价值观。如果 API 供应商宁愿以不断的破坏性变更为代价来提供优雅的 API 设计，那么 API 消费者可能很快就会另行购买其他产品；如果 API 供应商重视 API 消费者，而不是专注于完美的 API 设计，那么其 API 很有可能会在市场上争得领先地位。

14.1.3 变更策略

要继续使用现有的 API 设计，可能需要稍作妥协，而这种做法并不是很理想。这些妥协可能包括较小的麻烦，例如继续使用错误命名的资源，可能无法反映在 ADDR 流程中获得的见解。

在现实世界中，诸如支持旧消息格式和新消息格式之类的妥协是很常见的。在这种情况下，服务器首先检查新的请求消息格式，必要时回退到旧消息格式。版本化的责任属于服务器而不是 API 消费者，这样才能确保不引入任何破坏性变更。

另一个示例是将新的设计样式与旧样式同时使用。新操作使用新的设计样式，旧的操作暂时保留。逐渐地，旧操作被新的操作所取代，使用折旧策略，该策略将现有的集成一个个地迁移到新的操作中。

然而，有些妥协可能更值得注意，例如现有的 API 设计水平过低。这种问题对选择直接暴露数据库表的 API 来说是很常见的，相比之下，新的 API 设计将采用更粗粒度的设计，并以结果为中心。混合低水平和高水平的 API 可能会给开发者带来太多认知的不协调，因此并不理想。

团队必须确定他们是否希望将新的设计添加到现有的 API 中，还是开始一个新的 API，就像它是一个全新的产品一样，或者将新的设计作为现有 API 的一个新版本提供。每个选项都会对企业以及当前和未来的 API 消费者产生影响。

如果现有的 API 设计妨碍了 API 消费者有效使用 API 的功能，则可能需要采用更多的“绿地方法”。记住，如果团队选择发布一个新的 API 产品或版本，就需要因在未来一段时间内维护两个 API 而占用额外的资源。14.2 节将讨论 API 版本控制策略和注意事项。

14.1.4　变更管理是建立在信任之上的

最重要的是，ADDR 流程有助于使业务和 API 团队就问题空间的统一理解达成共识。统一理解可以为 API 设计和现实创造设计目标状态的愿景。请使用本章给出的建议来完成这个流程。这样做可以确保对现有 API 的增强或新 API 的交付能够满足 API 消费者的需求，并且确保不会丧失 API 供应商和消费者之间的信任。

原则 5：API 会不断发展，因此请相应地进行规划

深思熟虑的 API 设计与可进化的设计方法相结合，可以使 API 能够适应变化。请谨慎管理对 API 设计的变更。这有助于避免让那些需要随时了解最新变化的开发者感到沮丧。

14.2　API 版本控制策略

API 是在 API 的提供者和消费者之间建立的契约。在理想情况下，他们永远不需要更改此契约。但是，理想并不是现实。有的时候，可能需要对契约进行更改。这种情况会迫使 API 消费者修复代码，而团队应该尽量确保他们不会引入破坏性变更。某些 API 消费者可能根本不会考虑更新代码以适应 API 的变化。因此，重要的是要了解可能构成破坏性变更的原因，然后制订 API 版本控制策略，鼓励 API 随着时间的推移不断发展，而不会影响现有的 API 消费者。

14.2.1 常见的非破坏性变更

非破坏性变更本质上往往是增加的，尽管情况并非总是如此。这些类型的变更可能包括以下内容。

- 添加新的 API 操作。现有的客户端代码不会使用该操作，因此对现有的集成没有影响。
- 在请求消息中添加一个可选字段。在这种情况下，现有的客户端代码不会被强制添加新的字段。
- 在请求消息中添加一个带有默认值的必填字段。对于之前编写的客户端代码，因为请求中没有这个字段，服务器将应用默认值。
- 在响应消息中添加一个字段。现有的客户端代码应该安全地忽略新字段，除非选择使用的映射库在目标对象中找不到新添加的字段，否则会引起错误。这是一个反模式的 API 消费，但在某些情况下可能会遇到，因此请谨慎对待。
- 为一个枚举字段添加一个值。在客户端反序列化的新枚举值可能没有与之关联的字符串用来显示。要成为一个非破坏性变更，旧的客户端在收到新的枚举值时必须正确运行。并非所有的客户端都可以设计成这种方式，因此请谨慎行事。

14.2.2 不兼容的变更

与现有集成代码不兼容的变更包括但不限于以下内容。

- 重命名字段和/或资源路径，因为现有的客户端代码将需要更改代码以适应重命名的值。
- 在请求或响应中重命名或删除字段。
- 删除现有 API 客户端代码使用的 API 操作。
- 将字段从单个值更改为一对多的关系（例如，从每个账户一个电子邮件地址变为一个账户一个电子邮件地址列表）。
- 更改 HTTP 方法或 API 操作返回的响应代码。

记住，一旦将 API 发布到生产环境中，并且至少有一个集成，那么设计决策将永久地成为 API 的一部分。这就是为什么 ADDR 流程如此重要——它可以帮助团队在 API 投入生产之前验证设计决策。合适的 API 版本控制策略有助于缓解其中的一些问题，同时可以让 API 设计随着时间的推移而不断发展。

14.2.3 API 版本和修订版本

关于 API 版本的讨论、文章和争论已经很多了，其中最关键的一点是安全发展 API 设计与引入会强制代码修改的破坏性变更之间的区别。API 版本控制工具箱中最大的工具包括 API 版本和修订版本。

API 版本代表一组 API 操作集。在每个版本中，对 API 的所有修改都应该是向后兼容的。但是，在不同的版本中不能保证兼容性。每个版本的 API 通常被视为独立的产品，具有不同的行为和功能。API 消费者选择一个特定的版本，并针对该版本编写代码。他们只有在准备就绪时才会迁移到新版本，这可能是在新版本发布后的很长一段时间，也许永远都不会迁移。版本可以是数字或字符串（例如 v1 或 2017-01-14）。对于那些熟悉语义版本（semver）的人，这与主要版本是一样的。图 14.1 所示为 API 的两个版本，每个版本都作为 API 消费者在发送 API 请求时选择的不同产品来提供。

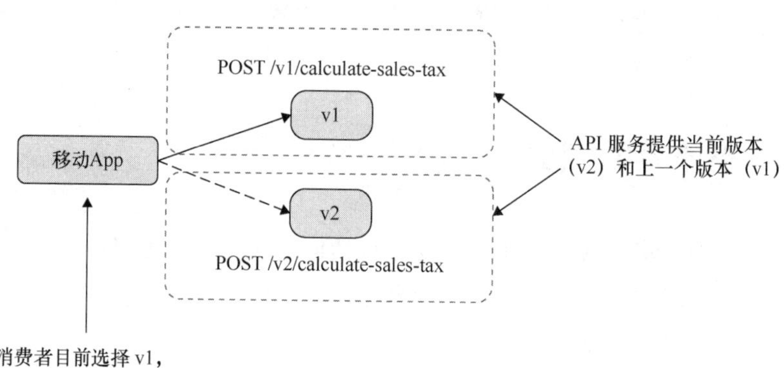

图 14.1 API 版本由 API 消费者选择，API 服务器为新的应用程序提供当前版本（v2），也为现有的应用程序提供先前版本（v1），直到将代码迁移到 v2

API 修订版本用于确定内部的增强功能，它对相应 API 版本的 API 消费者没有负面影响。修订版本对 API 消费者来说应该是透明的，因为消费者应该只订阅一个特定的版本。提供者可以选择在知道或不知道 API 消费者的情况下发布特定 API 版本的新修订版本。在内部，团队可能会发布 v1.2，但 API 消费者只知道他们正在使用 API 的 v1 版本（见图 14.2）。API 消费者可以查看每个修订版本的更新日志，以查看增强功能是否有用，如果不需要这些新功能，在提供者发布新的 API 修订版本时，不需要采取任何行动。这相当于在使用 semver 时增加次要版本号。

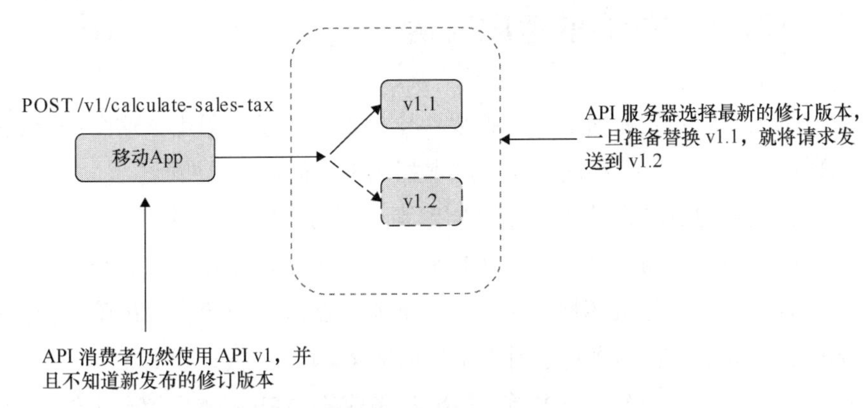

图 14.2 API 修订版本不向 API 消费者公开，可以让 API 供应商在无须应用程序明确了解的情况下升级到最新修订版本

14.2.4 API 版本控制方法

流行的实现 API 版本控制的方法有 3 种：基于标头的版本控制、基于 URI 的版本控制和基于主机名的版本控制。

基于标头的版本控制将所需版本作为 HTTP 请求中的 Accept 标头的一部分（例如 Accept: application/vnd.github.v3+json）。许多人认为它是版本控制的首选形式，因为 URI 在不同的版本中保持不变，并且媒体类型定义了所需资源的表征格式。

基于 URI 的版本控制将版本作为 URI 的一部分，即作为前缀或后缀。例如/v1/customers。这种版本控制的方法往往是最常见的，因为它适用于各种可能不支持自定义请求头的工具。但缺点是资源的 URI 会随着每个新版本的出现而改变，有些人认为这与通过资源 URI 永不改变来支持可进化的意图相悖。

基于主机名的版本控制将版本作为主机名的一部分，而不是 URI。如果技术限制导致无法根据 URI 或 Accept 请求头路由到适当的 API 后端版本，则可以使用这种方法。

无论选择哪个选项，API 版本都应该只包括主版本号。不应该使用次版本号数字，否则就需要更改代码，从而导致典型的非破坏性变更成为破坏性变更。例如，从/v1.1/customers 迁移到/v1.2/customers 需要修改代码，即使版本之间的唯一区别是添加了一个新操作。

14.2.5 API 版本的商业考虑因素

每当新版本发布时，客户都要决定他们是否予以采用。这个决定是基于成本与回报的对比，以及迁移的努力与成本相比是否值得做出的。

转到新的 API 版本是一个强制因素。因为 API 设计并不是完美的，但这并不意味着团队应该发布一个具有破坏性变更的新版本，以使设计完全正确。每当发布新版本以适应所需的破坏性变更时，企业都会面临客户流失的风险，因为客户必须权衡迁移的成本和转移到竞争对手那里的成本。

此外，引入一个新版本通常需要将当前的 API 版本保留一定的时间。尽管某些企业可能具有迫使客户在一段时间内升级的影响力，但情况并非总是如此。因此，必须在可预见的未来支持 API 的任何先前版本。

每个新的 API 版本都像一个全新的产品，需要额外的基础设施、支持和开发成本才能维护。当试图发布新的 API 版本以修复之前某个失败的设计时，请记住这一点。

14.3 弃用 API

没有什么比争分夺秒地寻找一个在一夜之间被关闭的 API 的替代品更能毁掉一个团队的一周了。为了避免对现有 API 消费者的影响，团队必须定义他们的弃用策略，并将其传达给他们的 API 消费者。

弃用 API 操作或产品为 API 供应商提供了一个机会，即维护 API 消费者的信任度。但是，这需要一个明确的策略和计划来弃用并最终关闭一个 API。如果执行得当，API 消费者会被尽早并多次通知 API 将被弃用，并有机会在 API 关闭之前找到其他替代解决方案。

14.3.1 制订弃用策略

作为 API 计划标准和实践的一部分，企业应该具有清晰记录的弃用策略和流程。这个策略应该包括以下内容。

- 关于弃用时间的详细信息。
- 建立弃用流程的步骤。
- API 或操作关闭之前的弃用期的最小持续时间。
- 需要为消费者建立一个迁移渠道，这会涉及提供类似弃用操作或产品的其他解决方案的供应商。
- 在 API 的服务条款中，明确定义企业的弃用策略。

制订弃用策略的企业将更有能力弃用 API 操作或产品，同时维护其 API 消费者的信任。

14.3.2 宣布弃用

就弃用保持沟通是维护 API 消费者信任的重要因素。沟通方法会有所不同，但应包括以下几方面的内容。

- 编写出彩的电子邮件，以介绍弃用的操作或产品。
- 基于 Web 的仪表板顶部的通知横幅。
- 嵌入所有相关 API 文档中的警告。
- 博客文章或专门介绍弃用的页面，用于讨论决定和解决常见问题。
- 频繁的社交媒体通知，并链接到博客文章。

公告策略应该包括这些沟通方法的大多数或全部。记住，员工的流动可能会导致电子邮件地址不是最新的，因此使用多种方法可以确保尽可能有效的沟通。

对于使用 OpenAPI 描述的 API，请使用 deprecated: true 标识，从而在生成的 HTML 文档中呈现弃用警告。基于 GraphQL 和 gRPC 的 API 对其架构和 IDL 格式也有类似的规定。

使用 Sunset Header RFC[1]，以编程方式沟通它什么时候被废止。考虑包括使用 Sunset Header 的分布指南作为 API 文档的一部分。它将帮助 API 消费者收到弃用 API

① E. Wilde, “The Sunset HTTP Header,” 2016.

操作的自动通知。

最后，如果提供了 API 辅助库，请在日志文件或控制台中包含有关 Sunset Header 存在的警告。使用该库的后端代码可以将日志文件重定向到日志聚合器，从而在监控仪表板中显示内部警报。

14.4 创建一个 API 稳定性契约

当 API 公之于众时，API 设计才算告一段落。那么，团队如何才能设计出一个可以永久使用的 API？这需要一些准则，以鼓励 API 设计的演化，包括倾听早期反馈、不断寻求其他的见解，并通过与开发者的 API 稳定性契约来建立期望。

ADDR 流程的目的是尽早并经常与利益相关者互动，以确保 API 设计满足其目标受众的需求。API 设计者必须愿意倾听、学习，并根据收到的反馈来调整他们的 API 设计。任何达不到这一点的做法都只能满足 API 所有者的需求，而不能满足当前和未来 API 消费者的需求。

团队不仅必须在最初的设计过程中听取反馈，还要在初始版本发布后继续听取反馈。设法更好地了解 API 在最初的意图之外是如何使用的。对客户和开发者进行访谈，以了解 API 设计和文档的改进如何能够帮助他们。沟通必须是持续的，而不是在 API 设计过程开始时的一次性讨论。

API 稳定性契约是一种在 API 供应商与 API 消费者之间建立变化预期的方法。该契约用于定义 API 操作或整个基于 API 的产品的支持程度和寿命。推荐由以下几点开始。

- **实验性**：这是一个用于实验和反馈的早期版本。不能保证它会得到支持。该设计可能会更改，也可能在以后的版本中被全部删除。
- **预发布**：该设计已经预发布以获取反馈，并将在未来得到支持。但是，该设计并没有被冻结，因此可能会引入破坏性变更。
- **支持**：该 API 正在生产环境中，并得到了支持。任何设计变更都不能破坏现有的消费者。
- **弃用**：该 API 产品或 API 操作仍被支持，但很快就会被淘汰。
- **淘汰**：不可用或不再提供支持。

应用 API 稳定性契约使 API 供应商可以在长期支持之前自由地引入新的 API 操作或实验性 API，以获取设计反馈。

14.5　小结

对 API 设计的变更是无法避免的。无论是内部还是外部，消费者都希望 API 在迭代（变更）时保持稳定。对 API 设计的变更，为拥有 API 的团队和企业提供了一个机会，让他们得以维护消费者对 API 的信任。通过应用合适的 API 版本控制策略，在不再需要 API 的情况下，采取合适的步骤弃用 API，并建立 API 稳定性契约，让团队能够管理变更，同时避免对 API 的消费者产生负面影响。

第15章　保护API

企业必须对API安全采用综合的方法，否则就会为进一步的威胁敞开大门。

——D. Keith Casey

API设计并不局限于HTTP方法、路径、资源和媒体类型。保护API免受恶意攻击是API设计的重要组成部分。如果不加以保护，API将成为一扇敞开的门，对企业及其客户造成无法弥补的损失。API保护策略包括使用正确的组件、选择API网关解决方案，以及集成身份和访问管理。

在本章中，我们将概述一些基本原则，提供关于常见做法的指导，以及在采取API保护策略时应避免的反模式，并提供进一步阅读和研究的资源。

15.1　危害API的潜在因素

有些API供应商可能选择不实施API安全措施，或只使用密码或API密钥的基本API安全措施。狡猾的攻击者更喜欢寻找安全性较差的API并利用它们作为获取数据和内部系统访问权限的手段。

最近的API安全漏洞报告显示了其中一些关键漏洞以及使用API时可能发生的后果。

- 通过不安全的API获得对用户数据库的访问权限，使攻击者可以确认Telegram的约1500万个账户的身份，而不被发现。
- 利用返回重置令牌的密码重置API，可以让攻击者绕过确认电子邮件并接管账户，从而导致敏感的健康和个人详细信息遭到泄露。

- 结合以前黑客的大型数据集，确认用户的授权，从而可以通过安全检查并下载美国国税局的纳税申报表。
- 对用于公司内部、私人使用的移动应用程序的未记录 API 进行逆向工程，使攻击者可以在最低或没有实施保护措施的情况下轻松访问数据。对许多将没有记录的 API 视为安全 API 的供应商来说，这种安全风险是很常见的，例如 Snapchat。
- 暴露用户的确切位置，包括用户的经纬度，因为以前 Tinder 的私有 API 是对终端用户开放的。在向开发者开放 API 之前，如果进行彻底的安全审查，就会发现是移动应用程序而不是 API 负责隐藏用户的实际地理位置。

近期发生的一些违规事件导致了不同严重程度的结果，有的是披露作为竞争优势的商业情报的低回报结果，有的是披露极其敏感的数据的高回报结果，甚至还有的因为暴露了个人的确切位置而危及个人安全！

然而，有些 API 供应商可能会在保护其内部 API 方面走捷径。也许他们错误地认为，如果不记录 API 的潜在访问权限，就不会有人对此心生觊觎。这种被误导的想法是幼稚的，有可能让企业暴露在各种攻击载体之下，而这些攻击本来是可以避免的。

15.2　基本的 API 保护实践

无论 API 是公共开发者使用的还是隐藏起来供私人使用的，保护 API 都很重要。API 保护需要各种实践，这些实践对整体 API 安全策略至关重要。

- **身份认证（authn）**：用于确定调用者的身份并验证其身份。使用用户名和密码对 Web 应用程序来说是十分常见的，但不建议用于 API，因为密码可能经常被更改。请使用 OpenID Connect 或类似的解决方案，以确保在 API 请求被处理之前验证调用者的身份。
- **授权（authz）**：根据对调用者分配的作用域，防止未经授权访问单个或一组的 API 操作。API 密钥（key）、API 令牌（token）和/或 OAuth 2 是 API 常用的授权技术。

- **Claims**：在比授权允许的更细的层次上分配访问控制权，以确保 API 资源实例得到保护。
- **速率限制（限流）**：限制 API 请求阈值，以防流量高峰对 API 性能产生负面影响。还可以防范拒绝服务攻击，无论是恶意的还是由于开发者无意的错误。速率限制通常基于 IP 地址、API 令牌或各种因素的组合，并且在一段时间内仅限于一个特定的数字。
- **配额**：应用程序或设备在特定时间范围内超出允许配额的请求会受到限制。配额通常是对每个月进行限制的，可以根据指定的订阅级别或通过企业之间的正式协议建立。
- **防止会话劫持**：执行适当的跨域资源共享（Cross-Origin Resourse Sharing，CORS），以允许或拒绝基于原始客户端的 API 访问。还可以防止跨站请求伪造（Cross-Site Request Forgery，CSRF），这通常用于劫持授权会话。
- **加密**：在数据传输和静态时应用加密技术，以防对数据的未授权访问。记住，加密需要用额外的预防措施来保护用于加密数据元素的私钥，否则攻击者很容易使用泄露的私钥从 API 响应中解密数据。
- **双向传输层安全协议**：双向传输层安全协议（mutual Transport Layer Security，mTLS）在需要保证客户端身份时会用到。在服务之间进行通信或使用 Webhooks 的基于 HTTP 的回调时，可能会应用 mTLS，以防恶意伪造其身份。
- **协议过滤和保护**：API 客户端的过滤请求可能被用于恶意目的。这项安全措施检测 HTTP 方法和路径的无效组合，通过 TLS 强制使用安全 HTTP 进行加密通信，并阻止已知的恶意客户端的访问。
- **消息验证**：执行输入验证，以防提交无效的数据或覆盖受保护的字段。消息验证还可以预防解析器攻击，例如 XML 实体解析器漏洞、SQL 注入和通过请求发送的 JavaScript 注入攻击，以访问未经授权的数据。
- **数据抓取和僵尸网络保护**：检测通过 API、在线欺诈、垃圾邮件的恶意数据抓取，以及来自恶意“僵尸网络”的分布式拒绝服务（Distributed Denial of Service，DDoS）攻击。这些攻击往往非常复杂，需要用到专门的检测和补救措施。
- **审核和扫描**：手动和/或自动化地审查和测试 API 安全漏洞，包括源代码（静态审查）和网络流量模式（实时审查）。

这些实践并非都包含在单一解决方案中。相反，有几个组件是必须被考虑的，用来作为 API 保护策略的必要组成部分。

15.3 API保护的组件

有几个组件可以用来保护 API。当这些组件结合起来时，就构成了 API 安全策略的基础。

15.3.1 API网关

API 网关既是一种中间件的模式，又是一个中间件的分类。API 网关模式涉及添加额外的网络跳跃，即客户必须穿越相应网络才能访问 API 服务器。

API 网关中间件负责跨网络边界对外暴露 API。它们可以仅传输，或执行协议转换作为流程的一部分。API 网关成为所有进出 API 流量的中央门户。

API 网关中间件可以是独立的产品，也可以是较大产品中的一个组件，例如 APIM 层。尽管可以从头开始构建 API 网关，但一些网关是由反向代理和插件之类的构建块组成的，以实现所需的功能。API 网关很少涉及将 API 作为产品来管理所需的更高级的功能，这些功能是由 APIM 层提供的。

15.3.2 APIM层

APIM 层包括 API 网关，但还扩展了其功能，足以囊括一个完整的 API 生命周期管理解决方案。该解决方案包括发布、监视、保护、分析和对 API 货币化，还可能包括社区参与功能等。

订阅级别的支持包含定义要在每个级别中包括或排除的 API 操作。APIM 层还可以根据为注册应用程序分配的订阅级别提供更高级的速率限制和配额支持。

APIM 层还可以提供大多数 API 网关中所没有的扩展安全措施，这可能与 Web 应用程序防火墙（Web Application Firewall，WAF）的职责会有重叠。

15.3.3　服务网格

服务网格将网络可靠性、可观测性、安全性、路由和错误处理从每个进程中转移到独立的进程外基础设施。这种新的基础设施是可移植的，并且独立于每个进程所选择的任何特定编程语言和框架，使其具有可移植性。由于引入微服务，服务网格已经越来越受欢迎，可用于任何架构或不同架构样式的组合。

服务网格用一系列代理来代表进程，以处理通信和错误，从而取代进程间的直接通信。代理被部署在每个运行进程的旁边，以消除任何中央故障点。部署通常在单一的虚拟机（Virtual Machine，VM）上，或者与每个容器一起作为 sidecar。一个集中式的管理控制面板用于配置代理、沟通故障，并监控网络健康。但是，控制器本身并不涉及网络数据通信。

服务网格的组件如图 15.1 所示。

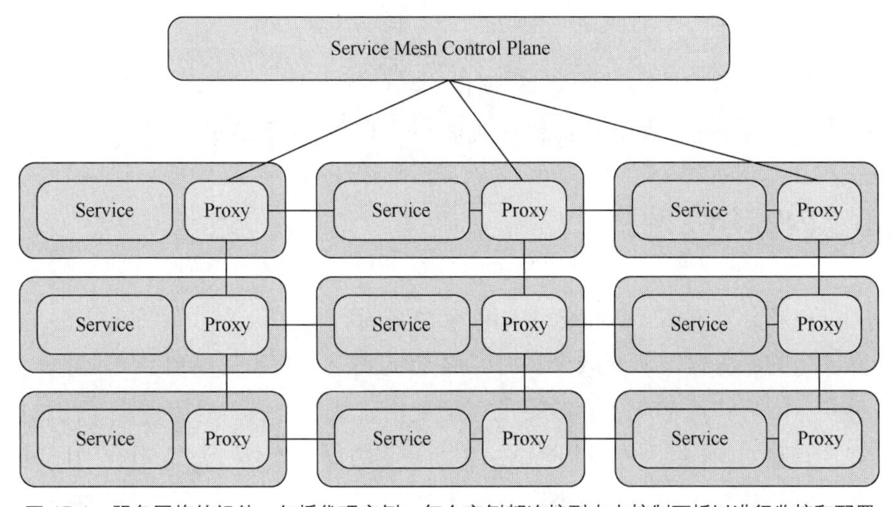

图 15.1　服务网格的组件，包括代理实例，每个实例都连接到中央控制面板以进行监控和配置

服务网格可能被视为 API 网关和 APIM 的竞争对手。然而，情况并非如此。虽然服务网格在开放系统互连（Open System Interconnection，OSI）第 4 层（TCP/IP）和 OSI 第 7 层（HTTP）上进行管理，但它们通常会与 API 网关或 APIM 配对。这提供了两全其美的最佳方案，即使用服务网格提供弹性的、可观测的网络通信，并由 APIM 或 API 网关提供 API 产品和生命周期管理。

服务网格引入了额外的网络跳跃，因此可能会对网络性能产生负面影响。但是，服务网格提供的功能可能会抵消负面影响，如果没有服务网格，则必须协调许多独立的网络管理单元，考虑到这一点，服务网格可能会带来净收益。

最后，记住，较小的企业可能认为没有必要增加服务网格的复杂性。然而，如果是需要管理许多开发者团队并在一个或多个云环境中提供大量服务的大型企业，可能会从使用服务网格中受益。

15.3.4 WAF

WAF保护API免受网络威胁，包括常见的脚本和注入攻击。与API网关不同，WAF监控OSI第3层和第4层的网络活动，与仅关注HTTP的API网关相比，可以进行更深入的数据包检查。因此，WAF可以检测到更多的攻击载体，并在请求流量到达后端API服务器之前预防常见的攻击。

WAF提供了一个的额外保护层，用来防御可能来自不同位置和IP地址的DDoS攻击。

需要注意的是，尽管WAF提供的功能很重要，但有时它们会被合并到APIM、内容分发网络和其他层中，因此可能不需要特意安装WAF。

15.3.5 内容分发网络

内容分发网络（Content Delivery Network，CDN）将可缓存的内容分配给遍布世界各地的服务器，从而减少API服务器的负载。与等待API服务器处理请求相比，其向API客户端响应缓存数据的速度更快，从而可以改善应用程序的性能。

有些CDN供应商承担着WAF的许多方面，在缓存静态内容的同时，还充当动态内容的反向代理。这减少了API和Web应用程序上不必要的流量。一些CDN在DDoS攻击到达云基础设施之前提供额外的保护层。

15.3.6 智能API保护

即使有这些组件中的一个或多个，API供应商仍然容易受到自动攻击载体的影响，有时也称为僵尸网络攻击。这些攻击通常是在多个主机甚至多个IP地址范围内协调进行的，从而导致攻击可能不易被察觉。僵尸网络攻击很难被检测到，因为大多数组件会孤立地评估传入的请求。这些组件并不是用来评估分布在互联网上多个客户端的传入流量的。

对那些一次性展示整个数据目录的 API 来说，数据抓取也是一种风险。API 配额和速率限制可能大到足以支持攻击者一次性抓取所有数据，即使相关的 API 操作受到 API 网关、APIM 和 WAF 的保护。

因此，运用先进的检测技术来分析多个 IP 地址来源的 API 流量变得越来越重要。这种功能是通过前面描述的组件的更高级版本或专门的组件提供的，这些组件监控和评估更复杂的攻击载体的流量。这种保护超越了传统 WAF，从单一的 IP 地址规则扩展到包括多个 IP 地址的更全面的流量评估。

15.4 API 网关拓扑结构

每个企业都需要一个特定的 API 拓扑结构，其中包括一个或多个 API 网关或 APIM 实例。拓扑结构应力求使 API 平台或产品易于管理和具有灵活性，以应对市场、监管要求和业务目标所需的各种功能和非功能要求。

在本节中，我们将概述一些考虑因素和来自实际应用的常见拓扑结构。记住，并非所有企业都适合这些特定的情况。一旦发现有偏差，要设法验证预期场景的业务和操作方面是否值得采用不寻常的方法。

15.4.1 APIM 托管选项

托管 API 网关或 APIM 有 3 个主要选项：托管、本地部署和混合部署。这 3 个选项都为企业提供了一些优势，但也存在一些缺点。

托管 APIM 是由供应商提供的基于 SaaS 的解决方案。有些供应商可能提供一个托管解决方案，在达到每秒最大请求数之后，他们才会建议自行托管。其他供应商可以支持大量的 API 请求，并提供各种订阅级别和 SLA 来定制解决方案。对于较小的企业或刚开始踏上 API 之旅的企业，托管 APIM 是一个不错的选择。但是，随着 API 项目的成熟，这可能会变得昂贵，并且通常会被迁移到本地部署。图 15.2 所示为托管 APIM 选项。

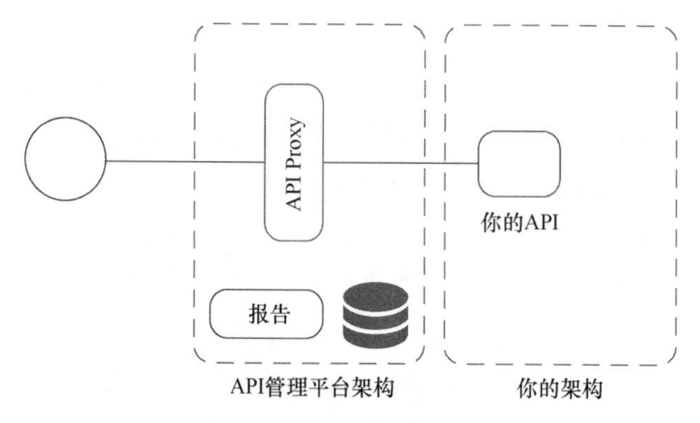

图 15.2　托管 APIM 选项

本地部署的 APIM 安装在数据中心或云基础设施中。与托管 APIM 相比，其给运维团队带来了更多的负担，以确保适当的可靠性和可用性，但也提供了更多的自定义选项。此外，本地部署安装使企业可以安装网关的多个实例，以隔离涉及监管审核的 API，或隔离 API 使用对合作伙伴和客户的影响。当需要 API 网关来管理不对外部互联网开放的、面向内部的 API 时，这也很有用。图 15.3 所示为本地部署的 APIM 选项。

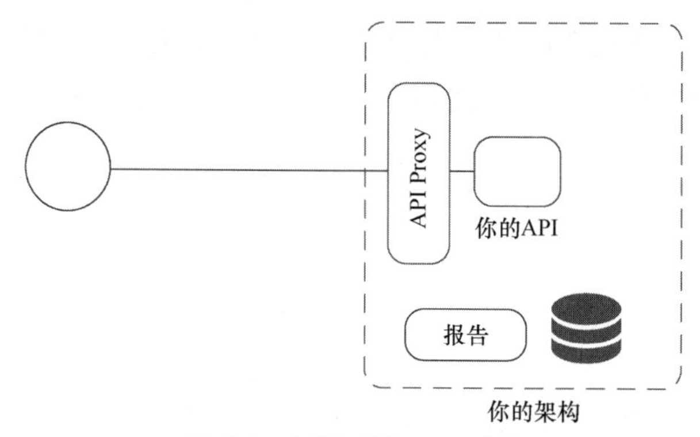

图 15.3　本地部署的 APIM 选项

APIM 托管的第三个选项是混合部署。混合部署使用供应商提供的托管仪表板和报表基础设施，同时支持使用本地部署模式的 API 网关实例。这是在实际中最少看到的选项。其主要优点是可减少支持分析和报表系统所涉及的各种流程的负担，特别是在企业缺乏某些相关组件或数据库供应商的内部专业知识时。图 15.4 所示为混合部署的 APIM 选项。

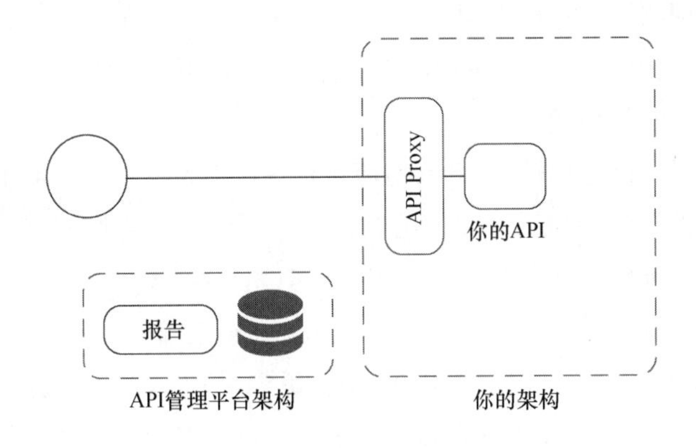

图 15.4 混合部署的 APIM 选项

记住，有些云基础设施供应商会提供他们自己的 API 网关或 APIM。尽管这在短期内可能很有用，但企业可能会发现所需的定制工作太多。需要采用多云方法的企业可以选择第三方 APIM 供应商，而不是尝试支持多个云提供的 API 网关。无论哪种情况，都要选择适合 API 程序当前阶段的方案，并适时重新评估以确保继续使用最佳方案。

案例研究：多云 APIM 零售

多云战略并不是什么新鲜事。实际上，任何在零售领域提供解决方案的企业都可能在使用竞争对手的云时遇到挑战。沃尔玛（Walmart）就是一个例子，它更希望使用托管的 SaaS 产品而不是使用 AWS。人们最初认为这是因为沃尔玛担心将数据放在竞争对手的云上的问题。但是，真正的原因比这更简单：沃尔玛不希望运营收入流向其竞争对手。因此，那些使用 AWS 作为主要云供应商的零售公司可能被要求使用其他云供应商，例如 Azure。

这种偏好对企业选择 APIM 部署产生了很大的影响。它还迫使企业考虑一个独立的 APIM 供应商，以避免支持两个单独的 API 网关，每个云供应商一个。

请确保将这些考虑因素纳入 APIM 策略架构中，以避免供应商锁定，并失去潜在的有利可图的业务。

15.4.2 API网络流量注意事项

将网络通信注意事项作为建立 API 安全策略的一部分是很重要的。进入现有数据中心的流量与数据中心内传输的流量需要不同的处理。这种差异会影响企业如何管理其 API 网络流量。

为了更好地理解 API 网络流量保护所涉及的决策，我们有必要回顾一下网络拓扑结构的概念。如果你在使用过程中有疑问，请咨询网络工程师，为本地或基于云的基础设施建立一个安全、有效的网络拓扑结构。

南向/北向流量描述了数据进/出数据中心的流量。南向流量是进入数据中心的数据流量，北向流量是流出数据中心的数据流量。东向/西向流量表示数据中心内的数据流量。

在请求/响应 API 样式的情况下，来自数据中心以外的应用程序的所有 API 请求都被视为南向流量，而 API 响应是北向流量。API 和数据库之间的流量或服务到服务的通信是东向/西向流量。

注意，随着零信任架构（Zero Trust Architecture，ZTA）的引入，南向/北向流量和东向/西向流量之间的差异正在减少。在 ZTA 中，公共流量、企业网络流量和虚拟专用网络（Virtual Private Network，VPN）流量都没有初始信任因素。因此，所有设备和服务都必须通过每次请求的访问决策来建立其信任。这就更加强调建立架构良好的访问策略，这些访问策略结合了身份和访问管理、身份认证和授权服务，以及每个 API、服务和应用程序的全面访问控制策略。可以在美国国家标准及技术协会（National Institute of Standards and Technology，NIST）关于 ZTA 的特别出版物中找到有关 ZTA 的更多详细信息。①

15.4.3 拓扑结构1：API网关直连到API服务器

对于独立 API 产品，较常见的拓扑结构是通过 API 网关将传入的请求直接路由到 API 后端。API 后端通常是一个由负载均衡器和多个 API 服务器实例组成的集群。在这种情况下，不需要服务网格。图 15.5 所示为这种传统的 APIM 方法。

① Scott Rose, Oliver Borchert, Stu Mitchell, and Sean Connelly, Zero Trust Architecture [National Institute of Standards and Technology (NIST) Special Publication 800-207, 2020].

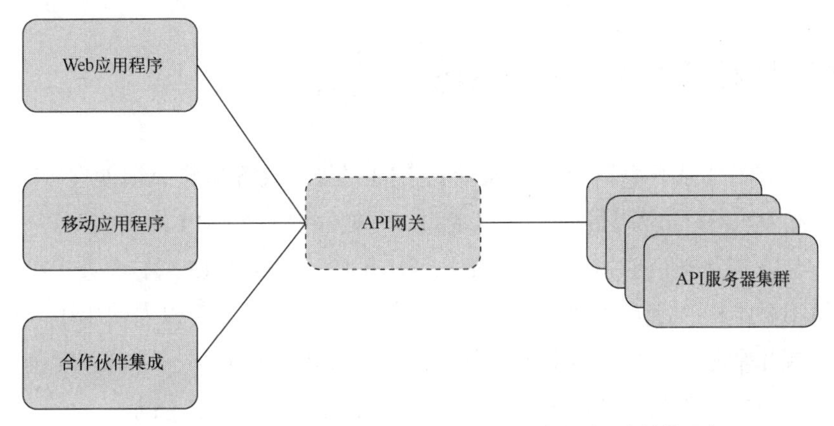

图 15.5 API 拓扑结构 1 显示了一个 API 网关路由到一个单体服务

15.4.4 拓扑结构 2：API 网关路由到服务

另一个选择是将多个后端服务组成一个 API。API 网关使用请求的路径来确定哪个服务负责处理相应请求。服务可以在负载均衡器后面管理，也可以是服务网格的一部分，从而使 API 网关利用服务网格与可用实例进行通信。图 15.6 所示为如何使用 API 网关将传入的请求路由到多个后端服务。

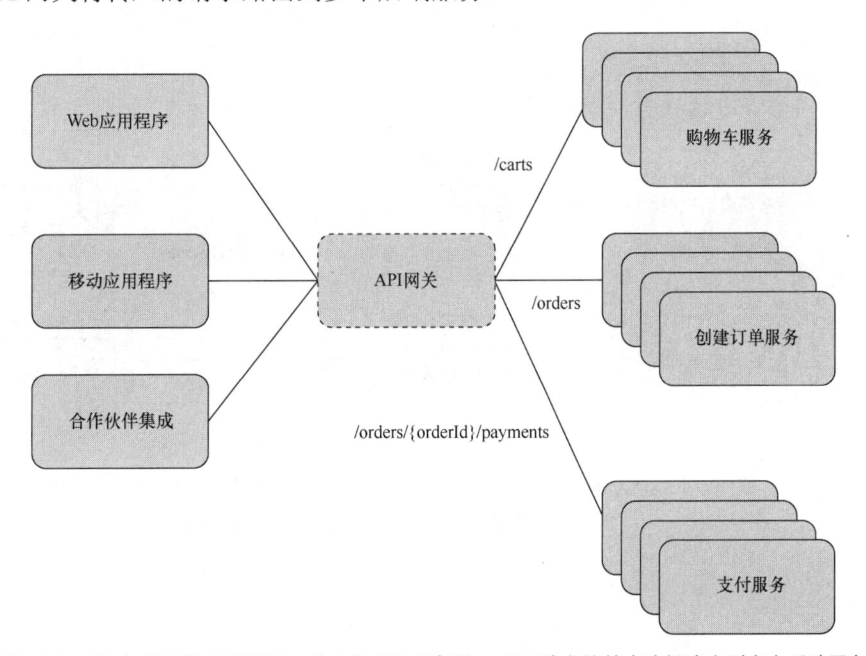

图 15.6 API 拓扑结构 2 显示了一个 API 网关根据传入 API 请求的基本路径路由到多个后端服务

15.4.5　拓扑结构 3：多个 API 网关实例

对于那些有频繁审计的监管要求的企业，或者那些必须处理各种客户、合作伙伴和 Web/移动应用程序部署的企业，可能需要多个 API 网关实例。每个网关实例可能会路由到一个单体服务，如拓扑结构 1 所示（见图 15.5），或者指向多个后端服务，如拓扑结构 2 所示（见图 15.6）。或者，API 网关实例可以专门用于多租户 SaaS 的一个或几个租户。一个网关实例的可用性问题不应该对另一个网关实例产生负面影响，从而限制高峰使用情况的影响。这种拓扑结构如图 15.7 所示。

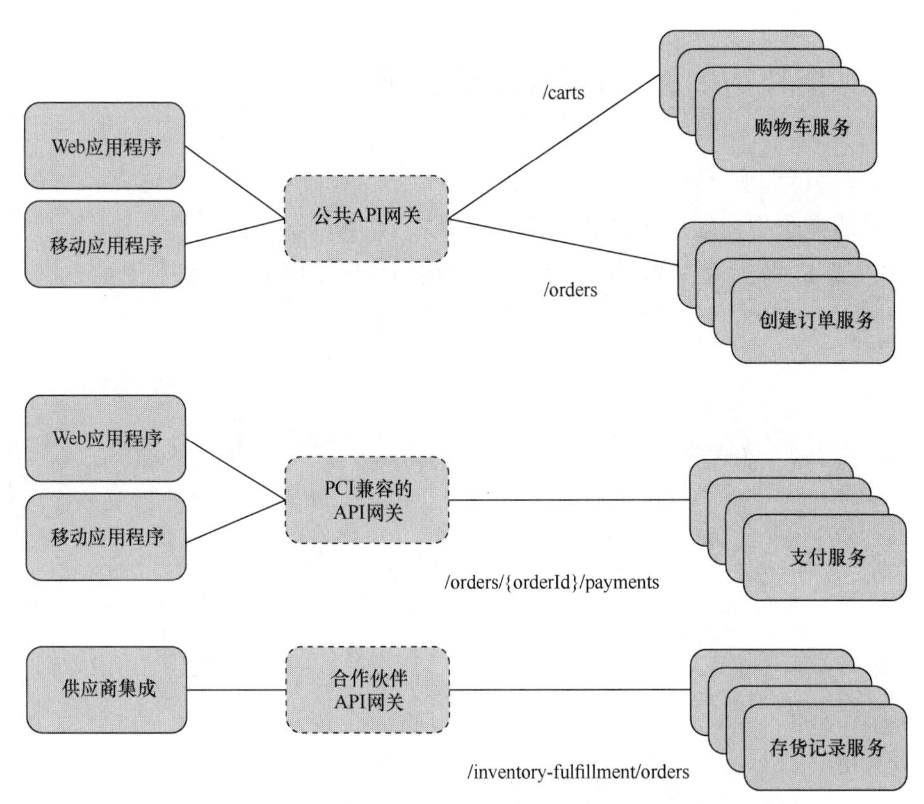

图 15.7　API 拓扑结构 3 显示了多个 API 网关实例，支持各种内部和外部 API 客户端，包括隔离支付处理以符合 PCI 合规性和审计

15.5　身份和访问管理

到目前为止，我们的假设有一个 API 客户端、一个 API 服务器，现在还有一个 API 网关，也许还有其他有助于防止恶意攻击载体的中间件。保护 API 产品或平台还有一个更重要的要素：身份和访问管理（Identity and Access Management，IAM）。IAM 通常使用行业标准与其他供应商集成，以提供身份验证和授权服务。它还包括生成 API 令牌，令牌在代表用户和用户分配的访问控制时被用来代替密码。IAM 是将其他所有 API 保护组件组合在一起的“胶水”。

15.5.1　密码和 API 密钥

有些 API 可以让 API 客户端提供用户名和密码凭据，用于登录 Web 应用程序或移动应用程序。虽然这是一种简单的入门方式，但出于以下 3 个原因，这种方式是非常不推荐的。

- 密码是脆弱的，因为它们经常被更改，这将导致所有代码无法使用 API，直到使用新密码进行更新。
- 将部分或全部数据的访问权委托给第三方，需要与他们共享密码。
- 所用用户名和密码不支持多因素身份验证。

为了应对这些挑战，在大多数情况下，开发者应该首选 API 密钥或 API 令牌。这两个概念经常被互换使用，但其实完全不同。

API 密钥是密码的简单替代品，没有到期日期。其通常出现在用户配置文件页面或 Web 应用程序的设置页面中。API 密钥可能是一长串字母和数字（例如 l5vza8ua896maxhm）。由于 API 密钥没有指定到期日期，因此任何恶意获得该密钥的人都可以无限期地使用 API 访问数据和后端系统。如果 API 供应商提供了 API 密钥重置功能，通常需要在同一用户配置文件或设置页面中手动重置 API 密钥。

15.5.2　API 令牌

API 令牌是 API 密钥的一个强大的替代品。其代表一个会话，在这个会话中，用户被授权与API进行交互。尽管API令牌可能也是字母和数字，看起来与API密钥相似，但其实是不一样的。API令牌可以代表用户或第三方，该用户或第三方代表获得了对API的有限或完全访问权。API令牌也有相关的到期时间。

一个API令牌的到期时间可能从几秒到几天不等，具体取决于各种配置元素。API令牌还附带一个刷新令牌，该令牌可以让API客户端在上一个API令牌过期或不再有效时请求一个新的API令牌。

一个API令牌可能具有一个或多个与之关联的访问控制。这些控制通常被称为scope。可以代表一个用户生成多个API令牌，其中包括一个分配了对特定API资源具有只读权限的作用域的令牌，一个分配了对所有资源具有读/写权限的作用域的令牌，还有一个提供单一作用域分配的令牌用于被委托的第三方应用程序访问有限的API资源。API令牌如图15.8所示。

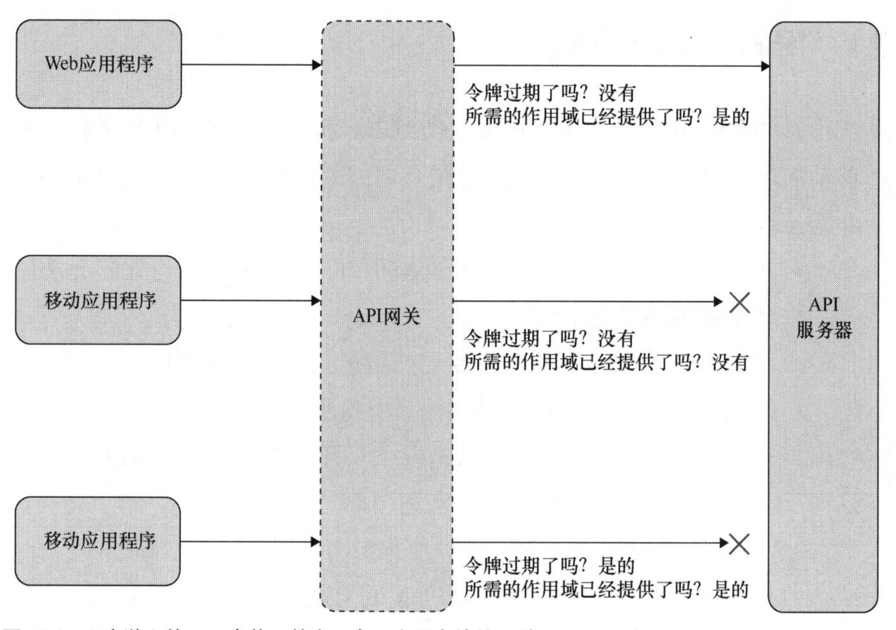

图15.8　3个独立的API令牌，其中只有一个是有效的，并且可以通过API网关传递到API服务器

API通常使用各种方法将API令牌传递到服务器，包括将之作为URL的查询参数、作为POST参数以及通过HTTP标头。应该避免在URL中使用查询参数，因为API令牌会被Web服务器和反向代理服务器记录下来，并且JavaScript代码也可能被允许轻松访问API令牌。POST参数往往更安全，但是对于不同的API，令牌的位置也会有所不同。

因此，建议使用标准化的 HTTP Authorization 标头。通过使用 CORS 响应头可以限制对 HTTP 标头的访问，并且中间服务器也不太可能记录 HTTP 标头。

15.5.3 引用传递与值传递的 API 令牌

通过引用传递的 API 令牌不包含任何内容或状态，只包含唯一的标识符，用于在服务器端进行解读。示例如下：

```
GET                              /projects HTTP/1.1
Accept: application/json
Authorization: Bearer a717d415b4f1
```

API 服务器的责任是解读 API 令牌，以确定进行 API 调用的特定用户，以及任何其他详细信息。

通过值传递的 API 令牌在令牌中包含名称/值的键值对。这减少了 API 服务器解读令牌查找其相关值的操作次数。

使用通过值传递的 API 令牌通常可以让 API 客户端访问 API 服务器可用的相同名称/值的键值对。因此，通过值传递的 API 令牌不应该嵌入特征标志或其他可用于损害系统的敏感数据，而应该仅使用其传递最小的细节，例如不透明的标识符。

一个流行的通过值传递的 API 令牌标准是 JSON Web Token（JWT）。JWT 由 3 个元素组成：标头、有效载荷和签名。每个元素均为 Base64 编码并通过点分隔，以组成不透明的令牌，可以用作客户端和 API 之间的授权承载令牌。JWT 被签名，以确保其在发送到服务器之前没有被客户端篡改。使用私钥签名可以进一步提供保护，以防篡改并验证客户的身份。JWT 官方网站是了解有关 JWT 更多信息的绝佳资源。

JWT 在东向/西向流量的授权方面往往更受欢迎，而通过引用传递的 API 令牌则用于南向/北向流量。

15.5.4 OAuth 2.0 和 OpenID Connect

对用户进行身份验证、生成 API 令牌并支持委托访问的第三方应用程序的工作流程需要在数据所有者、API 服务器、授权服务器和第三方之间建立一个复杂的工作流程。OAuth 2.0是一个行业标准框架，旨在防止每个API服务器实现这种工作流程的不同形式。它为Web应用程序、桌面应用程序、手机和设备提供特定的授权流程。这些流程支持多种授予类型、集成或第三方授权服务器、各种令牌格式、授权作用域以及扩展。

这种复杂的工作流程通常出现在支持Google、Twitter、Meta（原Facebook）或其他支持账户登录的网站上。尽管这些网站本身不是由这些供应商拥有或管理的，但这些网站确实提供了登录界面，以通过其系统上的用户账户进行身份认证。这些网站实现了特定的流程，以将用户导向所选供应商（例如Google）的登录页面。登录成功后，网站用户将返回网站，身份认证就完成了。在幕后，网站和身份认证供应商交换足够的详细信息，以验证用户身份。OAuth 2.0交互的核心组件如图15.9所示。

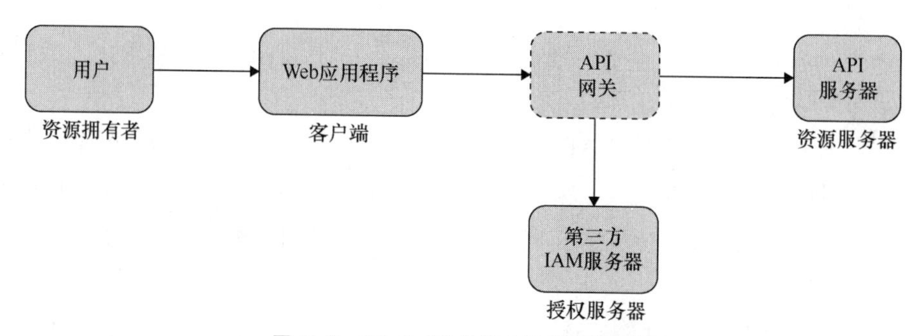

图15.9　OAuth 2.0的核心组件和基本交互

OAuth 2.0是一个复杂的框架，但只要有足够的时间和精力就可以理解。与其他API安全主题一样，值得为其写一本专门的书。目前，有关OAuth 2.0的更多信息，包括资源链接，可以通过访问Aaron Parecki的优秀OAuth社区网站来获得。

如前文所述，OAuth 2.0的重点是授权工作流程。OpenID Connect是OAuth 2.0协议之上的一个标识层，提供了一种验证和获取身份详细信息的标准方法，可以让Web和移动客户端验证终端用户的身份，并使用类似REST的API来获取基本的配置文件。如果没有这个协议，就需要自定义集成才能桥接授权服务器和API之间的身份和配置文件详细信息。规范的详细信息以及符合OpenID Connect服务器要求的最新列表，可在OpenID Connect网站上获得。

需要在多个内部和第三方供应商之间进行联合身份管理的企业，他们的Web应用程序在很大程度上依赖于单点登录（Single Sign-On，SSO）。安全断言标记语言（Security Assertion Markup Language，SAML）是一种标准，用于将 API 桥接到企业内部现有的 SSO 解决方案中，从而使企业用户通过应用程序访问 API 的过渡更顺利。更多有关详细信息，请访问 OASIS SAML 官方网站。

15.6 构建内部 API 网关之前的注意事项

团队经常会考虑构建自己的 API 网关或使用辅助库，以实施自己的身份认证和授权支持。尽管有些企业在其 API 之旅的早期不得不采取这种做法，但现在已经不再需要在企业内部构建 API 网关了。实际上，我们非常不鼓励构建一个定制的 API 网关，原因有如下 3 个。

15.6.1 原因 1：API 安全性是一个不断变化的目标

想让攻击者更容易找到和利用 API 中的安全漏洞？那就构建一个定制的 API 网关。可以问问任何经历过 API 漏洞的公司——安全是很难的，即使有正确的组件，也很难。

应用适当的安全性需要在企业的各个方面投入精力。除非企业有一批安全专家，否则构建一个内部安全的 API 网关将比建立一个概念验证版本所需的时间要长得多，而且需要持续的资源，以使其与最新的漏洞信息保持同步。

15.6.2 原因 2：需要的时间比预期的更长

构建一个定制的 API 网关通常以一个浪漫的概念开始。随后在这个过程中慢慢理性化："应该不会花太长时间"，然后变成"它将准确做到我需要它做的事情——不需要做更多——它会更快地做到这一点"，最后以"它到底有多难？"这样可怕的反问结束。

现实是，构建和维护一个值得正式运行的 API 网关并不是一件容易的事。API 网关和 APIM 供应商为其产品收费是有原因的。除了基本功能，非标准客户和代理服务器的偏差还将迫使人们在 API 网关的整个生命周期中排除各种故障。此外，实施OAuth 2.0、OpenID Connect、SAML和其他规范是很复杂的，并且需要大量的时间来构建、测试和支持。

重要的是，首先要问一问企业花在构建自定义API网关上的时间是否值得。要计算构建和维护API网关的全部成本，包括打补丁和改进，以处理当前尚未处理过的新的和将出现的攻击载体。许多企业已经走上了这条道路，只是从未向市场提供他们的预期解决方案。

15.6.3 原因3：预期的表现需要时间

在软件开发过程中，有3个推荐的阶段：让它工作、让它正确工作，以及让它快速工作。通常，开发者擅长的是第一步——让它工作。他们用代码进行试验，看看是否有可能实现某些功能，或者在继续之前看看结果可能是什么样子。

从“让它工作”到“让它正确工作”所需的努力是巨大的。边缘化的案例非常多，而且无法预料。要实现“让它正确工作”，这需要时间；而要实现“让它快速工作”，甚至需要更多的投入。企业是否已准备好投入专门的人力来构建一个已经存在的解决方案了呢？

15.6.4 辅助库怎么样?

也许团队正在考虑，将API网关的功能包含在源代码中。也许现有的辅助库提供了API令牌生成和一些基本的安全功能。这或许适用于当下，但是从长远来看，这是可持续的吗？

此外，许多开发者认为库是由安全专家编写的，是为了满足企业的需求而设计的，并且在未来会针对各种形式的漏洞、bug和语言/框架的主要版本发布进行维护。除非是商业公司提供的库，否则这些假设中至少有一个是错误的。这是企业愿意承担的风险吗？

应该尽可能利用第三方IAM解决方案来提供身份认证和授权服务。避免实施定制的身份认证和授权解决方案，因为这将使API暴露在利用薄弱或废弃代码的恶意攻击之下。

15.7 小结

API 设计需要考虑如何保护 API 免受恶意攻击者的影响。未受保护的 API 好比一扇敞开的大门，让攻击者“大摇大摆地登堂入室”，进而攻击企业及其客户。一个 API 保护策略包括实施正确的组件，选择一个 API 网关解决方案，以及集成身份和访问管理，并将所有这些联系起来。

请不要将保护 API 的职责留给某个人的附属项目或企业内部一个善意的团队，而应该使用供应商支持的组件，选择正确的方法，以确保“关上”企业 API 的“前门”，而不是将其完全“敞开”。

第 16 章 继续 API 设计旅程

有效治理可以提供明确的方向、消除障碍，并可以让企业的不同部分独立运作。

——Matt McLarty

开发了多个 API 产品的企业必须学会扩展其 API 设计过程，否则该企业开发的一系列 API 产品会存在设计思路不对齐问题，API 之间的身份认证和授权会有所不同，命名约定和错误响应也会有偏差。简而言之，API 项目将变得一团糟。

在本章中，我们将探讨在一个企业内扩展 API 设计工作所需的因素。这些因素包括建立一个思路对齐的样式指南、纳入设计审查，以及鼓励重用文化。一旦具备了这些因素，团队将能够独立运作，同时保持一系列 API 产品的思路对齐。最后，我们将回顾本书涵盖的主题，并就如何继续 API 设计之旅给出一些指导性意见。

16.1 建立 API 样式指南

许多 API 项目起初只有一个 API 或几个小型 API。随着时间的推移，整个公司出现了更多的 API。对所有 API 消费者来说，保持思路对齐是出色的开发者体验的重要组成部分。通用的设计方法是让集成更加直观，并可以减少故障排除和支持成本。

优秀的 API 样式指南超越了基本的设计决策，它应该包括常见的错误策略，在不同 API 中应用对齐的模式，甚至为希望快速入门的团队提供常见的架构样式。

一个 API 样式指南通常包括以下主题。

- **介绍**：API样式指南的范围，如果有问题，需要明确或改进需求，应该与谁联系。
- **API 基础知识**：用于帮助和指导那些对基础知识不太熟悉的人，可能包括指向内部或外部培训材料的链接。
- **标准**：命名约定，选择 HTTP 方法和响应代码、组织资源路径、资源生命周期设计、有效载荷和内容格式等指南，以及何时和如何使用超媒体。
- **设计模式**：遇到的常见模式，包括分页、错误响应、批处理、单例资源等。
- **生命周期管理**：关于将API转移到生产中的建议，以及废弃和淘汰程序。
- **工具和技术**：推荐的工具列表，包括已有网站许可证的工具。
- **运营建议**：推荐的 APIM 工具，配置、流程、营销建议，以及高可用、健壮和有弹性的API的常见实践。
- **进一步阅读**：读者可能感兴趣的其他资源，包括内部和公开的论文、文章和视频。

通常，API样式指南用于推动一个议程，要么完全合规，要么不合规——这不是样式指南的意义。API样式指南应能为设计API的团队提供建议，使其所设计的API与整个企业的其他 API 在思路上进一步对齐。新聘用的开发者应能使用整个企业中的各种API ，而不会意识到它们是由不同的团队设计的。

16.1.1　鼓励遵守样式指南的方法

如果没有某种激励措施来促使团队遵守建议，样式指南就会被忽视。要实现样式指南的合规性，可使用如下3种常见的方法。

- **激励**：集中式的团队负责监督并执行该指南。在生产部署之前，由集中式的团队对任何新API进行审查。激励API团队遵守样式指南，以访问共享服务和支持（例如，APIM层，运维和基础设施支持），而不是被迫自己实施它。
- **联合**：集中式的团队负责监督和维护样式指南，但是可以在业务部门和/或地区本地嵌入教练，以满足他们的特定需求。这种方法可避免“象牙塔问题”，即一个委员会在不了解特定业务部门需求的情况下来设计标准。
- **克隆和定制**：由一个小组管理样式指南，团队克隆标准作为起点，在本地做一些小的改进，为业务部门确保思路对齐。对于那些在业务单位内部和/或跨业务部门有很多独立团队的企业，这是非常有效的方法。

这些方法可以独立使用，也可以结合使用，以实现能满足企业需要的预期结果。

16.1.2 选择样式指南的“基调”

有些样式指南是非正式的，有些样式指南则非常正式，包括使用 RFC 2119[①]的要求级别。确定样式指南的“基调”和正式程度取决于如下 3 个问题的答案。

- 企业是否将执行该标准？如果是，请使用 RFC 2119 建议来强制执行 MUST、SHOULD 和 MAY 实施的内容。
- 是否会推迟到未来的日期执行？如果是，就继续使用 RFC 2119，但使用小写的用词（例如，must、should、may），直到执行为止。这表明了期望以及未来可能的执行，但在最初的介绍期不必正式执行。
- 该指南是否跨业务部门共享，限制了企业控制或严格执行指南的能力？如果是，那么鼓励团队尽可能多地采用指南，使用不那么正式、柔和一些的“基调”，并专注于设计对齐。

16.1.3 启动 API 样式指南的入门技巧

启动 API 样式指南的入门技巧有如下 3 个。

- 查阅 Arnaud Lauret（又名 API Handyman）的 API Stylebook[②]。API Stylebook 旨在帮助 API 设计者解决 API 设计问题，并构建他们的 API 设计指南。你也可以查看其他公开的样式指南，以获得更多的见解。
- 从小处着手。API 样式指南的范围对一个人或小型团队来说可能太大。请从简单的开始，并随着时间的推移而扩展。
- 推广样式指南。因为样式指南的存在并不意味着企业中的所有人都知道它。请花点儿时间向团队宣传样式指南。在发布正式版本之前，请从早期候选版本中获得他们的见解。

请记住

API 样式指南旨在建议设计 API 的团队与整个企业中的其他 API 保持对齐。

---

① S. Bradner, “Key Words for Use in RFCs to Indicate Requirement Levels,” 1997.
② API Stylebook: Collections of Resources for API Designers, maintained by Arnaud Lauret, accessed 2021.

16.1.4 支持多种API样式

尽管大多数企业可能建议或要求使用单一的API样式，但情况并非总是如此。随着新的API样式的出现，API组合随着与企业互动的新方式的出现而受到挑战。记住，仅在约10年前，大多数企业才停止开发基于SOAP的Web服务。API项目必须考虑如何评估、批准和支持新的API样式，因为它们变得越来越受欢迎。

API项目必须考虑异步API，例如Webhooks、WebSocket、SSE、数据流和内部消息传递等，作为API组合的一部分。就像同步API的设计一样，异步API的设计也必须作为整体API组合的一部分进行治理和管理。

API样式指南必须包括各种API样式，因为它们已被应用于企业的API。虽然可以在不同的API样式之间共享样式指南的元素，但强烈建议在开始时为每种API样式编写样式指南。

随着时间的推移，API样式指南之间可能会共享一些共同的建议，如命名约定和保留字等。然而，大多数企业会发现，在进行API设计审查时，不同的API样式在标准和通用做法上存在着很大的差异。记住，最好要遵循每种API样式的常见实践，而不是试图将所有API样式统一为一组建议。

最后，记住，支持各种API样式都是有成本的。请花点儿时间了解新的API样式的需求，然后确定需求是否超过了建立和支持另一个API样式指南所需的成本。

16.2 进行API设计审查

API设计审查旨在通过具有建设性的审查和反馈来改善API的设计。实施健康的API设计审查流程有助于捕捉洞察力、模式和经验教训，使之成为一个可重复的过程，引导企业实现更好的设计对齐和开发者体验。API设计审查可为企业提供机会。以下是一些关于进行健康的API设计审查的技巧和见解。

- 分享关于即将到来的API的知识。
- 在编码开始之前，纳入设计反馈。
- 成为许多开发者的倡导者，API一经发布，就使用它。

- 通过设计对齐的 API 提供更一致的开发者体验。
- 在代码更改变得成本更高昂或时间有限之前，找出缺失或错误的假设。

关于设计审查的注意事项

设计审查可以产生两种结果：建设性结果和破坏性结果。建设性设计审查可提供机会，指导那些更新的 API 设计，对整个企业起到赋能和启发的作用；相反，破坏性设计审查则通常会播种下令人沮丧和不信任的种子。最糟糕的情况是，设计审查会成为团队内耗的原因，因为“刻薄”的团队成员会对原本健康且有用的流程造成侵害。

因此，在进行 API 设计审查时要谨慎行事。要先设法提出问题，很多时候，偏见和假设会被纳入设计审查。首先，应该通过提出问题和倾听来寻求理解。不要声称了解有关 API 设计的一切——每个人都可以从学习新知识中受益。永远不要指责某人故意设计了一个糟糕的 API——没有人打算这样做。不妨假设意愿是好的，仔细倾听，寻求理解，然后提供一些改进设计的建议步骤。

记住：每个人都是 API 设计审查的新手。树立正确的审阅者行为，以建设性方式鼓励改进。

16.2.1 从文档审查开始

API 设计审查不是代码审查。API 设计审查者是将消费 API 的开发者的倡导者。因此，从 API 文档开始是很重要的。

一个 API 的存在有多种原因，包括数据访问、客户自动化、系统与系统之间的集成、市场创建和劳动力自动化。一个 API 的介绍应该清楚地说明该 API 存在的原因，以及它是如何与其他 API 协作来完成更复杂的工作流程或结果的。请将以下内容作为所有文档领域的审查清单。

- **API 名称**：该名称应该是具有描述性的，当人们第一次看到它时，能很容易地确定 API 的作用域。
- **API 描述**：描述应该是全面的，从 API 的概述开始，包括它解决的用例列表。
- **API 操作**：每个操作都应提供一个摘要，说明它产生的任务、操作或结果，以及包括详细使用说明的描述。确保收集并正确描述所有的输入和输出值，包括预期的格式，如果违反的话可能会导致错误。

- **示例用法**：API 使用的示例通常是 API 文档中十分重要的元素，但也是十分缺少的元素。这些示例不需要使用特定的编程语言（尽管在试图向广大受众提供 API 时有帮助）。简单的 HTTP 请求/响应示例，也许再以 Postman 集合作为补充，对于加速开发者的理解和完成集成工作将大有帮助。
- **避免内部参考**：优秀的文档假设阅读者对幕后的任何内部系统或实现选择都没有概念。他们阅读文档只是为了实现一些事情，想知道 API 是否能帮助他们实现目标。

16.2.2 检查标准和设计是否对齐

许多大中型企业面临的一个共同挑战是 API 设计的思路对齐。很容易发现一些由团队独立设计的 API 没有在跨组织协作时做到思路对齐。通常，缺乏思路对齐与企业缺乏设计审查过程有关。即使进行了设计审查过程，缺乏对齐的地方也可能会时不时地出现。

API 设计审查的一部分应该是验证标准和设计选择是否符合任何既定的样式指南和标准。这项任务可以通过人工审查和使用 API Linter（如 Spectral）相结合的方式进行。

最后，寻找机会，始终如一地应用常见的设计模式。例如，CRUD、分页技术以思路对齐的方式使用、多部分多用途互联网邮件扩展（Multipurpose Internet Mail Extensions，MIME）文件上传等。尽管这些常见模式可以作为样式指南的一部分，但识别偏差并与团队展开讨论有助于尽可能地提供思路对齐，并在适当的时候允许例外的情况。

16.2.3 审查测试覆盖率

尽管 API 设计审查的重点是设计，但审查测试覆盖率也很重要。将审查测试覆盖率纳入 API 设计审查的范畴，可以确保 API 的测试策略被视为设计的一部分，并有助于确保 API 的操作能被组合使用，以产生对齐阶段中确定的预期结果。

如果审查是在此流程的早期进行的，则可能没有任何具体的代码或测试覆盖。在这种情况下，需要审查测试计划，以发现缺失或不正确的设计假设。一个好的起点是审查任务用例、建模过程中产生的 API 配置文件以及其他工件。这将有助于发现任何缺失的测试计划，并确保测试覆盖率足以验证操作功能，以及验证预期结果的验收测试。

16.2.4 添加试用支持

想要审查 API 的设计，应该没有比与 API 互动更好的方式了。如果 API 的代码已经有了，那么请继续试用一下这个 API。这将有助于检查文档、API 设计和实施。

如果团队采用了设计优先的方法，那么几乎没有或根本没有代码存在。模拟工具有助于解决这个问题。模拟工具是填补空白的好方法，可以在交付过程中尽早地发现错误的设计决策或缺失的端点。这些工具通常可以使用 OpenAPI 规范、API Blueprint 和其他描述格式中的定义，以生成 API 设计的模拟版本。虽然模拟的 API 不会具有全部的功能，但它将提供基本的了解，即 API 一旦完成将如何被使用，并帮助尽早发现不理想的设计决策。

16.3 鼓励重用文化

API 消费者是任何项目的重要组成部分。但是，许多企业专注于战略、目标和治理来创建 API，而没有解决使 API 易于发现从而可以被轻松采用的需要。

对大多数企业而言，API 文档的优先级很低。这是不幸的，因为这会导致 API 难以被发现和采用，从而减少有价值的 API 的重复使用。实施有效的 API 发现的企业会赞同这个口号：在可能的情况下发现数字功能；在必要的情况下构建它们。

API 文档是大多数开发者与 API 的第一次接触，因此提供优秀的文档非常重要，可以帮助开发者了解 API 提供了什么、如何使用它，以及当开发者准备开始集成时应该做什么。

对初次接触 API 平台的开发者来说，一切并不容易。实际上，开发团队在评估和集成 API 的过程中会经历几个阶段，如图 16.1 所示。

为确保开发者能够快速开始使用 API，要定义一个清晰的流程。为从发现到映射和把他们的解决方案集成到 API 的路径设定预期。不要止步于用 API 吸引到开发者，还要通过新闻简报或分发列表与他们保持联系。通过持续地与开发者进行交流，宣布新的以及即将到来的改进、成功案例和常见用例。突出那些负责建立和支持 API

的团队，以证明他们对满足开发者需求的承诺。

消费	目标
入职	注册门户和API访问权限
发现	明确API的功能
映射	使用参考文档将解决方案映射到平台API的功能
探索	原型消费（“试一试”）
集成	通过代码消费
认证	获得生产API访问权限的批准
使用情况监测	生产访问监测和限流以满足合规性
平台改进	请求平台API增强功能，以满足解决方案的需求
平台更新	更新有关新API端点、增强功能、案例研究的通知

图 16.1　API 消费生命周期，显示了开发团队发现新 API 时所经历的阶段

16.4　旅程才刚刚开始

本书的重点是 Web API 设计的原则（参见 1.7 节），通过这些原则可产生可重复的、协作的 API 设计流程，该流程有助于使用基于结果的重点来交付价值。

这些原则是 ADDR 流程的基础。ADDR 流程的重点是使利益相关者达成共识，定义所需的数字功能，设计 API 以产生结果，然后根据反馈来优化设计。

在上述过程中，我们认识到不应该孤立地设计 API。也就是说，Web API 设计需要各种角色（包括领域专家）的合作。当参与 API 设计的人首先就结果达成共识时，API 就会一直专注于交付的价值。在设计 API 之前，利益相关者使用各种协作技术（例如事件风暴和 API 建模）使他们的理解保持一致。然后，从将 API 集成到他们的解决方案中的开发者那里获取反馈，通过反馈来设计和优化 API。

尽管有些人可能认为 API 设计旅程已经完成，但这仅仅是一个开始。现在将交付和管理 API 设计。它将在现实世界中投入使用，甚至可能遇到从未考虑过的新用例。随着 API 的发展和成熟，ADDR 流程将再次被使用。对较大的企业来说，这个 API 设计的生命周期将会被重复应用于许多新的 API，这就要求对 ADDR 流程进行扩展，以便其被多个团队使用。这个旅程才刚刚开始。

附录 A　HTTP 入门知识

要更好地理解 Web API 的工作原理，首要的是理解 HTTP 这种“网络语言”。尽管 HTTP 可以隐藏在各种库和框架后面，但理解该协议为解决 API 集成的问题和改进 API 设计提供了基础。

这部分的入门知识将介绍 HTTP、使用 HTTP 与 Web API 交互所涉及的要素以及一些有助于塑造更强大的 API 交互的高级功能。

A.1　HTTP 概述

HTTP 是一个客户-服务器协议。HTTP 客户端将请求发送到服务器，然后，由 HTTP 服务器确定是否可以使用收到的信息为该请求提供服务。之后，该服务器返回响应，其中包括表示成功或失败的代码，以及包含所请求的信息或有关错误的详细信息的响应有效载荷。这种请求/响应流程如图 A.1 所示。

HTTP 是由以下几个要素组成的。

- 发送请求的 URL。
- HTTP 方法：告知服务器客户端希望如何与资源交互。
- 请求头和正文。
- 响应头和正文。
- 响应代码：表示请求是否已成功处理或遇到错误。

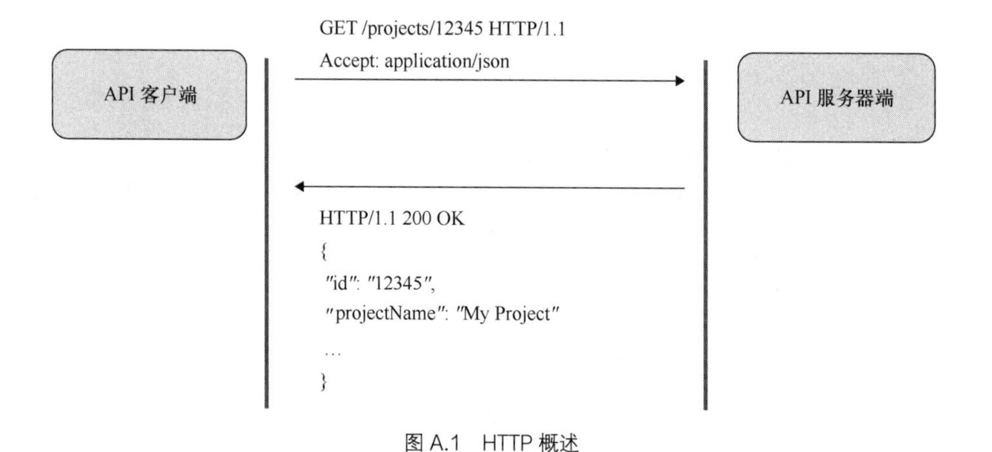

图 A.1 HTTP 概述

A.2 统一资源定位符

HTTP 用 URL 作为数据或服务所在的唯一地址。请求被发送到 URL，服务器处理请求并将响应发送给客户端。URL 通常出现在浏览器的位置栏中。

URL 由以下内容组成。

- **协议**：用于连接的协议（例如 http [不安全]或 https [安全]）。
- **主机名**：要联系的服务器（例如 api.example.com）。
- **端口号**：一个范围从 0 到 65535 的数字，标识了要进行请求的服务器上的进程（例如，443 用于 https、80 用于 http）。
- **路径**：被请求资源的路径（例如，/projects）。默认路径为/，表示主页。
- **查询字符串**：包含要传递给服务器的数据。从问号开始，然后包含 name=value 键值对，使用&作为它们之间的分隔符（例如，?page=1&per_page=10）。

图 A.2 所示为 URL 的元素。

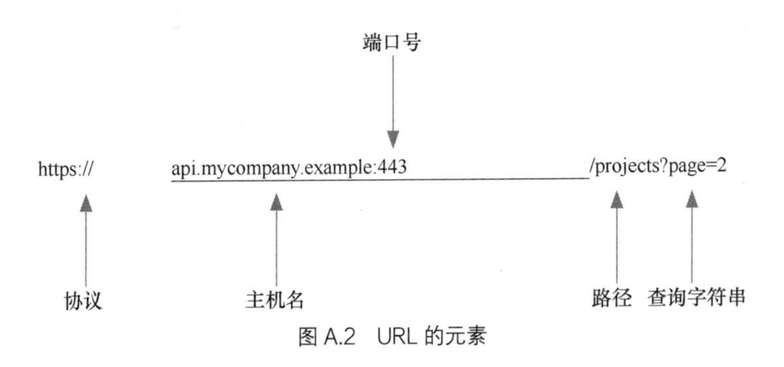

图 A.2 URL 的元素

A.3 HTTP 请求

HTTP 请求由几个部分组成：HTTP 方法、路径、标头和消息正文。

HTTP 方法告诉服务器客户端想请求什么样的交互。常见的 HTTP 方法是 GET，用来请求数据；POST 用来提交数据。本附录稍后将详细介绍用于基于 Web 的 API 的常用方法。

路径是指代表服务器资源的 URL 的一部分。资源可以是静态文件（例如图像），或一段执行动态请求处理的代码。

标头告诉服务器有关客户端的信息以及请求的具体细节。标头由 name:value 格式的标头字段组成。基于 Web 的 API 使用的常见 HTTP 请求头包括以下内容。

- **Accept**：告诉服务器客户端能够支持的内容类型，如 image/gif 和 image/jpeg。如果客户愿意接受任何类型的响应，则使用*/*。这个标头通常与内容协商一起使用，稍后会详细介绍。
- **Content-Type**：告诉服务器请求消息正文的内容类型。在使用需要消息正文的 HTTP 方法提交数据时会使用（例如 POST）。
- **User-Agent**：提供一个自由格式的字符串，表示提出请求的 HTTP 客户端的类型。这可能表示一个特定的浏览器类型和版本，或者可以自定义以指示特定的辅助库或命令行工具。
- **Accept-Encoding**：告诉服务器，如果可能的话，客户端可以处理哪些压缩支持。这可以让服务器使用 gzip 或压缩格式压缩响应，以减少响应的字节大小。

当数据被提交时，消息正文可根据服务器的要求，为服务器提供详细信息，可能是可读的或二进制的。对于使用 GET 的检索请求，消息正文可能是空的。

图 A.3 所示为一个 HTTP 请求的示例，该请求被发送给 Google 以获取包含搜索表单的主页，内容已逐行记录。

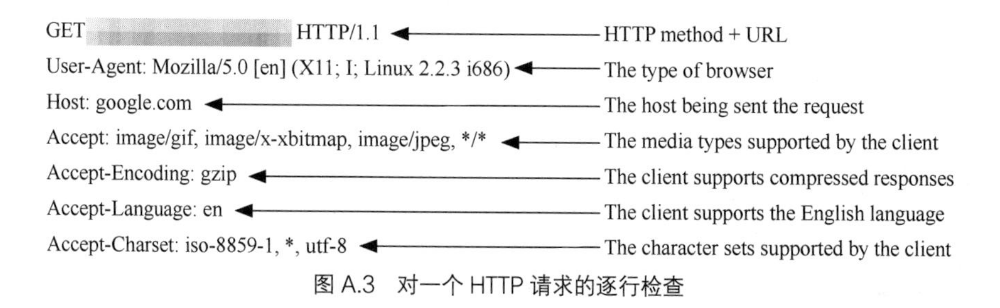

图 A.3　对一个 HTTP 请求的逐行检查

A.4　HTTP 响应

服务器收到请求后，会处理请求并发送响应。响应由 3 部分组成：响应代码、响应头和响应正文。

响应代码是一个数字，与成功或错误代码相对应，表明是否可以满足请求。发送的响应代码必须是 HTTP 规范中列出的响应代码之一。每个响应只允许有一个响应代码。

响应头告诉客户端关于请求结果的详细信息。标头由 name:value 格式的标头字段组成。基于 Web 的 API 使用的常见 HTTP 响应头包括以下内容。

- **Date**：响应日期。
- **Content-Location**：响应的 URL。如果请求导致重定向，则可能要求客户端更新其资源的 URL。
- **Content-Length**：响应消息正文的长度，以字节为单位。
- **Content-Type**：通知客户端消息正文的内容类型。
- **Server**：一个字符串，提供有关处理请求的服务器和版本的详细信息（例如 nginx/1.2.3）。服务器可以选择提供很少或不提供细节，以避免暴露细节，而这些细节可能会表明存在潜在的漏洞。

响应消息正文向客户端提供内容。它可能是 HTML 页面、图片，也可能是 XML、JSON 或其他格式的数据，如内容类型响应头所示。

图 A.4 所示根据我们先前对主页的请求，也就是从 Google 发出的 HTTP 响应。

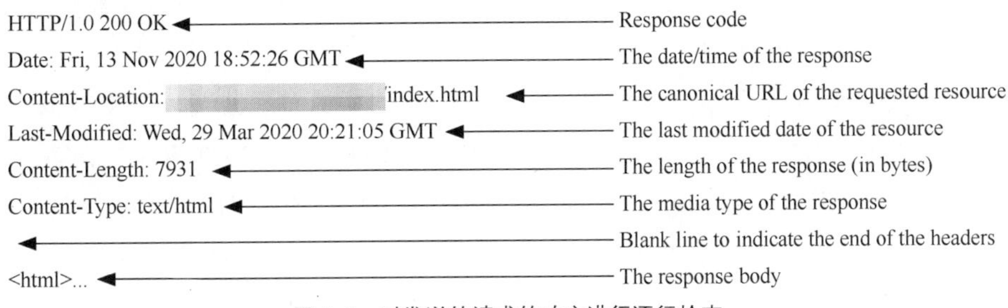

图 A.4　对发送的请求的响应进行逐行检查

重要的是要注意，图 A.4 所示的响应只包含响应中的 HTML，而不包括其他图像、样式表、JavaScript 等。HTTP 客户端负责解析 HTML，识别引用这些额外资产的标签，并为每个标签发送后续的 HTTP 请求。对于一个包含 20 张图片的网页，需要 21 个单独的 HTTP 请求来收集渲染网页所需的所有文件——1 个请求是关于 HTML 页面的，还有 20 个请求是用来检索每张图片的。

A.5　常见 HTTP 方法

HTTP 方法告诉服务器客户端希望执行哪种操作或交互。常见的交互包括检索资源、创建新资源、执行计算和删除资源。

使用基于 Web 的 API 时，通常会遇到以下 HTTP 方法。

- **GET**：从服务器中检索资源——响应可能由服务器或中间的缓存服务器所缓存。
- **HEAD**：只请求响应头，但不要求实际的响应正文。
- **PUT**：将数据提交到服务器，通常是作为现有数据的替换——响应不可缓存。
- **PATCH**：将数据提交到服务器，通常是对现有数据的部分更新——响应不可缓存。
- **DELETE**：删除服务器上的现有资源——响应不可缓存。

HTTP 方法具有额外的语义，这些语义对客户端来说很重要：安全性和幂等性。

安全的方法表示所使用的 HTTP 方法不会产生副作用，例如更改数据。这对于 GET 和 HEAD 方法很常见，因为它们是用来资源检索的，不会更改数据。使用安全的 HTTP 方法实现改变数据操作的 API 有可能产生不可预测的结果，尤其是在涉及中间软件服务器（例如缓存服务器）的情况下。

幂等的方法确保在提交相同的请求时会产生相同的结果。GET 和 HEAD 检索方法就是幂等的，因为没有改变数据。HTTP 规范保证了 PUT 和 DELETE 是幂等的，因为 PUT 用全新的表征代替了资源，而 DELETE 将资源从服务器上删除。

POST 不能保证是幂等的，因为它可能会在每个后续请求上创建新的资源，或以某种方式更改数据，但不能保证产生相同的结果（例如，增加值）。同样，PATCH 也不是幂等的，因为只有字段的一个子集，而不是整个表征格式被改变。

图 A.5 所示总结了用于基于 Web 的 API 的常见 HTTP 方法的语义。

方法	安全性	幂等性
GET	是	是
POST	否	否
PUT	否	是
PATCH	否	否
DELETE	否	是
HEAD	是	是
OPTIONS	是	是

图 A.5 与 API 一起使用的常见 HTTP 方法，包括安全性和幂等性，可帮助指导客户如何从错误中恢复

A.6 HTTP 响应代码

HTTP 响应包含响应代码，向 API 消费者表明请求是成功还是失败。HTTP 提供了一系列的响应代码，API 服务器可以将这些代码发送回客户端以表明结果。

HTTP 响应代码属于 4 个主要的响应代码系列。

- **200 系列代码**：表示请求已成功处理。
- **300 系列代码**：表示客户端可能需要采取其他措施来完成请求，例如跟随重定向。

- **400 系列代码**：表示请求失败，客户端可能希望修复并重新提交。
- **500 系列代码**：表示服务器上的故障，而不是客户端的故障。如果合适，客户端可以在将来尝试重试。

表 A.1 所示为基于 REST 的 API 使用的常见 HTTP 响应代码。

表 A.1　　基于 REST 的 API 使用的常见 HTTP 响应代码

HTTP 响应代码	描述
200 OK	请求已成功
201 Created	请求已被满足，新资源得以创建
202 Accepted	请求已被接受并进行处理，但是处理尚未完成
204 No Content	服务器已经完成了请求，但不需要返回正文。这对于删除操作很常见
304 Not Modified	自从客户端提供的 If-Modified-Since 或 If-None-Match 请求头确定的最后一个请求以来，服务器确定内容没有更改
400 Bad Request	由于语法不规范，服务器无法理解请求
401 Unauthorized	请求需要用户身份认证
403 Forbidden	服务器理解请求，但拒绝满足它
404 Not Found	该服务器没有找到任何与请求的 URL/ URI 匹配的内容
412 Precondition Failed	客户提交了一个根据最后修改的时间戳或 ETag 的条件的请求，但条件失败了。如果需要，客户应重新获取资源并再次尝试更改
415 Unsupported Media Type	服务器无法使用客户端指定的 Accept 标头中的任何媒体类型进行响应
428 Precondition Required	服务器要求在处理请求之前提供 Precondition 标头。通常在需要并发控制标头的情况下强制执行
500 Internal Server Error	服务器遇到了一个意想不到的情况，使其无法完成请求

A.7 内容协商

内容协商允许客户端为服务器响应请求一种或多种首选媒体类型。通过内容协商，单个操作可以支持不同的资源表征，包括 CSV、PDF、PNG、JPG、SVG 等。

客户端使用 Accept 标头请求首选的媒体类型。以下示例演示了一个 API 客户端请求一个基于 JSON 的响应：

```
GET                    /projects HTTP/1.1
Accept: application/json
```

如以下示例所示，标头可能包含多种支持的媒体类型：

```
GET                              /projects HTTP/1.1
Accept: application/json,application/xml
```

在选择媒体类型时，星号可用作通配符。text/_表示文本媒体类型的任何子类型都是可以接受的。指定 */* 的值表示客户端将接受响应中的任何媒体类型。这对浏览器来说是一种常见的情况，在遇到未知的媒体类型时，浏览器会提示用户是保存文件还是启动所选的应用程序。但是，对使用 API 工作的客户端来说，重要的是要避免遇到未知或不支持的内容类型时可能发生的运行时错误。

请求可以通过使用质量因素来指定对 Accept 标头中支持的特定媒体类型的偏好。质量因素表示为 0 和 1 之间的 q 值，有助于指定媒体类型的首选顺序。API 服务器会查看标头值，并使用符合服务器支持和客户端请求的内容类型来返回响应。如果服务器无法使用可接受的内容类型进行响应，则将返回 415 Unsupported Media Type 响应代码。

以下是使用 q 值指定 XML 偏好的示例，如果 XML 不可用，也可以支持 JSON：

```
GET                              /projects HTTP/1.1
Accept: application/json;q=0.5,application/xml;q=1.0
```

q 值的使用允许 API 客户端代码支持特定的类型，也许是可以改善转换功能的 XML，而 JSON 作为后备。

由于 API 客户端可以指定多种媒体类型，因此其必须特别注意 Content-Type 的响应头，以确定哪个解析器最合适。以下是根据上一个示例请求提供的 XML 的响应：

```
HTTP/1.1 200 OK
Date: Tue, 16 June 2015 06:57:43 GMT
Content-Type: application/xml

<project>...</project>
```

内容协商扩展了 API 的媒体类型支持，从而可以支持多种类型，例如 JSON 或 XML。它可以让 API 的某些或所有操作使用能满足 API 客户端需求的内容类型来响应。

同样，语言协商可以让 API 在响应中支持多种语言。这种方法类似于使用 Accept-Language 请求头和 Content-Language 响应头的内容协商。

A.8 缓存控制

最快的网络请求是不需要发出的请求。缓存是数据的本地存储，以防将来需重新检索数据。熟悉这个术语的开发者可能已经使用了服务器端的缓存工具，例如 Memcached，把数据保存在内存中，减少从数据库中获取不变数据的需要，以提高应用程序的性能。

HTTP 缓存控制可以让 API 客户端或中间缓存服务器把可缓存的响应存储在本地。这使缓存更靠近 API 客户端，并减少或消除了穿越网络到达后端 API 服务器的需要。用户可以体验更好的性能并减少对网络的依赖。

HTTP 通过 Cache-Control 响应头提供了几个缓存选项。这个标头声明响应是否可以缓存，如果可以应缓存多长时间。

下面所示的是一个 API 操作的示例响应，该响应返回一个项目列表：

```
HTTP/1.1 200 OK
Date: Tue, 22 December 2020 06:57:43 GMT
Content-Type: application/xml
Cache-Control: max-age=240

<project>...</project>
```

在这个示例中，max-age 表示数据可以缓存长达 240s（4min），然后客户端才会认为数据已经过时。

API 也可以明确将响应标记为不可缓存，每次需要响应时都需要一个新请求：

```
HTTP/1.1 200 OK
Date: Tue, 22 December 2020 06:57:43 GMT
Content-Type: application/xml
Cache-Control: no-cache

<project>...</project>
```

在 API 中仔细考虑使用 Cache-Control 标头可以减少网络流量，并加快 Web 和移动应用程序的运行速度。它也是条件性请求的构建块。

A.9 条件性请求

条件性请求是 HTTP 提供的一个鲜为人知但很强大的功能。条件性请求可以让客户端只在某些内容发生变化时才请求更新的资源表征。如果内容没有更改，则发送条件性请求的客户端将收到 304 Not Modified 响应，或者收到 200 OK 的响应以及更改的内容。

有两种 Precondition（前提条件）类型用于告知服务器有关客户端的本地缓存副本以进行比较：基于时间的前提条件和基于实体标签的前提条件。

基于时间的前提条件要求客户端存储 Last-Modified 的响应头，以供以后的请求。然后使用 If-Modified-Since 请求头来指定最后修改的时间戳，服务器将使用该时间戳与最后已知的修改时间戳进行比较，以确定资源是否已经更改。

以下是一个客户端与服务器交互的示例，该示例使用后续请求中的最后修改日期，以确定服务器上的资源是否已经更改：

```
GET /projects/12345 HTTP/1.1
Accept: application/json;q=0.5,application/xml;q=1.0

HTTP/1.1 200 OK
Date: Tue, 22 December 2020 06:57:43 GMT
Content-Type: application/xml
Cache-Control: max-age=240
Location: /projects/12345
Last-Modified: Tue, 22 December 2020 05:29:03 GMT

<project>...</project>

GET /projects/12345 HTTP/1.1
Accept: application/json;q=0.5,application/xml;q=1.0
If-Modified-Since: Tue, 22 December 2020 05:29:03 GMT

HTTP/1.1 304 Not Modified
Date: Tue, 22 December 2020 07:03:43 GMT
```

```
GET /projects/12345 HTTP/1.1
Accept: application/json;q=0.5,application/xml;q=1.0
If-Modified-Since: Tue, 22 December 2020 07:33:03 GMT

Date: Tue, 22 December 2020 07:33:04 GMT
Content-Type: application/xml
Cache-Control: max-age=240
Location: /projects/12345
Last-Modified: Tue, 22 December 2020 07:12:01 GMT

<project>...</project>
```

实体标签，或称 ETag，是一个不透明的值，代表当前的资源状态。客户端可以在GET、POST 或 PUT 请求后存储 ETag，使用该值以通过 HEAD 或 GET 请求来检查更改。

ETag 是整个响应的哈希值。另外，服务器可以提供一个弱 ETag，它在语义上是与 ETag 等价的，但不是精确的、逐字节的等价。

下面给出的是一个客户端与服务器的交互，但使用的是 ETag 而不是最后修改的日期：

```
GET /projects/12345 HTTP/1.1
Accept: application/json;q=0.5,application/xml;q=1.0

HTTP/1.1 200 OK
Date: Tue, 22 December 2020 06:57:43 GMT
Content-Type: application/xml
Cache-Control: max-age=240
Location: /projects/12345
ETag: "17f0fff99ed5aae4edffdd6496d7131f"

<project>...</project>

GET /projects/12345 HTTP/1.1
Accept: application/json;q=0.5,application/xml;q=1.0
If-None-Match: "17f0fff99ed5aae4edffdd6496d7131f"

HTTP/1.1 304 Not Modified
Date: Tue, 22 December 2020 07:03:43 GMT

GET /projects/12345 HTTP/1.1
Accept: application/json;q=0.5,application/xml;q=1.0
If-None-Match: "17f0fff99ed5aae4edffdd6496d7131f"
```

```
HTTP/1.1 200 OK
Date: Tue, 22 December 2020 07:33:04 GMT
Content-Type: application/xml
Cache-Control: max-age=240
Location: /projects/12345
ETag: "b252d66ab3ec050b5fd2c3a6263ffaf51db10fcb"

<project>...</project>
```

条件性请求减少了验证和重新获取缓存资源所需的努力。ETag 是代表当前内部状态的不透明的值，而最后修改的时间戳可以用于基于时间的比较。在对资源进行修改时，它们也可以用于并发控制。

A.10 HTTP 中的并发控制

对需要支持不同用户同时修改数据的 API 的团队来说，HTTP 的并发控制是一个挑战。一些 API 设计者找到了巧妙的方法来实现 HTTP 上的资源级锁定。但是，HTTP 具有内置的并发控制，不需要团队自行构建。

条件性请求也可用于支持 HTTP 中的并发控制。通过将 ETag 或最后修改日期与 PUT、PATCH、DELETE 等状态更改方法相结合，可以确保数据不会被另一个 API 客户端通过单独的 HTTP 请求意外地覆盖掉。

为了应用条件性请求，API 客户端在请求中添加了前提条件，以防在资源的最后修改时间戳或 ETag 发生变化时进行修改。如果前提条件失败，服务器将发送 412 Precondition Failed 响应。如果在请求中没有找到条件标头，API 服务器还可以强制执行 Precondition 标头的要求，以执行并发控制，用 428 Precondition Required 来响应。

以下是一个示例，两个 API 客户端试图修改同一个项目。首先，每个客户端使用 GET 请求检索项目资源，然后每个客户端都试图进行更改，但是只有第一个 API 客户端才能应用更改：

```
GET /projects/12345 HTTP/1.1
Accept: application/json;q=0.5,application/xml;q=1.0
```

```
HTTP/1.1 200 OK
Date: Tue, 22 December 2020 07:33:04 GMT
Content-Type: application/xml
Cache-Control: max-age=240
Location: /projects/12345
ETag: "b252d66ab3ec050b5fd2c3a6263ffaf51db10fcb"

<project>...</project>

PUT /projects/1234
If-Match: "b252d66ab3ec050b5fd2c3a6263ffaf51db10fcb"

{ "name":"Project 1234", "Description":"My project" }


HTTP/1.1 200 OK
Date: Tue, 22 December 2020 08:21:20 GMT
Content-Type: application/xml
Cache-Control: max-age=240
Location: /projects/12345
ETag: "1d7209c9d54e1a9c4cf730be411eff1424ff2fb6"

<project>...</project>

PUT /projects/1234
If-Match: "b252d66ab3ec050b5fd2c3a6263ffaf51db10fcb"

{ "name":"Project 5678", "Description":"No, it is my project" }

HTTP/1.1 412 Precondition Failed
Date: Tue, 22 December 2020 08:21:24 GMT
```

收到失败的前提条件响应的第二个 API 客户端现在必须重新获取资源实例的当前表征，告知用户这些更改，并询问用户是否希望重新提交所做的更改或保持原样。

可以通过请求头中的 HTTP 前提条件将并发控制添加到 API 中。如果 ETag 或最后修改日期没有改变，请求就会被正常处理。如果已经发生了变化，则返回一个 412 响应代码，以防两个客户端同时修改相同资源而覆盖数据。这是 HTTP 内置的强大功能，无须团队发明自己的并发控制支持。

A.11　小结

HTTP 是一个强大的协议，具有一系列强大的功能，包括一些鲜为人知的功能。使用内容协商可以让 API 客户端和服务器就支持的媒体类型达成共识。缓存控制指令提供了客户端和中间缓存支持。HTTP 前提条件可用于确定过期的缓存是否仍然有效，同时保护资源不被覆盖、更改。通过应用这些技术，团队可以构建强大的 API，以具有弹性的和可进化的方式驱动复杂的应用程序。